国家自然科学基金（32160515）

宁夏自然科学基金（2023AAC03149，2023AAC03150）

“十二五”国家科技支撑计划项目（2015BAD22B05-03）

国家级一流本科专业建设点（农学专业）

宁夏扬黄灌区
秸秆还田的培肥及
玉米增产效应研究

李　荣　侯贤清　李培富　王西娜●著

黄河出版传媒集团
阳　光　出　版　社

图书在版编目（CIP）数据

宁夏扬黄灌区秸秆还田的培肥及玉米增产效应研究 / 李荣等著. -- 银川：阳光出版社, 2023.8
ISBN 978-7-5525-6998-8

Ⅰ. ①宁… Ⅱ. ①李… Ⅲ. ①玉米秸 - 秸秆还田 - 研究 - 宁夏 Ⅳ. ①S141.4

中国国家版本馆CIP数据核字(2023)第165636号

宁夏扬黄灌区秸秆还田的培肥及玉米增产效应研究

李 荣 侯贤清 李培富 王西娜 著

责任编辑 马 晖
封面设计 赵 倩
责任印制 岳建宁

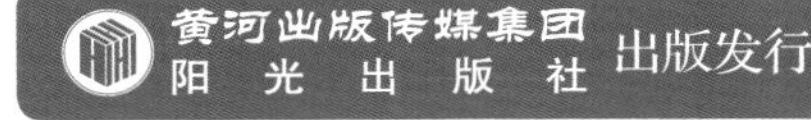

出 版 人 薛文斌
地 址 宁夏银川市北京东路139号出版大厦（750001）
网 址 http：//www.ygchbs.com
网上书店 http：//shop129132959.taobao.com
电子信箱 yangguangchubanshe@163.com
邮购电话 0951-5047283
经 销 全国新华书店
印刷装订 宁夏银报智能印刷科技有限公司
印刷委托书号 （宁）0027127

开 本 880 mm × 1230 mm 1/16
印 张 16.5
字 数 220千字
版 次 2023年8月第1版
印 次 2023年8月第1次印刷
书 号 ISBN 978-7-5525-6998-8
定 价 68.00元

前 言

作物秸秆是一种重要的生物资源，全世界每年的秸秆生产量达到20亿t，中国每年的秸秆生产量高达8亿t，随着传统农业向现代农业的转变，秸秆焚烧和不合理利用，影响环境和国民经济的发展。由于大量秸秆的浪费和不当处置，不仅降低了秸秆的利用率，而且破坏了生态环境，影响交通安全，我国秸秆的综合利用率常年在50%左右。目前，我国秸秆的主要利用方式有秸秆还田，秸秆做饲料、做燃料、做工业原料等。秸秆还田的方式主要有秸秆直接还田、间接还田、生化腐熟快速还田等。秸秆还田能够增加土壤有机质含量、减少土壤中的氮素流失，增加土壤微生物生物量碳氮比，提高土壤供肥能力。近年来，随着农业机械化水平的不断提高，秸秆还田技术也得到了进一步的发展，为大面积秸秆还田处理增加了可能性，一方面可减少焚烧秸秆带来的空气污染，另一方面可以提升作物秸秆的利用效率，增加农民收入。但作物秸秆中由于含有较高碳、氮等营养元素，导致作物秸秆还田后土壤碳氮比升高，在自然状态下腐熟慢，在土壤中长期积存滞留，影响播种期的土壤墒情，使下茬作物的出苗率下降，严重影响下茬作物种植和生长，尤其是在西北地区，冬季寒冷漫长，抑制了土壤微生物的活动，从而严重影响还田秸秆的腐解，限制了秸秆还田技术的大面积推广应用。因此，秸秆还田后如何快速分解秸秆实现土壤的快速培肥和保育，是目前研究的重要课题。

纵观现有研究，著者在宁夏扬黄灌区对玉米秸秆还田、土壤快速培肥、耕地质量提升与保育、作物水肥高效利用等关键技术等方面进行了研究，探索出了宁夏扬黄灌区土壤快速培肥技术体系及模式，大幅度提高土壤和作物生产力及水肥利用效率。《宁夏扬黄灌区秸秆还田的培肥及玉米增产效应研究》一书在宁夏扬黄灌区土壤改良培肥与保育技术研究方面有颇为详细的介绍，对促进该区玉米秸秆还田快速培肥技术具有一定的创新意义和重要的生产实用价值。从书中介绍内容来看，对宁夏扬黄灌区秸秆还田培肥技术下土壤性状及作物生产力进行了深入研究。本书分为六章内容，第一章主要介绍了秸秆还田对土壤肥力及作物生长的影响研究进展；第二章阐述了秸秆还田量与还田方式下土壤培肥效应及其对玉米生长的影响；第三章研究了不同秸秆还田量配施氮肥用量对土壤物理性质与玉米生长的影响；第四章和第五章主要研究了秸秆还田量 9 000 kg/hm^2 和 12 000 kg/hm^2 下配施氮肥用量对土壤性状、玉米生长及产量的影响；第六章阐明了秸秆还田配施腐熟剂对砂性土壤性质及滴灌玉米生长的影响。

本书依托国家“十二五”科技支持计划项目和宁夏重点研发计划项目课题任务，在宁夏中北部干旱区土壤改良培肥与保育技术方面多年研究工作的基础上，对宁夏扬黄灌区秸秆还田快速培肥技术研究的系统性和阶段性总结。所包括的内容是国家“十二五”科技支撑项目课题任务“土壤快速培肥改良技术研究及玉米增产增效综合集成技术示范”(2015BAD22B05-03，2015—2019 年)和宁夏重点研发计划项目课题任务“宁夏中部干旱带土壤培肥关键技术研究与优质抗旱易机收籽粒玉米集成示范”(项目编号无，2017—2018 年)所取得的科研成果，是参与项目的科学家和在实施过程中所有参与课题研究的队伍智慧和劳动的结晶。在多年旱作区秸秆还田快速培肥技术研究方面，除本书作者以外，许多老师和研究生及本科生也参与大量工作，并付出辛勤努力，他们是杨术民、杨树川、张佃平等老师及王月宁、吴鹏年、勉有明、王艳丽、吴文利、金润、东雯飞、万佳森、王博、马泽虎、张龙、余茹等研究生和本科生，在本书出版之际也向他们表示衷心感谢！

本书科学性、实用性强，其内容丰富了灌区高效用水和土壤快速培肥技术的相关理论，技术新颖，研究内容系统，可操作性强。该书的出版，可为从事灌区水肥高效利用研究与玉米高产高效生产应用的科技人员及高校师生提供了一部有价值的参考读物。由于时间仓促，加之我们学识水平有限，书中的不妥及遗漏之处在所难免，敬请各位专家同行和参阅者批评指正。

著　者

2022 年 11 月于银川

目　录

第一章　秸秆还田对土壤肥力及作物生长的影响研究进展

第一节　研究背景

我国经济和科技飞速发展的同时，农业领域各式各样的肥料也日益浮现于市场，短期快速便捷的速效肥料（化肥）给农业生产造成了很大的依赖性。尽管化肥能在短期内带来较大的肥效，但长期使用会使土壤逐渐板结、硬化，造成土壤透气性差，从而导致地力下降，严重影响土地的持续循环利用（杨文钰和王兰英，1999）。因此，在保证土壤生产力不降低的前提下，如何减少化肥施用量，实现现代农业可持续发展已成为一个亟待解决的问题。作物秸秆在农业废弃物中总量是最大的，也是一种宝贵的资源（Zhao，et al.，2004）。农作物秸秆中含有丰富的氮、磷、钾等营养元素和纤维物质，在将其归还农田后，经过一段时间腐熟作用，秸秆里养分会逐渐释放并积累于土壤耕层，为作物生长发育提供必要的养分条件（牛斐，2013）。然而，当前大部分秸秆资源往往被人们忽视，未能得到合理有效的利用。长期以来农作物收获后农民处理秸秆的方式多以焚烧或田间地头随意堆放，这种不利于保护环境的做法会困扰农村乃至城市居民生活，也不利于培肥土壤（冀保毅，2013）。为保护生态环境，培肥土壤，提高作物产量（王丽学等，2015），改变过去秸秆不合理的利用方式愈显得尤为重要。

将秸秆归还农田的措施具有多方面的优点：一方面，作物秸秆富含多种矿质营养元素，秸秆还田后，营养物质可释放重新返回到土壤（王淑娟等，2015）；另一方面，秸秆中的纤维素、木质素等物质有利于土壤腐殖质的更新，维持土壤的有机质平衡，从而使土壤质量得到改良（杨晓辉等，2015）。实施秸秆还田不仅可减少环境污染,缓解秸秆到处乱焚乱烧的现象,还能培肥地力,改善土壤理化性质,提高土壤保水保肥性能,为农业的可持续发展提供物质基础(李纯燕等,2015);同时,秸秆还田可补充和平衡土壤养分,有效改善土壤结构(赵小军,2017)。相关研究认为,秸秆还田能对土壤起到一定的疏松作用、降低土壤容重,提高土壤微生物活性,为作物根系的生长发育创造良好的空间(郑祥楠,2017),使植株长势良好,从而提高作物的产量。近年来关于秸秆还田各方面已有诸多报道,大部分研究认为作物秸秆直接还田会导致土壤碳氮比上升(李涛等,2016a;赵鹏等,2010),而不利于作物的生长。因此,秸秆还田配施一定量的氮肥可作为一种有效的土壤培肥的措施。

宁夏扬黄灌区土壤沙化、盐渍化现象尤为严重,土壤贫瘠和水分不足的现实条件严重影响和制约农作物产量的提高。目前,一方面需要解决土壤肥力低下问题,另一方面需要解决大量秸秆如何有效使用的问题,其最直接、最有效的方法就是将秸秆直接进行还田,基本的方式有秸秆粉碎翻压还田和整秆秸秆覆盖还田(李春阳,2017)。直接还田也存在很多的缺点,如秸秆还田方式采取不当会影响播种的质量,还可导致秸秆成为病虫害的来源;其他还田方式还可通过长期堆放秸秆进行沤肥、利用食用菌进行菌渣还田、利用畜禽类食用秸秆后转化为粪便进行还田等。各种秸秆还田方式的选用不尽相同,这与还田当地的经济因素、生态条件和农林牧业状况息息相关(白伟等,2015;辛励等,2016a)。但在自然条件下,秸秆还田后腐熟缓慢,大量未腐解的秸秆残留在土壤耕层,加速了地下害虫孵化、耕作层土壤碱化度上升,严重影响下茬作物出苗及生长(李春杰等,2015)。因此,秸秆还田后如何促进秸秆快速腐解已成为目前秸秆还田研究的热点。同时,长期以来一直依赖化肥的使用,盲目施肥导致大量肥料的浪费和土地地力的持续下滑。秸秆还田配施化学氮肥作为一种有效的土壤快速培肥方式已在该区展开推广,但是目前对该区秸秆还田配施氮肥的研究相对较少,加之鲜有关于滴灌条件下秸秆还田配施氮肥方面的研究。

针对宁夏扬黄灌区年降水量少、蒸发量大和土壤肥力低下等问题(徐燕等,2016),结合当地秸秆利用情况,在宁夏扬黄灌区通过设置不同秸秆还田量及还田方式、秸秆还田配施不同腐熟剂用量、秸秆还田配施不同氮肥用量三个大田试验,研究其秸秆腐熟特征及对土壤理化性状及玉米生长的影响,旨在探索出适合宁夏同心扬黄灌区最佳的秸秆还田方式、秸秆还田配施最佳腐熟剂种类及秸秆还田配施氮肥合理用量，进行土壤快速培肥，为该区秸秆还田技术的推广应用及灌区农业可持续发展提供一定的理论参考和指导借鉴。

第二节　秸秆还田的利用现状

一、国内秸秆还田的利用现状

随着秸秆还田领域的研究逐渐被人们所重视，农作物秸秆还田的方式也日趋增加。我国目前秸秆还田方式大致可划分为5大类：一是将秸秆进行机械粉碎后平铺到田间并翻压至土壤中；二是将整秆秸秆平铺覆盖到农田；三是将秸秆堆放一段时间后进行沤肥还田；四是通过牲畜食用秸秆后进行粪便还田；五是通过农作物收获后就地焚烧还田，这也是最不可取的秸秆还田方式。

我国农业发展历史悠久，农作物秸秆利用的方式也经历了反反复复的诸多探索，距今已有上千年的历史。据文献记载，生活燃料和牲畜饲料成为我国每年绝大多数秸秆利用的常见方式；我国有大面积的乡村，而乡村中每年又产生大批量的秸秆。因此，有很多秸秆用于乡村居民生活的燃料，还有一小部分秸秆用于喂养牲畜进行过腹还田。从当前情况来看，我国秸秆还田举措仍存在诸多问题，如还田率低、还田技术受限、还田不当会给环境带来一系列的负面影响等。在当前我国大力倡导建设绿色生态环境和美好家园的大背景下，不当的利用方式只会加剧空气污染对环境造成的负担，且不能有效地将秸秆资源用于培肥土壤。统计结果显示，我国每年都有很多秸秆未经合理利用，还有部分剩余的秸秆资源未被利用，可见，当前秸秆资源利用的方式亟待提高。因此，为进一步推进秸秆资源的高效利用，寻求适合的秸秆还田方式，相关科研人员对此做了大量的研究，但仍存在诸多问题，具体如下：

（1）机械化还田缺乏普及度。采用机械化作业将秸秆进行还田的方式较为快捷和方便，但从现实情况来看不容乐观，我国大部分农村地区经济发展水平较为落后，农民无心无力购买机械进行还田，这是未能普及的直接原因。因此，大多数地区普遍选用传统省时省钱的秸秆还田方式。只有在面积广大、相对平整的土地上,机械化还田才能得以应用。

(2)堆沤腐解还田成为常态。农作物收获后将秸秆长期堆放、腐解、沤肥后还田是我国目前各种秸秆还田方式中运用最为普遍的一种方法,这种方式可有效解决我国当前面临的有机肥短缺问题,能为改良很多中低产田带来一定的成效。从我国目前秸秆的利用情况来看,大部分地区都有采用这种秸秆还田的方式。作为一种长期沿用的、传统的秸秆还田技术,对我国大部分地区的土壤改良有良好的功效。

(3)过腹还田要求高、能力不足。在一些畜牧业发达的地区,普遍采用的还田方式是牲畜过腹还田,这种秸秆利用的方式效益较高,但是利用的地区却非常受限;此外,它也需要占用一定的空间,并且耗时长。因此,该方法在我国大部分地区很难被广泛采用。

(4)焚烧秸秆的传统还田方式普遍存在。在过去相当长的一段时间,我国通常采用的还田方式是秸秆经焚烧后进行还田,这种方式对空气质量的污染不容小觑。由于当地的条件受限,机械化还田未能普及,且秸秆间接还田方式研究尚浅,因而焚烧成为了主要的秸秆还田方式。近年来,尽管新型的秸秆还田方式被大力提倡,但通过焚烧进行还田的方式仍屡见不鲜,很多地区仍存在采用这种浪费资源和污染空气的秸秆还田方式。

从当前秸秆还田技术的应用成效来看,我国还处于起步发展阶段。在将秸秆还田与保护环境、秸秆还田与提高农田土壤肥力相统一的发展道路上还有很长的路要走。但是不管怎样,秸秆还田技术仍在一步步发展进步,通过分析目前各地区秸秆还田方面存在一些问题,有针对性地进行解决,具体问题具体分析,提出相应的解决措施,使秸秆还田技术为我国农业可持续发展提供更强大的动力。

二、国外秸秆还田的利用现状

伴随着秸秆直接还田, 现代农机耕作措施也逐渐在更大范围被推广应用,发达国家秸秆还田大多采用机械化作业方式,在收获的同时,将秸秆切断或粉碎,均匀地铺撒在地表,然后利用大功率的机械设备,通过翻耕或旋耕,将其深翻到土壤中去。20 世纪 50 年代末,美国全面实现了对作物进行机械化收获的方式,因此,很多新型的机械设备也应运而生;60 年代初,美国试图在谷物收获机上装置粉碎秸秆的设备，将谷物收获与秸秆粉碎还田二者同时进行，节约了很多劳力；其后又研制了与农用机械相配套的切碎机，有效促进了秸秆还田前进的步伐。

世界上农业较为发达的国家都会优先选取发展生态农业，以便合理地使用和养护土地。在一些农业发达的地区，施肥多以秸秆还田和农家牲畜粪便等有机肥为主。因此，将作物秸秆进行还田成为重要的保护性农业耕作技术，这也在世界各农业发达国家得到了足够的重视和支持。国外秸秆利用的主导方式是将秸秆循环利用还田，如过腹还田，其不仅能为牲畜提供饲料，还能将秸秆资源进行转化为更有利于地力提升的物质。此外，一些农业发达的国家都非常注重施肥结构，合理将秸秆还田与厩肥和化肥进行结合施肥，化肥用量较少，而秸秆和厩肥用量较多。韩国的稻麦秸秆已实现了全量化利用，近四分之一用于归还农田，四分之三以上用作饲料。此外，美国把秸秆还田当作农作制中的一项关键技术，坚持常年连续实施秸秆还田，不但玉米、小麦等秸秆大量还田，而且诸如大豆、番茄等秸秆也尽量归还农田。英国每年坚持粉碎翻压玉米秸秆还田，如此循环往复，连续十几年后土壤有机质含量得到明显提高。此外，将作物秸秆直接还田的效果优于堆放沤肥后再还田，并且随着地力的改善，农作物产量的提高，可供还田的秸秆量也随之增加。

还有的国家把秸秆还田措施当作农业生产中的法律去执行，利用现有技术体系将秸秆还田进一步规范化，采用秸秆分解菌技术制成秸秆肥料，从而进行秸秆还田。德国等一些国家则有严格的法律明文规定，禁止焚烧秸秆给环境带来负面影响，在严格的控制下成效显著。目前，秸秆还田问题已经引起相关学界的高度重视，国内外众多学者进行了广泛的研究，使得秸秆还田应用的范围逐年扩大。实践证明，秸秆还田对培肥土壤、提高作物产量意义重大。

第三节　秸秆还田的土壤环境效应及对作物生长影响研究进展

作物秸秆输出量过大已成为我国农业面临的严重问题，大量秸秆被弃置或露天焚烧，使秸秆资源未能充分、有效利用，且致使大量的温室气体和固体颗粒排入空气中，导致局域严重的大气污染（韩明明，2017；梁卫等，2016）。秸秆还田是将秸秆所含的碳、氮等矿质元素经过腐解归到农田，这有助于土壤肥力恢复，且又响应国家“双减政策”，对于减少农田中化肥过量使用意义重大（徐忠山，2017）。近年来，作物秸秆作为天然有机肥料逐渐得到人们重视（Soon and Lupwayi，2012），秸秆还田作为农业生产中重要的土壤培肥措施，主要体现在改善土壤物理结构，增强土壤生物活性，提高土壤肥力等方面（赵亚丽等，2014a），既可缓解土壤中氮、磷、钾元素比例失调的矛盾，又能弥补磷、钾元素的不足（Pathak，et al.，2006）。同时，通过秸秆还田还能平衡和维持土壤养分循环及化肥的施用量（潘剑玲等，2013）。

我国秸秆资源利用率较低，其主导利用方式为秸秆直接就地还田和秸秆间接过腹还田，辅助方式可作为一种新型能源利用，如秸秆发电、秸秆乙醇、秸秆板材、秸秆建筑和秸秆成型燃料等（孙宁等，2016）。我国秸秆资源丰富，发展潜力大，但秸秆还田技术的基础理论研究较浅，技术应用的机械化水平还不够成熟。此外，秸秆还田对土壤环境效应的影响机制尚未明确（宫秀杰等，2017）。

一、秸秆还田措施下土壤的物理效应

（一）秸秆还田对土壤结构的影响

秸秆还田一方面可改善土壤的通气状况，降低土壤容重、坚实度，协调土壤水肥气热等生态条件，为作物生长创造良好的土壤环境（Roldan，et al.，2003），另一方面还有利于提高土壤总孔隙度，增加土壤毛管孔隙度，显著提高土壤非毛管孔隙度（刘新梁，2017）。相关研究发现，秸秆还田后土壤容重较上年同期降低 10.9%，土壤孔隙度较上年同期提高 7.3%（李世忠等，2017），而在连续秸秆还田后，显著降低了表层的土壤容重（刘威，2015）；秸秆还田方式对土壤孔隙结构也会产生一定的影响，粉碎翻压或整秆覆盖还田均可增加土壤总孔隙度，且随还田年限的增加，耕层土壤的总孔隙度也呈上升趋势。秸秆还田条件下不同耕作方式对土壤容重的影响程度不同，翻耕方式比免耕更能降低土壤容重，但不同翻耕深度处理间差异不显著（郑祥楠，2017）。

秸秆还田后可产生大量腐殖酸，促进团粒体的形成，进而形成水稳性较高的土壤团粒结构（冀保毅，2013）。连续秸秆还田可使微团聚体数量显著增加，进而改善土壤的结构状况。秸秆还田方式对土壤团聚体稳定性也存在一定影响，如秸秆覆盖还田可增强土壤团聚体的稳定性，明显提高 0~20 cm 层>0.25 mm 土壤团聚体含量(路文涛，2011)，对于 20~40 cm 土壤水稳性团聚体的平均重量直径也有所增加(薛斌等，2018)。从还田时期来看，长期秸秆还田能够改变土壤团聚体的分布，利于土壤结构的形成(王秀娟等，2018)。秸秆还田结合耕作还可影响土壤结构和养分周转，二者驱动土壤的更新周转和团聚体分布(田慎重等，2017)，其对于培肥土壤、改善土壤环境质量起着不可估量的作用。

(二)秸秆还田对土壤水温的影响

秸秆还田可阻断土壤水分的毛细管作用，明显提高土壤的保水性能，同时改善表层土壤的入渗能力(安丰华等，2015)。秸秆粉碎还田可有效减少表层水分的蒸发散失，秸秆覆盖还田也有助于对土壤水分含量的提高与保持(Kasteel，et al.，2007)。研究表明，在作物生育前期，秸秆还田后土壤水分均显著低于秸秆不还田(对照)，而在作物生育后期，秸秆腐解后对土壤水分能起到一定的补偿效应，均高于对照(徐文强等，2013)。宫亮(2014)指出，在玉米生育前期，秸秆还田能降低 0~100 cm 层土壤含水量，而在玉米大喇叭口期后可提高耕层(0~40 cm)土壤含水量。此外，秸秆还田措施能有效缓解深层(60 cm 以下)土壤水分消耗加剧带来的负面影响(李亚威，2016)，而长期实施秸秆还田措施，可显著改善土壤水分环境，增强土壤“水库”的扩蓄增容能力。

秸秆还田对土壤温度的影响主要表现在对不同时期土壤的增温和降温效应上。短期秸秆还田可加强土壤对光辐射的吸收和转化，具有增温效应，且随还田量的增加，其增温效果越明显，主要体现在 0~5 cm 土层，但长期秸秆还田的土壤增温效应，则主要表现在 0~15 cm 土层(王丽君，2012)。秸秆还田后也可使作物全生育期土壤温度呈下降趋势，其下降幅度对表层土壤温度影响最为显著，而在越冬期温度较低的情况下，秸秆还田则较常规处理表现为增温，在返青期气温初始回升时，开始表现出降温效应。不同秸秆还田方式可降低作物生长初期表层(0~10 cm)土壤温度(孙媛，2014)。秸秆深施还田耕地土壤日均温高于覆盖还田和秸秆不还田，随秸秆深施还田量的增加，对土壤保温和调控作用加强(常晓慧等，2011)。当大气温度较高时，秸秆覆盖还田可减缓耕层温度的变幅，当大气温度较低时，覆盖还田则具有显著的保温作用(雷晓伟，2016)。可见，秸秆还田对土壤温度的调控作用具有一定的尺度范围

（蔡太义等，2011）。

二、秸秆还田措施下土壤的化学效应

秸秆还田经微生物分解会产生大量的腐殖质，对土壤矿质元素的积累贡献明显，对土壤碳元素的增加效益显著（辛励等，2016a）。土壤有机质含量随秸秆还田量的增加而增加，但秸秆过量还田又会导致土壤有机质增长率降低（高金虎等，2012）。不同秸秆还田方式对土壤有机质积累的影响不同，覆盖秸秆有利于有机质的积累（Dikgwatlhe，et al.，2014），其次是秸秆翻压还田（高洪军等，2011），秸秆深埋还田可促进亚表层土壤有机质含量的增加，但对表层土壤有机质含量的影响也不明显（邹洪涛等，2013）。从还田时间看，春季与秋季还田可提高土壤的有机质含量，但影响均不明显。

秸秆还田措施对土壤化学性质有较大影响，秸秆腐熟后经养分转化，使土壤碱解氮、速效钾含量都有所提高。不同秸秆还田方式下土壤中速效养分含量均有不同程度增加，但差异均不明显（周运来等，2016），秸秆粉碎还田相比整秆还田更有助于养分的释放，其速效养分含量较偏高。此外，土壤中全氮含量也会随秸秆归还农田而升高，对速效磷含量的提高主要体现在 0~7 cm 的土层。相关研究发现，菜豆秸秆进行还田后，有利于提高黄瓜生长中后期土壤中的速效养分含量；不同芦苇秸秆还田方式也能显著提高土壤的养分，总氮、总磷和总钾均显著高于对照（张雪艳等，2015；陈金海等，2011）；连续秸秆还田可减少氮肥的施用量，显著提高 20~40 cm 层土壤中硝态氮和铵态氮的含量（秦都林等，2017），提高水肥利用效率，增强培肥效果（潘剑玲等，2013）；就秸秆还田和土壤耕作方式而言，二者均可不同程度提高土壤中速效养分含量。

三、秸秆还田措施下土壤的生物学效应

（一）土壤微生物数量及碳、氮含量

秸秆还田可显著增加耕层土壤中细菌、霉菌、放线菌、解磷解钾菌、硝化细菌和反硝化细菌等的数量，改善土壤微生物的群落结构和功能多样性（崔新卫等，2014）；尽管秸秆还田后对土壤细菌数量有所提高，但其量并不随秸秆还田年限的增加而增加（李鑫等，2013）。此外，秸秆还田对下茬作物根际土

壤微生态环境的影响至关重要(董亮等,2017)。作物秸秆腐解后会产生大量的有机物,极大地增加了土壤微生物生物量碳氮含量(Nele,et al.,2011),秸秆还田对土壤微生物生物量碳、氮的增加能显著改善土壤环境质量(汤宏等,2013)。秸秆腐解促进微生物生物量碳氮的转化(Ding,et al.,2010)。秸秆还田能显著提高上茬麦地土壤微生物生物量碳、氮,并为下茬作物储备土壤碳氮库,增加肥料的利用率,同时有利于土壤有机质的转化和矿化碳的分解,提高土壤的供肥水平。耿丽平等(耿丽平等,2015)研究发现,秸秆粉碎还田与留茬还田措施下施促腐菌剂，在一定程度上提高了土壤微生物生物量碳氮含量，且表层明显高于下层。邬石根(2017)研究表明,与秸秆不还田相比,稻草秸秆还田措施下土壤微生物生物量碳氮均显著提高。刘龙等(刘龙等,2017)研究指出,种还分离模式下玉米秸秆还田 1 年后,0~15 cm 层土壤总有机碳、微生物生物量碳含量均随秸秆还田量的增加而提高。由以上分析可见,秸秆还田对于增加土壤微生物数量及碳、氮含量效应显著,这有助于减少农田化肥投入,对土壤培肥及节约农田生产成本意义重大。

(二)土壤酶活性

秸秆作为外源碳介入农田土壤后,一方面,土壤发生酶促反应,底物增加及酶来源增多;另一方面,土壤微生物可利用碳源的增加使其生存环境得到改善，从而提高土壤酶的活性、使土壤微生物状况得以改善（崔新卫等,2014)。秸秆还田可提高不同土层的土壤酶活性(萨如拉等,2018),其还田量对土壤微生物酶活性也有影响,对于不同耕作方式则表现不同,翻耕+2/3 还田量处理的土壤微生物酶活性高,而少免耕+1/3 还田量处理最高(陈冬林等,2010)。秸秆还田不仅提高土壤酶的活性,同时还增加了各种酶的数量。秸秆还田后使土壤蔗糖酶、脲酶、碱性磷酸酶、过氧化氢酶的活性均高于不还田处理,其土壤蔗糖酶、脲酶及碱性磷酸酶活性均随秸秆还田量的增加而增加(薄国栋,2014),且还田量对土壤酶活性的影响呈显著正相关。综上所述,土壤酶活的增强极大促进土壤中各种物质的转换,与腐殖质的合成与分解,营养元素的释放密切相关,对土壤培肥效应显著。

四、秸秆还田措施对作物生长与产量的影响

将秸秆归还农田能显著影响土壤结构、水分含量及养分周转,从而影响

地上部植株生长状况。不同秸秆还田方式对土壤培肥效应不同，对作物生长及产量的影响效果也不尽相同。有研究表明（李静静等，2014），不同秸秆还田方式能显著改善土壤水温状况，形成有利于植株生长发育的良好土壤温度条件，进而改善植株生长的环境，影响产量。也有研究指出（张文可，2018），秸秆还田处理较对照可显著增加玉米植株的叶面积指数和SPAD值，从而防止叶片过早枯萎衰老。此外，秸秆还田还可改善农田土壤水肥状况，显著促进玉米生长。然而，秸秆覆盖还田由于早期进行秸秆覆盖易造成压苗现象，且秸秆不易腐解，造成苗期植株生长较弱，使其早期发育进程略有迟缓（季陆鹰等，2011）。孟兆良（2018）研究发现，连续进行两年秸秆还田处理后，不同秸秆还田方式与秸秆不还田相比可显著提高冬小麦和夏玉米的干物质累积量，且连续两年进行秸秆还田植株株高、叶面积和籽粒积累量均较还田一季效果更好。庞党伟等（2016）研究报道，秸秆适时深耕还田较连续旋耕还田能有效增加穗数12.8%，增加穗粒数5.3%，平均提高产量7.2%。李朝苏等（2014）研究也表明，秸秆还田与未秸秆还田处理相比，作物产量可增加2.2%~11.0%。

秸秆还田措施能增加作物生长所需要的养分，尤其是增加土壤有机质，进而促进作物的生长。秸秆还田通过增加土壤养分含量（刘世平等，2006），优化土壤物理结构（张婷等，2018），提高土壤中微生物数量和酶的活性（李涛等，2016a），有利于作物的生长和产量的提高（张婷等，2018）。前人通过4年连续田间试验表明（Malhi and Lemke，2007），秸秆还田下0~15 cm土层的土壤轻质有机质增加23.8%，轻质有机氮增加9.7%。湖北潮土13年连续定位试验研究表明，小麦秸秆连续还田较秸秆不还田可显著增加土壤速效钾含量（谭德水等，2007）。秸秆还田可显著增加玉米产量，秸秆长期还田定位试验表明（萨如拉等，2013），不同秸秆还田方式对玉米产量的影响为：秸秆覆盖还田、秸秆粪肥还田>秸秆覆盖还田>秸秆粉碎直接还田>秸秆不还田。关中灌区7个小麦品种的田间试验表明（董勤各等，2010），秸秆粉碎还田与化肥配施比常规栽培增产5.4%~13.1%，由此说明秸秆还田可提高作物产量。过量的秸秆还田会导致作物减产，Powlson，et al.，（2010）研究认为，过量的秸秆还田较秸秆不还田减少小麦籽粒产量3.9%。可见，适宜秸秆还田措施可培肥地力，改善土壤理化性状，进而促进作物增产、增收（王静和屈克伟，2008）。

五、存在问题、建议与展望

(一)存在问题及建议

近年来,很多专家、学者在秸秆还田方面做了大量研究,探索出诸如秸秆覆盖、翻压、旋耕等还田方式,但具体还田方式的选择还应与当地的实际情况相结合,须因地制宜探索出最佳的还田方式。秸秆还田具有一定的复杂性、多重性,其对农田环境存在一定的影响,短期内秸秆还田会降低农田土壤温度,降低积温,影响作物生产。秸秆还田期间,温室气体如甲烷气体的排放量会随还田量的增加而增加,尽管增幅有限,但其对局部大气变暖造成的影响也不容忽视(陈浩等,2018)。此外,秸秆还田给农田环境带来一定效益的同时,还增加了土壤中的病虫害。因此,还田秸秆的选取应避免病虫害秸秆,还田方式选择上应不影响播种、出苗及幼苗生长,注意处理好还田后效益的利弊关系,使秸秆还田技术朝更优良的方向发展,同时还须对各种还田措施做进一步的探讨。

(二)展望

为改善土壤环境质量,探索出适宜的秸秆还田方式,使秸秆资源得到高效利用,已逐渐成为当前农业领域的研究热点。秸秆还田对土壤地力的提升是长期、可持续的,其经济效益不仅体现在能改善土壤环境质量方面,还可减少化肥施用量,使现代农业实现节本、增效。由于不同地域的环境条件存在显著差异,不同地区的秸秆还田方式还都处于试行阶段,尚未形成一种适合当地、切实有效的还田模式,秸秆还田方式的选取与当地社会、人文、经济等因素密切相关。因此,各种秸秆还田方式的效益有待进一步探讨,未来研究不同秸秆还田方式的土壤作用机制及秸秆还田技术的可行性还需从以下几个方面进行深入探究。

(1)结合各区域主流还田模式,将经济效益与环境效益相统一,避免单一、片面条件下的随意诊断。重点研究不同区域、不同秸秆还田模式对土壤环境质量的调节与改善。

(2)不同区域秸秆还田效益体现周期的确定与完善。对某一个具体地区和土壤类型来说,将秸秆进行还田多长时间才能起到对土壤环境质量效益的改善,还有待各地在实践中不断探索。

(3)加强对秸秆还田结合灌溉、施肥的研究,调节土壤碳氮比;发展相应的生物工程技术,加快对促腐菌剂的研制,促进秸秆在一定时间内的腐解是及时补充当季作物对土壤中养分含量需求的关键。

(4)从技术上解决因机械化作业造成的土壤结构破坏、秸秆养分流失等不良影响,明确秸秆还田的目的是将养分归还农田,避免因各种因素造成的养分流失。

(5)加强对不同秸秆还田方式的技术评价、技术推广,发展配套技术体系。将机械技术、生物工程技术与农机农艺措施统筹兼顾、综合运用,使未来拟订秸秆还田技术方案更为合理、可行,从而改善农田土壤环境质量,实现地力提升及可持续利用。

第四节　秸秆还田配施氮肥对土壤培肥及作物效应研究进展

化肥自从推广应用于农业生产以来为农作物产量的提高起到了巨大的推动作用。其中,氮肥的作用最为显著,极大地提高了作物的产量。长期以来作物种植者一直依赖于化学肥料的使用,化肥的投入偏高,使农田生态系统平衡被打破,养分循环也受到影响(潘剑玲等,2013),使得土壤质量和耕地生产力降低,在影响环境的同时也阻碍了农业的可持续发展。我国是农作物秸秆十分丰富的国家,但是作物的秸秆利用效率一直不高,目前还存在焚烧、胡乱堆弃等浪费现象,相关研究表明(王如芳等,2011),我国的平均秸秆利用率为 56.4%。随着农业机械化水平的提高,秸秆还田已作为一个重要的作物秸秆利用方式被广泛认可(张静等,2010)。一方面秸秆还田可有效利用作物的秸秆,减少因焚烧、堆弃等带来的环境污染和资源浪费等问题。另一方面,秸秆还田可培肥地力,改善土壤理化性状,进而促进作物增产、增收(王静和屈克伟,2008)。作物秸秆直接还田可作为一种有效的土壤快速培肥方式。近年来关于秸秆还田各方面已有诸多报道,大部分研究认为作物秸秆直接还田会导致土壤碳氮比上升(李涛等,2016a;赵鹏等,2010),因而不利于作物的生长。在秸秆还田腐熟过程中,大量微生物的繁殖与对秸秆的分解会消耗土壤中的氮素,引起与作物生长对氮素的竞争(马宗国等,2003),进而影响还田秸秆的有效腐解。有研究表明(霍竹,2003;黄俏丽,2007),长期秸秆还田并配施适量的氮肥,是培肥地力、提高产量的有效措施之一,其对土壤肥力的影响效果,与气候、作物类型和土壤质地等因素有关。

一、秸秆还田配施氮肥对土壤物理性质的影响

秸秆还田配施一定量的氮肥可显著降低土壤容重,增加土壤孔隙度(张静等,2010;庞党伟等,2016;朱刘兵等,2015)。秸秆还田配施无机肥相对于不还田不施肥的土壤容重较低(Virto,et al.,2006)。秸秆还田配施化肥处理能增加土壤孔隙度,降低 0~20 cm 耕层土壤容重(宫亮等,2008)。白伟等(2017a)研究表明,秸秆还田配施氮肥与秸秆不还田相比可降低 0~20 cm 土层土壤容重 3.2%,0~40 cm 土层土壤降低 2.0%。吴鹏年等(2019)研究表明,秸秆还田配施氮肥 300 kg/hm^2 和 450 kg/hm^2 处理 0~20 cm 土层平均土壤容重分别降低 3.3%和 5.4%,土壤孔隙度分别增加 3.7%和 7.1%。秸秆还田配施氮肥可促进土壤微粒的团聚作用(申源源和陈宏,2009),这是因为秸秆还田在腐解过程中产生不同类型的有机质,提高了土壤微生物的活性,促进腐殖质的产生,进而有利于土壤大团粒的形成(Sodhi,et al.,2009),进而改善土壤的物理性状。

秸秆还田同样还会影响土壤含水量的变化,秸秆覆盖后的土壤具有保墒层,减少了土壤中不必要的水分蒸发,增强了土壤保水保墒的能力,是干旱地区充分利用水资源的一个重要措施(Zhang,et al.,2008;陈素英等,2002;李洪勋和吴伯志,2006;廖允成等,2003)。秸秆还田可提高土壤的蓄水保水能力,从而保证作物需水关键生育时期的水分供应。秸秆还田可显著改善土壤的蓄水能力(Sodhi,et al.,2009),一方面通过增加土壤孔隙度来增加土壤含水量;另一方面,秸秆覆盖可有效抑制土壤表土水分的蒸发(李全起等,2016),从而增加了土壤含水量,张亮等(2013)通过对比施氮跟秸秆还田方式对于土壤水分的影响,认为相同施氮量条件下秸秆还田较秸秆不还田 0~60 cm 土层土壤含水量增加明显,从而为作物的生长提供了较充足的水分条件。

二、秸秆还田配施氮肥对土壤化学性质的影响

(一)秸秆还田配施氮肥对土壤有机质含量的影响

秸秆中占 40%的是有机碳,秸秆还田后土壤中的有机碳含量呈增长的趋

势(Whitbread,et al.,2003;黄运湘等,2005),并且无机肥料加秸秆还田处理相比只施无机肥料的处理能提高土壤有机碳储量4.0%~5.7%(Wang,et al.,2018)。冷冰涛等(2017)研究表明,秸秆还田配施不同量的氮肥可增加土壤全氮的含量,对土壤有效磷和速效钾的含量有一定的调节作用。侯贤清等(2018a)研究表明,秸秆还田配施氮肥可提高土壤的有机碳和全氮含量。宫亮等(2008)研究得出,连续三年秸秆还田配施化肥下土壤有机质含量提高7.13%~9.44%,可见,作物秸秆还田配施无机化肥是提高土壤有机质含量的一个重要措施。长期耕作土壤有机质含量没有提高,而秸秆配施氮肥下土壤有机质含量能够增加(Clapp,et al.,2000)。可见,还田后的作物秸秆一部分会转化为土壤中的有机质,但这种有机质含量变化受外界影响比较大。

(二)秸秆还田配施氮肥对土壤养分的影响

秸秆还田与氮肥配施可显著改善土壤养分状况。有研究表明(劳秀荣等,2003),秸秆还田配施化学肥料可以提高土壤有机质含量,增加土壤速效氮、磷、钾(N、P、K)的含量,并能促进作物对速效养分的吸收,尤其表现在对速效氮和速效磷的吸收(蒋新和等,1998)。Agustin,et al.,(2008)通过长期秸秆还田与氮肥配施处理定位试验表明,秸秆还田与氮肥配施可显著提高小麦地土壤耕层养分含量及养分利用效率。土壤有机质是衡量土壤肥力的重要指标之一,秸秆还田配施氮肥可有效提高土壤有机质含量。李孝勇等(2003)研究发现,秸秆还田配施适量化学氮肥可有效提升土壤有机质17.5%~28.7%。相关研究表明(南雄雄等,2011;马超等,2012),秸秆还田配施氮肥可提高土壤速效氮、磷、钾等养分的含量,且随施氮量的增加呈逐渐上升的趋势。秸秆还田对土壤养分的影响与土壤类型、生态条件、秸秆来源、还田方式、秸秆释放养分进程差异有关(闫洪奎等,2018)。

(三)秸秆还田配施氮肥对土壤酶活性的影响

秸秆还田配施化肥对于根际土壤过氧化氢酶、脲酶、转化酶活性的提高有促进作用(钱海燕等,2012;杨滨娟等,2014)。秸秆还田配施氮肥能够增加土壤脲酶、过氧化氢酶和蔗糖酶活性(宫秀杰等,2020)。有研究表明,冬季秸秆还田配施氮肥能在一定程度上调控与碳周转相关的土壤酶活性,但并未造成各处理间酶活性的显著差异(王倩倩等,2017)。秸秆与氮肥配施还田前期土壤中可利用的能源物质增加,诱导土壤微生物分泌的酶增加,酶活性增强;

随着秸秆进一步腐解，可利用的能源物质逐渐减少，微生物生长逐渐衰退，酶活性降低（武际等，2013；庞荔丹等，2017）。李涛等（2016a）通过配施氮肥调节秸秆还田条件下的碳氮比，研究发现，通过施用化学氮肥调节碳氮比为 16:1 时可提高土壤荧光素二乙酸水解酶活性。侯贤清等（2018a）研究表明，秸秆还田配施氮肥可增强土壤脲酶、过氧化氢酶、碱性磷酸酶和蔗糖酶活性。

三、秸秆还田配施氮肥对作物生长及产量的影响

（一）秸秆还田配施氮肥对作物生长的影响

秸秆还田往往需要配施氮肥，才能保证秸秆的快速腐解以及作物的正常生长发育。张媛媛等（2012）研究表明，秸秆还田在不施氮肥条件下对水稻茎蘖发生有一定抑制作用，并且抑制作用随秸秆还田量的增加而增强；而秸秆还田与氮肥配施可缓解秸秆腐解与水稻生长的“争氮”现象，促进水稻茎蘖早发和分蘖高峰的形成，有利于水稻有效穗的形成，说明适宜的秸秆还田耦合氮肥施用水平可显著改善水稻茎蘖发生。王卫等（2010）研究发现，秸秆还田与化肥配施后水稻叶面积指数明显增加，群体净光合速率提高。赵锋等（2011）指出，秸秆还田与氮肥配施对水稻灌浆期的光合能力显著提高，增幅显著高于氮肥单施。秸秆还田与氮肥配施明显延缓了水稻生育后期剑叶光合速率的下降并维持在较高水平，库源关系得到充分改善，对水稻光合物质生产、花后干物质分配与转运，对产量和品质的形成至关重要（赵步洪等，2006；史鸿儒等，2008）。可见，秸秆还田与氮肥配施后作物群体干物质生产和转化效率得到提高，与秸秆离田和不施氮肥相比，秸秆还田与氮肥配施显著增加了作物干物质积累总量。

（二）秸秆还田配施氮肥对作物产量及肥料利用率的影响

秸秆还田配施氮肥对作物产量增产效果更明显，秸秆还田与氮肥配施对肥料利用率也有一定的影响。霍竹等（2004）研究表明，秸秆还田配施氮肥可以提高夏玉米的穗粒数和千粒重，从而提高夏玉米的产量。吴鹏年等（2019）研究表明，秸秆还田配施氮肥处理主要是通过增加玉米的穗粒数和百粒重而达到高产。闫翠萍等（2011）研究表明，秸秆还田与氮肥配施冬小麦孕穗期到成熟期的干重、成穗率和产量构成因素均高于氮肥单施。徐国伟等（2009）和张洪熙等（2008）均认为，秸秆还田与氮肥配施后降低了单位面积有效穗数，

提高了穗粒数、结实率和千粒重，从而提高水稻产量。辽北棕壤农区，以秸秆还田量为 9 000 kg/hm^2 和配施氮肥 225 kg/hm^2 可达到作物增产增效，是该地区最佳秸秆还田模式（白伟等，2016）。在江苏常熟农业区，小麦秸秆全量还田配施氮肥 240 kg/hm^2 可以提高土壤氮素利用率，增加水稻产量（张刚等，2016）。

秸秆还田配施氮肥还可提高氮肥利用率（霍竹等，2005），其中秸秆还田常规施氮处理的氮肥农学效率比秸秆不还田单施氮肥处理提高 4.5%。优化施氮对氮肥的农学效率影响十分明显，与传统单施氮肥相比，秸秆还田配施氮肥可大幅提高夏玉米的氮肥农学效率。李玮等（2015）研究发现，秸秆还田配施氮肥可以提高冬小麦产量、氮肥基施和追施的利用率。李录久等（2016a）通过 2 年连续田间试验，发现秸秆直接还田条件下通过提高氮肥基追比例可提高氮素农学效率、氮肥回收率和氮肥利用率。汪军等（2010）研究表明，秸秆还田条件下配施氮肥对氮肥利用率的影响取决于氮肥施用量的大小，只有在低于最佳量的情况下才能提高氮肥利用率，反之则会使氮肥利用率下降。探究秸秆还田与氮肥配施促进作物生长，提高其产量的原因，可能是秸秆还田与氮肥配施可缓解作物生长前期由秸秆分解导致的抑制作用，后期秸秆腐解提高微生物的活性，提高作物根系的活力，促进根系对养分的吸收，有效供给作物新陈代谢所需的营养，从而促进作物生长，提高其产量。

第五节　秸秆还田与秸秆腐解情况研究进展

中国是世界第一秸秆大国，秸秆总量占全球的 17.3%（毕于运等，2010），现年产量已突破 8 亿 t（刘晓永和李书田，2017），2013 年全国玉米秸秆总产量为 2.4 亿 t，居各类农作物产量之首（左旭等，2015）。农作物秸秆作为一类生物质资源，含有丰富的氮磷钾元素却没有得到合理的利用，大量的秸秆被焚烧、丢弃，不仅造成了资源浪费，还严重污染环境，现已成为社会关注的热点问题。北方地区制约秸秆还田一个重要因素就是秸秆腐解慢的问题。

前人对秸秆腐解进行了大量研究，得出秸秆腐解均呈前期快、后期慢的变化规律（李逢雨等，2009；武际等，2011；徐健程等，2016）。作物秸秆种类、碳氮比、干湿程度以及土壤温度、降水条件都会影响作物秸秆在土壤中的腐解率和养分变化（曹莹菲等，2016）。江晓东等（2009）研究4种耕作方式下玉米秸秆腐解规律，结果表明，秸秆腐解与温度具有显著的正相关性。张宇等（2009）研究发现，不同耕作方式下玉米秸秆腐解与相应层次的土壤含水量具有显著的正相关关系。张红等（2014）研究发现，不同秸秆处理的腐解残留率与土壤微生物群落的优势度呈显著负相关，微生物群落在一定程度上影响了秸秆分解的速率；随着腐解的进行，秸秆中养分逐渐释放。大量研究结果表明，秸秆中养分累计释放率为钾>磷>碳>氮（岳丹等，2016；戴志刚等，2010）；但也有研究表明（王允青和郭熙盛，2008），作物秸秆腐解过程中磷的释放率最大，其次是氮钾。不同作物秸秆的累计腐解率及养分释放率差异较大，这可能与秸秆内部结构、养分含量、外界环境及还田方式不同有关。

一、秸秆还田与秸秆腐解

（一）秸秆腐解率

作物秸秆还田后秸秆中的养分伴随腐解直接释放（Blanco-Canqui，et al.，2009；Lal，2009），间接增加土壤养分有效性（Lal，2004）。在适宜的耕作方式下，秸秆会达到一个较高的腐解率。Kamota，et al.，（2014）研究结果表明，直接还田的秸秆腐解率高于覆盖还田。秸秆腐解速率随着还田量和施氮量的增加而增加，且在前两周秸秆的快速腐解，对土壤本身含有的碳起到强烈的激发效应（郭腾飞，2019）。秸秆腐解时的养分供应情况取决于不同的秸秆还田深度（Kisselle，et al.，2001），秸秆与土壤混合在5~10 cm土层，翻耕秸秆还田条件下秸秆被翻埋在20~30 cm土层（Stockfifisch，et al.，1999）。Latifmanesh，et al.，（2020）研究表明，玉米秸秆在还田0~10 cm处理下比还田10~20 cm和20~30 cm处理具有更高的秸秆腐解率。在稻田有氧和厌氧条件下研究秸秆腐解率，结果表明，浸水条件（厌氧）下的秸秆腐解率显著高于有氧条件，但是由于底物利用效率较高，秸秆全碳的矿化量低于有氧条件（Devêvre and Horwáth，2000）。Xu，et al.，（2017）研究表明，试验期间玉米秸秆腐解率达到52%，秸秆的腐解速率从还田第1个月的22.3%~37.9%降到最终的5.4%~7.6%。

（二）养分释放率

耕作处理改变秸秆腐解同时影响秸秆的矿化和养分的释放（Lu，2015；

Lin, et al., 2017; Zhao, et al., 2019)，秸秆腐解与养分释放是同时发生的。Latifmanesh, et al., (2020)研究表明，玉米秸秆在还田 0~10 cm 处理与还田至 10~20 cm 和 20~30 cm 处理相比，秸秆全碳及全氮释放率最高，与深层还田处理相比，还田 0~10 cm 处理显著增加土壤硝态氮和有机碳的含量。不同作物在传统耕作秸秆还田和免耕覆盖还田处理中，绿肥秸秆在还田后 2~10 周内，传统耕作秸秆磷释放率高于免耕覆盖，其磷的释放率与秸秆磷含量呈显著正相关，与秸秆碳磷比负相关(Lupwayi and Kennedy, 2007)，氮素释放与磷素规律相同，仍然为传统耕作氮素释放率高于免耕覆盖处理，且玉米收获后秸秆中的氮素在还田第 1 年释放的并不多，将在还田的随后几年持续释放(Lupwayi, et al., 2006a)，在试验开始后 10 周内，小麦秸秆中钾素释放速率在传统耕作处理下显著高于覆盖还田(Lupwayi, et al., 2006b)。水稻秸秆腐解试验，利用还田处理土壤中的全碳减去秸秆移除处理的全碳来估计秸秆碳的矿化量，结果表明，矿化量的增加主要是由于投入秸秆(Devêvre and Horwáth, 2000)。在贫瘠土壤中投入新鲜的有机物料，分解过程中会促进微生物的活性(Blagodatskaya and Kuzyakov, 2008)，有机质的分解更容易受环境因素的影响，比如土壤含水量、养分含量等(Chowdhury, et al., 2014; Nottingham, et al., 2015)。Luce, et al., (2014)在 112 d 的培养试验中研究秸秆氮素的释放发现，在土壤矿质氮中有 13%~20%和微生物生物量氮中 4%~8%均来自于秸秆氮素释放。Damon, et al., (2014)研究表明，只有在土壤中施入大量的磷含量较高的作物秸秆时，秸秆对土壤磷的有效性才能达到显著水平，当秸秆或者土壤中磷含量较低时，秸秆全磷的释放量显著降低。

二、秸秆腐熟剂的重要性及作用机理

(一)秸秆腐熟剂的重要性

秸秆作为一种多用途、可再生的生物资源，不仅含有蛋白质、脂肪、纤维素和木质素等有机物质，还富含氮、磷、钾、钙、镁等矿质元素(焦贵枝和马照民, 2003)。秸秆降解是微生物对有机物进行的生物化学转化，但由于秸秆的晶体结构复杂，其主要成分（纤维素、半纤维素和木质素）很难快速分解(Tengerdy and Szakacs, 2003)，因此在自然条件下秸秆的降解进程非常缓慢，如何快速有效降解农作物秸秆是秸秆“变废为宝”的关键。大量研究结果均表明，在秸秆堆肥中加入秸秆腐熟剂可以加快秸秆的降解速度、提高秸秆利用率（潘延欣，2015），还能改善作物生长性能、促进微生物活动和作物根系的发育、提高作物产量，并能改良土壤结构、增加土壤有机质含量等。因此，研究与推广秸秆腐熟剂对推动我国农业可持续发展具有重要意义。

（二）秸秆腐熟剂的概念

秸秆腐熟剂由真菌、细菌、放线菌等多种能够促进秸秆快速腐熟的微生物菌群组成，其通过微生物自身代谢将秸秆中难以分解的主要成分，如纤维素、半纤维素和木质素等物质转化成葡萄糖、氨基酸、脂肪酸等简单化合物，为作物生长提供营养，从而提高产量和改善品质，同时还能杀死秸秆中的病原微生物，提高土壤肥力。秸秆腐熟剂的类型很多，根据剂型可分为液态型、颗粒型和粉剂型；根据用途可分为水稻秸秆、小麦秸秆、辣椒秸秆、玉米秸秆等针对不同作物秸秆的专用腐熟剂（柳建国等，2014）。

（三）秸秆腐熟剂的作用机理

秸秆腐熟剂的应用是推广普及秸秆还田技术的重要措施。秸秆腐熟剂主要由细菌、真菌、放线菌和生物酶等复合而成，常用菌种有黑曲霉、酿酒酵母、枯草芽孢杆菌、米曲霉等，这些微生物在生长繁殖过程中能够有效降解秸秆成分，将其转化为农作物生长所需的氮、磷、钾、钙、镁等矿质元素，从而达到改善土壤理化性质、增加土壤有机质、提高农作物生长性能、增效提产的目的。

秸秆腐熟剂的作用过程要历经 4 个阶段。第一阶段为适应期，该时期为腐熟剂施加后的 5~7 d，在适应期腐熟剂中的菌种开始无序繁殖、自由生长；第二阶段为定植期，此期菌丝、菌落开始大量出现在秸秆与土壤连接处，与耕地面接触的秸秆开始出现水浸状；第三阶段为生长繁殖期，此期维持时间相对较长，是腐熟剂发挥作用的重要时期，这一时期微生物大量生长繁殖，种群数量迅速增加，主要以个体细胞生长为主、繁殖为辅，纤维素分解菌大量生长并作用于秸秆韧皮部，表现为蜡质层脱落、秸秆纤维素松软、营养源大量消耗并转化为代谢产物；第四阶段为衰退期，在营养源物质的充分性、完整性遭受破坏后，代谢产物大量积累，碳氮比降低，微生物停止繁殖并逐渐走向死亡或衰退，直至秸秆腐熟处理基本完成（许卫剑等，2011）。

三、秸秆腐熟剂的应用效果研究

(一)对秸秆降解效果的影响

秸秆在正常条件下降解过程非常缓慢,但施加腐熟剂后能够明显提高秸秆降解效率。例如:黄亚丽等(2020)研究发现,在秸秆腐烂过程中添加低温秸秆降解真菌长枝木霉 SDF-31 后,秸秆降解率显著高于常温秸秆腐熟剂和空白对照;Lu, et al.,(2004)向蔬菜和花卉茎秆废物中接种木质纤维素分解菌后发现,该菌种增强了堆肥材料的生物降解能力;常洪艳等(2019)对比了低温、常温和混合菌剂 3 种不同秸秆腐熟剂对玉米秸秆的降解效果,结果表明添加混合菌剂的秸秆降解速率最大;孙学习等(2020)对耐高温秸秆腐熟剂的筛选结果表明,当枯草芽孢杆菌 NGW13、芽枝孢霉菌 NGW12、苏云金芽孢杆菌 NGW14、米曲霉菌 NGW11 的配比为 4:1:2:3 时,该复合菌液降解菌种对秸秆的降解效果最好。因此,通过添加秸秆腐熟剂能够加快秸秆降解,有效推动秸秆资源的利用和转化。

(二)对土壤环境的影响

秸秆还田时施加秸秆腐熟剂能够有效改善土壤结构,增加土壤肥力、提高土壤有机质含量和改善土壤微生物结构。例如:李春杰等(2015)的研究表明,添加秸秆快腐剂能提高土壤速效钾含量、降低土壤容重、增加土壤含水量;周德平等(2018)研究小麦秸秆还田时腐熟剂对土壤微生物影响的结果表明,腐熟剂能够促进土壤微生物的增殖和整体代谢活性,增加群落物种丰富度,提高多样性指数;萨如拉等(2020)认为,在玉米秸秆还田过程中添加秸秆腐熟剂能够刺激土壤呼吸作用,降低土壤 pH,增加土壤碱解氮、速效磷和速效钾的含量;魏蔚等(2019)的研究结果表明,玉米秸秆还田时添加含植物内生真菌的复合菌剂能显著增加土壤蔗糖酶、脲酶和纤维素酶的活性,改善土壤理化性质,提高土壤中的全氮、全钾、碱解氮和速效钾的含量,增加土壤微生物数量。

(三)对作物生长和产量的影响

秸秆腐熟剂不仅能够提高秸秆降解效率,而且还对农作物产量的提高具有一定促进作用。例如:嵇红文(2017)在小麦秸秆中添加有机物料腐熟剂,显著提高了小麦秸秆还田后的水稻产量;李文红等(2018)研究作物秸秆配施腐熟剂还田的结果表明,腐熟剂能够有效控制小麦前期群体数量、促进后期生长,通过增穗、增粒或增重来提高小麦产量;吴志鹏等(2017)分析了腐熟剂在秸秆还田模式下对水稻产量的影响，结果表明，施用腐熟剂对水稻株高、穗长、结实率和千粒重等具有促进作用,能显著提高水稻产量;康永亮等(2018)研究玉米秸秆中施加腐熟剂的结果表明，施加腐熟剂后小麦穗粒数增加4.43%~6.41%,产量增加3.87%~8.00%。

秸秆还田后作物生长性能会受到很多因素影响,其中腐熟剂对作物生长性能具有一定改良作用。例如:鲁耀雄等(2013)研究了秸秆腐熟剂在稻草还田中对晚稻生长的影响,发现添加秸秆腐熟剂能够显著提高晚稻分蘖数和植株氮磷钾含量;张莹莹等(2019)研究了秸秆腐熟剂对玉米秸秆腐解及下茬小麦生长的影响,发现腐熟剂用量的增加会引起返青期的小麦总根量、总蘖数增加,从而提高小麦产量;白文华等(2020)研究了秸秆腐熟剂拌施稻草还田对早熟马铃薯生产的影响,发现腐熟剂能够有效促进薯块膨大、增加薯块产量和平均单株薯重;葛昌斌等(2016)研究了玉米秸秆还田对小麦生长发育的影响,结果表明,增施秸秆腐熟剂可以显著提高小麦叶龄、促进小麦次生根生长、提高小麦单株成穗数和千粒重。

四、秸秆腐熟剂的发展趋势

(一)秸秆腐熟剂的应用局限性

秸秆腐熟剂凭借其对秸秆的催熟功能而被众多农业研究者推荐使用,但在实际推广应用中却受到两大因素限制。一是成本过高,秸秆腐熟剂的价格为100元/kg左右,大面积应用时其用量为30~60 kg/hm^2,成本达3 000~6 000元/hm^2,秸秆腐熟剂的成本过高直接导致其很难得到大面积推广应用;二是秸秆腐熟剂在发挥功效时对外界环境有一定的要求,在寒冷季节喷洒秸秆腐熟剂会严重降低腐熟效果,在天气适宜条件下喷洒腐熟剂后若遇温度骤降或下雨也会影响腐熟效果。

(二)秸秆腐熟剂的发展方向

我国农作物秸秆产量较大,如若不能有效处理这些农作物秸秆,不仅会导致资源浪费(李剑,2011),而且还会引发大气、水和土壤污染等严重的生态环境问题(Parra,et al.,2008)。在此背景下,作物秸秆腐熟还田就成为目前一项重要的培肥地力与增产提质举措。虽然作物秸秆本身含有可以使其完全腐熟的微生物，但由于所需的腐熟时间过长导致秸秆无法得到充分利用。如果在秸秆中人为加入秸秆腐熟剂，秸秆腐熟剂中的微生物菌群与秸秆自身微生物竞争并成功在秸秆中定植后，可以有效提高腐熟效率。结合国家生态环境保护政策以及秸秆腐熟剂在推广应用中的实际情况，预测未来秸秆腐熟剂的发展方向如下。

一是加快速度研究出适用性广、抗逆性强、腐熟效果好的复合菌种。胡海红等（2016）的研究结果表明，将硅藻作为载体，在载体上添加生物酶组合复合菌剂可以有效提高秸秆降解效率。魏蔚等（2019）的研究表明，施加含有植物内生真菌的复合菌剂比市购秸秆腐熟剂更能提高玉米秸秆中木质素的降解速率。因此，研究出催腐效果好的复合菌种是目前秸秆腐熟剂研究的重点方向。

二是降低腐熟剂的生产成本和价格。腐熟剂的成本过高是阻碍其大面积推广应用的主要原因。因此，通过改良菌种培养技术和规模化生产降低生产成本，利用现代物流降低运输成本，进而控制腐熟剂的市场价格，以便充分调动农民使用并推广腐熟剂的积极性，也是秸秆腐熟剂的未来发展方向之一。

三是打破腐熟剂研究盲区。目前对秸秆腐熟剂的研究主要集中在水稻、小麦和玉米等作物，而茄果类、瓜类、叶菜类等蔬菜秸秆还田腐熟剂的研究甚少。因此，要打破腐熟剂研究盲区，开展蔬菜类秸秆腐熟剂及其配套技术的研究。

第二章　秸秆还田量与还田方式下土壤培肥效应及其对玉米生长的影响

玉米作为我国粮饲兼用的作物，种植面积已达 2 400 万 hm^2（高利华等，2016）。玉米需水量大、耗肥性强、水肥胁迫较为敏感，在旱区如何改善土壤的水肥状况是提高玉米产量的关键所在（焦炳忠，2017）。近年来，秸秆还田是改善土壤肥力、维持土地生产力的一项重要措施，对改善土壤结构，提升土壤有机质有重要作用（褚彦辉，2018）。宁夏扬黄灌区土壤沙化严重、保水保肥性能差（鲁向晖等，2008），加之多年的耕种习惯，长期进行土壤浅耕和秸秆焚烧，不仅使土壤紧实、耕层变浅、土壤蓄水保墒能力降低，还造成资源浪费及大气污染，严重影响该区粮食的稳产和高产（潘剑玲等，2013）。因此，通过合理的农业技术措施来改善土壤结构、提高土壤肥力、增强土壤蓄水能力、提升水肥利用效率，对促进该区农业可持续发展具有重要意义。

目前，作物秸秆作为天然有机肥料逐渐得到人们重视（Soon and Lupwayi，2012），秸秆含有丰富的有机碳和大量的木质素、纤维素，还包含大量的氮、磷、钾等植物所需的多种营养元素，可作为有机肥使用（Hu，et al.，2016）。秸秆还田可弥补土壤肥力不足，改善当地的土壤环境，缓解土壤氮磷钾元素比例失调的矛盾，是非常重要的一种农业技术措施（于博等，2016；Pathak，et al.，2006）。目前，我国秸秆资源利用率较低，其主导利用方式为秸秆直接就地还田和秸秆间接过腹还田，辅助方式可作为一种新型能源利用（孙宁等，2016）。秸秆还田可改善土壤结构，增强土壤的蓄水保墒能力，对减少水土流失、提升土壤肥力、改善农田生态环境起着重要作用（陈尚洪等，2006；卢秉林等，2012；赵亚丽等，2014a）。因此，在宁夏扬黄灌区大面积推广农作物秸秆还田，对提高土壤肥力（张亚丽等，2012），化肥减施，增加土地生产力具有重要作用(李贵桐等,2002)。然而不同地区对于某种秸秆还田方式的选用还需要结合当地实际情况,因地制宜。不同秸秆还田方式对土壤性质和玉米产量有一定的影响。路怡青等(2013)和蒋向等(2011)研究报道,秸秆粉碎还田可改善土壤物理性质,降低土壤容重,增加土壤孔隙度,改善土壤结构,促进土壤水肥气热的协调,增加土壤有机质,从而提高土壤肥力,增加玉米产量。张鹏等(2011)研究认为,秸秆粉碎还田提高土壤中碳含量,促进微生物活动。随着秸秆粉碎还田施入,大量秸秆降解产生的养分促进微生物数量增多,有效增加土壤中的碳,随着秸秆粉碎还田能使土壤脲酶、碱性磷酸酶显著提高(陶军等,2010)。秸秆覆盖还田方式可降低地表温度,减弱地面太阳辐射,减少地面水分蒸发,土壤水分较多(宋涛,2016)。戴皖宁等(2019)研究表明,秸秆覆盖还田方式能够保留地表水分散失,能显著降低玉米拔节期耕层土壤温度。刘龙等(2017)研究认为,秸秆粉碎降解转化成有机质,增加土壤中碳氮;隔行还田下土壤肥力显著提高,增加玉米产量。

近年来,有关不同秸秆还田方式改善土壤物理结构,提高土壤水分,降低地表温度,增加微生物酶活性,增加作物产量的相关研究有很多,而针对宁夏扬黄灌区土壤贫瘠、质地黏重等问题,进行不同秸秆还田方式对土壤培肥效应的影响方面报道较少。因此,本研究在宁夏扬黄灌区连续两年开展不同秸秆还田方式下土壤培肥效应及玉米生长和产量研究,以探究不同还田方式对土壤肥力的影响,从而改善土壤理化性质,提高土壤保水保肥的能力,以达到玉米增产的目的,为宁夏扬黄灌区玉米秸秆还田方式和土壤培肥技术提供理论参考。

第一节　试验设计与测定方法

一、试验区概况

本试验于 2017 年 4 月至 2018 年 10 月在宁夏同心县王团镇旱作节水高效农业科技园(北纬 36°51′42″,东经 105°59′27″)进行。试验区地处黄土高原与内蒙古高原交界地带,地势由南向北逐渐倾斜,以平地为主,属中温带干旱大陆性气候,海拔 1 200 m,干旱少雨,年降水量 150~300 mm,年际变率大。无霜期 120~218 d，年平均气温 8.6 ℃，≥10 ℃的积温约 3 000 ℃，热量充足、昼夜温差大、水分蒸发强烈。试验地土壤类型为灰钙土，质地为砂壤土，耕层土壤主要理化性状见表 2-1，属低等肥力水平。

表 2-1 试验地 0~40 cm 层土壤基础理化性状

容重/（$g \cdot cm^{-3}$）	有机质/（$g \cdot kg^{-1}$）	全氮/（$g \cdot kg^{-1}$）	碱解氮/（$mg \cdot kg^{-1}$）	速效磷/（$mg \cdot kg^{-1}$）	速效钾/（$mg \cdot kg^{-1}$）	pH
1.62	6.8	0.37	28.3	16.1	86.05	8.4

二、试验设计

试验为双因素随机区组设计，2 个秸秆还田水平：半量还田（7.5 t/hm^2）、全量还田（15 t/hm^2）；3 种秸秆还田方式：粉碎还田、种还分离还田、覆盖还田；以不同秸秆还田量和不同秸秆还田方式设置交叉处理，具体见表 2-2，以秸秆不还田为对照（CK），7 个处理，4 个重复，共 28 个小区。小区面积 75 m^2。

表 2-2 秸秆还田方式与还田量试验设计

区组设计 秸秆还田方式	秸秆还田量	
	半量还田	全量还田
粉碎还田	秸秆粉碎翻压半量还田（HR）	秸秆粉碎翻压全量还田（QR）
种还分离	秸秆半量种还分离还田（HG）	秸秆全量种还分离还田（QG）
覆盖还田	整秆半量覆盖还田（HM）	整秆全量覆盖还田（QM）

供试品种为当地常规品种先玉 335；玉米秸秆养分含量分别为有机碳 705.8 g/kg、全氮 12.0 g/kg、全磷 2.6 g/kg、全钾 12.7 g/kg。机械耕作深度不低于 25 cm，保证秸秆粉碎后翻入 20 cm 土层。具体还田方式实施步骤为：（1）粉碎翻压还田：采用粉碎机将玉米秸秆粉碎成 3~5 cm 小段，按照不同还田量进行称重、标记并装袋，于当年春播前一周均匀倒入试验田地进行翻压还田，翻压深度 20 cm，当年玉米收获期重复上述操作，进行粉碎翻压还田，次年 4 月中旬播种玉米。（2）种还分离还田：玉米种植与秸秆还田分离开来的栽培耕作方式，种还分离将 1 条均匀田垄（1.1 m 宽）分为玉米种植行（40 cm

宽，种 2 行玉米）和休闲行（70 cm 宽），休闲行用于秸秆还田（粉碎），玉米平均密度保持在 9 万株/hm²（与均匀田垄密度相同），种植行与休闲行年际间轮作。操作时间同（1）。（3）覆盖还田：在当年玉米苗期进行玉米整株秸秆全覆盖，在玉米收获后将覆盖的玉米秸秆粉碎还田，第二年苗期重新覆盖秸秆。

玉米播深 4~5 cm，于 4 月 15 日前后播种，10 月初收获。种植行距为宽窄行，宽行距 70 cm，窄行距 40 cm，株距为 20 cm，种植密度为 9 万株/hm²。基施磷酸二铵（N ≥ 15%，P_2O_5 ≥ 46%）300 kg/hm²、复合肥料（硫酸钾型 N ≥ 15%，P_2O_5 ≥ 15%，K_2O ≥ 15%）495 kg/hm²，在玉米播前结合整地撒施后翻耕入土。2017 年试验期间总灌水量 2025 m³/hm²，2018 年试验期间总灌水量 2 325 m³/hm²。两年试验区生育期降雨、灌水和追肥情况如表 2-3，灌水和追肥方式按照滴灌水肥一体化进行，其他田间管理措施均依照当地生产情况进行。

表 2-3　连续两年玉米不同生育期降雨、灌水和施肥情况

生育时期	灌水日期	2017 年				2018 年			
		灌水量/($m^3 \cdot hm^{-2}$)	降水量/mm	追肥量/($kg \cdot hm^{-2}$)		灌水量/($m^3 \cdot hm^{-2}$)	降水量/mm	追肥量/($kg \cdot hm^{-2}$)	
				N	K_2O			N	K_2O
播种	4 月中旬	—	2	—	—	—	16	—	—
苗期	4 月下旬	150	19.7	—	—	225	4.8	—	—
拔节	5 月中旬	225	51.9	—	36	300	39.9	34.5	30
	6 月上旬	—	—	—	—	300	—	—	—
抽雄	6 月中旬	—	3.4	69	—	—	0.4	—	—
	6 月下旬	450	18.5	—	—	450	39.7	69	30
吐丝	7 月上旬	450	55.6	34.5	36	—	34.6	—	—
灌浆	8 月上旬	450	65.9	34.5	36	450	11.2	34.5	30
	8 月中旬	300	41.3	20.7	36	300	30	34.5	30
	9 月上旬	—	—	—	—	300	70.9	—	—
合计		2025	258.3	158.7	144	2325	247.5	172.5	120

三、测定项目及方法

(一)土壤样品的采集与测定分析

分别在玉米播前、苗期、拔节、抽雄、吐丝、成熟、收获期，采集 0~20 cm、20~40 cm 土层土样，自然风干后土样过 1 mm 和 0.25 mm 筛，在宁夏大学农学院土壤肥料实验室进行测定土壤性质相关指标。

1. 土壤物理性质

土壤容重：在玉米播种前及收获后，按照 0~20 cm、20~40 cm 层，采用环刀分别采集耕层原状土壤样品，测定土壤容重，并计算土壤总孔隙度。

土壤团聚体：在玉米播种前及收获后，按照 0~20 cm、20~40 cm 层，分别采集原状土壤样品，塑料袋包装后带回实验室，测定土壤团聚体含量。

土壤质量含水量：在玉米不同生育期（出苗后每隔 20 d），按照 0~20 cm、20~40 cm、40~60 cm、60~80 cm、80~100 cm，土钻取土烘干法测定土壤质量含水量，测定 3 次重复。

$$土壤贮水量(W,\mathrm{mm}):W=10hab$$

式中：h 为土层深度，cm；a 为所在土层土壤容重，g/cm^3；b 为所在土层土壤质量含水量，%。（侯贤清等，2016）。

土壤温度：在玉米不同生育期（出苗后每隔 20 d），选取晴天按照 5 cm、10 cm、15 cm、20 cm、25 cm 层进行测定 8:00—20:00 土壤温度日变化，连续测定 3 d。

2. 土壤化学性质的测定

在玉米出苗后每隔 20 d 采集 0~20 cm、20~40 cm 层土样。土壤养分指标参照南京农业大学鲍士旦（2003）主编的《土壤农化分析》方法进行测定，土壤有机质采用重铬酸钾容量法-外加热法；土壤碱解氮采用碱解扩散法；土壤速效磷采用 0.5 mol/L$NaHCO_3$ 法，速效钾采用 NH_4OAc 浸提-火焰光度法。

在玉米播种前和收获后采集 0~20 cm、20~40 cm 层土样，同样按《土壤农化分析》方法测定土壤中的全量养分全氮（凯氏定氮法）、全磷（$HCLO_4$-H_2SO_4 法）和全钾（NaOH 熔融-火焰光度法）含量。

3. 土壤生物学性质的测定

土壤样品采集：在玉米苗期、生育中期和成熟期分别采集 0~20 cm、20~

40 cm 层土样及时放入无菌袋中,放入超低温冰箱,用于以下指标的测定:

土壤微生物生物量碳氮含量采用氯仿熏蒸–K_2SO_4 提取法(张静等,2010)测定, 微生物生物量碳氮含量以熏蒸和未熏蒸土壤有机碳氮之差除以 KEN(0.38)和 KEC(0.45)。

土壤酶活性的测定:脲酶采用靛酚比色法;蔗糖酶采用 3,5–二硝基水杨酸比色法;过氧化氢酶采用高锰酸钾滴定法;碱性磷酸酶采用磷酸苯二钠比色法(慕平等,2012)。

(二)植株样品的采集与测定分析

详细记录玉米生长各关键生育期(苗期、拔节、抽雄、吐丝、灌浆、成熟、收获期)日期。玉米生育期降水量数据从当地气象站获得,灌水量数据根据计划灌水量从滴灌水表中读取。

1. 农艺性状

在每处理区随机选择 5 株用红线绳标记,各生育期进行定株观测植株株高、茎粗及叶面积。

株高:用卷尺测量,从玉米茎的基部至顶端(心叶)。

茎粗:用游标卡尺测量,植株茎基部。

叶面积:采用长×宽×叶面积系数法,叶面积系数为 0.75。

叶面积指数:单株叶片总面积/种植区面积。

2. 植株样品采集

每关键生育期各取样 1 次。将区组 1 作为采样测定区组,按照小区随机采集,每小区随机采集植株样品(完整植株,包括根系)3 株,分小区包装标记后,带回实验室,测定不同器官的鲜重、干重。

3. 样品干物质累积量测定

将取回的玉米地上部植株各器官剪成小段, 再将各器官分别置于烘箱, 在 105 ℃条件下杀青, 烘 30 min, 再将温度降至 65 ℃条件下烘 12~14 h,冷却,称重;再用相同方法烘干 2 h,再称重,至恒重为止。

4. 生理指标叶绿素含量 SPAD 值

采用 SPAD–502plus 测定。每个处理随机选择 6 片玉米叶片,分别测定叶片上中下部位的 SPAD 值。

（三）产量指标及水分利用效率

1. 玉米产量测定

收获前，每处理区选取5个玉米棒子进行考种（穗长、穗粗、穗重、穗粒数、秃尖长、百粒重等）；每个小区内除过边行随机选取 $1\ m\times3\ m=3\ m^2$ 玉米行，3次重复，测定小区产量，取部分籽粒置于烘箱中，75 ℃烘干6 h，测籽粒含水量，并计算理论产量。

2. 作物生育期耗水量（ET，mm）（尚金霞等，2010）

$$ET=W_1-W_2+P+I$$

式中，W_1、W_2 分别为播种前和收获后土壤贮水量，mm；P 为作物生育期内降水量，mm；I 为作物生育期内灌水量。

3. 作物水分利用效率［WUE，kg/（hm^2·mm）］（段爱旺，2005）

$$WUE=Y/ET$$

式中，Y 为作物产量，kg/hm^2；ET 为作物耗水量，mm。

四、数据处理与统计分析

采用 Excel 2003 软件进行数据整理，利用 DPS 7.05 软件进行显著性分析，Origin8.0 软件进行绘图制图。

第二节　秸秆还田量与还田方式对土壤性质的影响

一、土壤物理性质

（一）土壤容重及孔隙度

由表2–4可知，不同年份下秸秆还田量结合还田方式对土壤容重及孔隙度的影响不同。2017年，还田量（A）、还田方式（B）及其二者的交互作用（A×B）对0~20 cm层土壤容重和孔隙度的影响均呈极显著水平；20~40 cm层，还田量对土壤容重和孔隙度的影响显著，还田方式对土壤容重和孔隙度的影响极显著，二者的交互作用对土壤容重和孔隙度的影响不显著。2018年，还田量与还田方式的交互作用对0~20 cm层土壤容重及孔隙度的影响显著，而秸

表 2-4 不同秸秆还田量与还田方式对土壤容重和孔隙度的影响

土层/cm	处理	2017 年		2018 年	
		容重/($g·cm^{-3}$)	孔隙度/%	容重/($g·cm^{-3}$)	孔隙度/%
0~20	CK	1.63±0.02a	38.56±0.85d	1.56±0.01a	40.95±0.44c
	HR	1.58±0.01b	40.29±0.33c	1.51±0.01b	43.16±0.13b
	HG	1.64±0.04a	37.96±1.41d	1.50±0.01b	43.48±0.12b
	HM	1.65±0.03a	37.74±0.96d	1.50±0.01b	43.34±0.47b
	QR	1.52±0.01c	42.83±0.41b	1.50±0.02b	43.23±0.60b
	QG	1.53±0.01c	42.19±0.35b	1.52±0.02b	42.80±0.57b
	QM	1.43±0.01d	46.01±0.55a	1.47±0.02c	44.37±0.64a
F	A	20.72**	20.75**	4.73 NS	4.77 NS
	B	165.28***	165.17***	0.63 NS	0.63 NS
	A×B	19.08**	19.05**	7.50*	7.44*
20~40	CK	1.66±0.02a	39.62±0.70b	1.60±0.01a	39.54±0.38c
	HR	1.64±0.02b	37.79±0.85b	1.54±0.01bc	42.03±0.19ab
	HG	1.63±0.02b	38.47±0.78b	1.53±0.01bc	42.34±0.23ab
	HM	1.64±0.03b	37.62±1.08b	1.51±0.01bc	42.98±0.18ab
	QR	1.62±0.01b	38.73±0.44b	1.47±0.09c	44.45±3.27a
	QG	1.59±0.01c	40.11±0.21a	1.57±0.01ab	40.94±0.40bc
	QM	1.62±0.01b	38.76±0.48b	1.49±0.01c	43.87±0.56a
F	A	9.16*	9.20*	3.14 NS	3.14 NS
	B	20.87**	20.88**	0.87 NS	0.87 NS
	A×B	0.61 NS	0.60 NS	2.78 NS	2.78 NS

注:表中数值为平均值依标准差(SD);A 表示秸秆还田量;B 表示还田方式;* 表示在 α=0.05 水平上差异显著;** 表示在 α=0.01 水平上差异显著;*** 表示在 α=0.001 水平上差异显著;NS 表示在 α=0.05 水平上差异不显著。同列不同小写字母表示处理间差异达显著水平($P<0.05$)。

秆还田量、还田方式对土壤容重和孔隙度的影响不显著。

连续两年秸秆还田量与还田方式对玉米收后耕层(0~40 cm)土壤容重及孔隙度的影响如表 2-4 所示,总体来看,2018 年秸秆还田对土壤容重的改善效果优于 2017 年,2018 年 0~20 cm、20~40 cm 层各处理平均土壤容重较 2017 年分别降低 3.80%和 7.23%,土壤孔隙度分别提高 5.52%和 11.89%。连续两年 0~20 cm 层以 QM 处理的土壤容重表现效果最显著,秸秆还田当年和次年土壤容重较 CK 分别下降 11.71%和 5.49%;20~40 cm 层,2017 年的容重以 QG 处理表现效果最显著（较 CK 下降 9.82%）,其次是 QR、QM 和 HG 处理,较 CK 分别降低 7.74%、7.78%和 7.35%,其他处理间无显著性差异;2018 年以 QR 和 QM 处理表现最显著(较 CK 分别降低 7.99%和 7.03%),其余处理间差异不显著。2017 年 0~20 cm 层土壤孔隙度以 QM 处理表现最显著（较 CK 提高 19.38%),其次为 QR 和 QG 处理,较 CK 分别提高 11.08%和 9.43%;20~40 cm 层则以 QG 处理表现最佳(较 CK 提高 20.70%),其次是 QR 和 QM 处理,较 CK 分别提高 16.54%和 16.62%。2018 年 0~20 cm 层土壤孔隙度以 QM 处理表现最为显著(较 CK 提高 8.37%),其他处理间无显著性差异;20~40 cm 层以 QR 处理表现效果最显著（较 CK 提高 12.45%）,其次是 QM 和 HM 处理,较 CK 分别提高 10.98%和 8.72%。

就同一秸秆还田量来看,2017 年土壤容重：半量处理为覆盖还田>种还分离还田>粉碎还田;全量处理为粉碎还田>种还分离还田>覆盖还田;而土壤孔隙度与其相反。2018 年土壤容重半量还田水平下:粉碎还田>种还分离>覆盖还田;全量还田水平下:种还分离>粉碎还田>覆盖还田,土壤孔隙度趋势与之相反。就同一秸秆还田方式来看,2017 年 3 种还田方式下土壤容重半量还田均高于全量还田。2018 年土壤容重:粉碎还田方式为半量>全量;种还分离还田方式为全量>半量;覆盖还田方式为半量>全量;土壤孔隙度趋势皆与之相反。综合来看,不同秸秆还田量与还田方式对土壤容重及孔隙度的影响在秸秆还田量上以全量还田效果优于半量还田;还田方式上以覆盖还田效果最好,其次是粉碎还田。

（二）土壤团聚体

由表 2-5 方差分析可知:0~20 cm 层，秸秆还田量对>5 mm 粒径的团聚体含量影响极显著,而对>0.25~5 mm 粒级的团聚体含量影响不显著;秸秆

表 2-5 不同秸秆还田量与还田方式下土壤团聚体粒径(%)分布

土层/cm	处理	团聚体粒级/mm					
		>5	≥2~5	≥1~2	≥0.5~1	≥0.25~0.5	$R_{0.25}$
0~20	CK	0.89±0.93c	2.78±0.50a	2.21±0.12ab	3.45±0.09bc	7.87±0.65a	17.19c
	HR	0.84±0.58c	2.50±0.61a	2.40±0.37ab	3.98±0.67ab	8.24±1.43a	17.94c
	HG	1.66±0.90bc	2.65±0.86a	2.32±0.38ab	3.66±0.19abc	8.65±0.25a	18.92b
	HM	3.39±1.77b	2.90±0.75a	2.79±0.78a	4.38±0.88a	9.52±1.76a	22.97a
	QR	0.46±0.49c	2.48±0.56a	2.01±0.14b	3.11±0.45c	7.72±0.49a	15.77d
	QG	0.82±0.81c	2.06±0.73a	2.47±0.29ab	4.48±0.46a	8.81±1.89a	18.62b
	QM	6.43±2.14a	2.35±0.46a	2.13±0.55ab	3.66±0.41abc	8.47±1.38a	23.02a
F	A	83.08***	0.33 NS	0.28 NS	1.68 NS	0.74 NS	—
	B	0.76 NS	1.67 NS	5.98*	1.38 NS	0.92 NS	—
	A×B	3.08 NS	0.38 NS	3.90 NS	6.14*	0.51 NS	—
20~40	CK	0.33±0.49c	2.50±0.72ab	2.04±0.10ab	3.65±1.28ab	7.09±0.22a	15.60d
	HR	1.24±1.60bc	2.89±0.51a	2.45±0.35a	4.00±0.42a	8.00±1.79a	18.56a
	HG	5.15±3.00a	2.84±0.03ab	1.86±0.14ab	2.91±0.21b	6.90±0.76a	19.65a
	HM	3.08±1.50ab	2.14±0.77ab	1.95±0.44ab	3.08±0.46ab	7.33±1.15a	17.57b
	QR	0.11±0.13c	1.93±0.29b	1.75±0.23b	3.00±0.17b	6.63±0.93a	13.41e
	QG	1.60±2.04bc	2.67±0.83ab	2.10±0.56ab	3.39±0.34ab	6.48±0.45a	16.24c
	QM	0.25±0.14c	2.51±0.31ab	2.29±0.44ab	3.79±0.33ab	7.20±0.50a	16.04c
F	A	3.13 NS	1.89 NS	0.24 NS	1.99 NS	0.81 NS	—
	B	21.72**	1.13 NS	0.06 NS	0.23 NS	2.28 NS	—
	A×B	1.79 NS	2.69 NS	4.29*	15.56**	0.77 NS	—

注：$R_{0.25}$ 代表大于 0.25 mm 的团聚体含量；A 表示秸秆还田量；B 表示还田方式；* 表示在 α=0.05 水平上差异显著；** 表示在 α=0.01 水平上差异显著；*** 表示在 α=0.001 水平上差异显著；NS 表示在 α=0.05 水平上差异不显著。同列不同小写字母表示处理间差异达显著水平（P<0.05）。

还田方式对≥1~2 mm 粒径团聚体含量影响显著，但对≥2 mm 和>0.25~1.0 mm 粒级的团聚体含量影响不显著；秸秆还田量与还田方式的交互作用对≥0.5~1.0 mm 粒径的团聚体含量影响显著，对其他粒级影响均不显著。20~40 cm 层，秸秆还田量对各粒级的团聚体含量影响均不显著；还田方式对>5 mm 粒径的团聚体含量影响极显著，而对>0.25~5 mm 粒级的团聚体含量影响不显著；秸秆还田量与还田方式的交互作用对≥1~2 mm 粒径的团聚体含量影响显著，对≥0.5~1.0 mm 粒径的团聚体含量影响极显著，而对>5 mm、≥2~5 mm 和>0.25~0.5 mm 的影响不显著。

>5 mm 粒径团聚体含量低于其他粒径，≥2~5 mm 和≥1~2 mm 的团聚体含量相似，而<1 mm 的团聚体含量在各粒级中比例逐渐增多，以>0.25~0.5 mm 粒级的团聚体含量最多。0~20 cm 层：>0.25 mm 的团聚体含量以QM、HM 处理最高，分别较 CK 分别显著提高 25.32%、25.16%；>0.25~0.5 mm 的团聚体含量以 HM、QG 处理最高，分别较 CK 显著提高 17.33%、10.67%；>5 mm 的团粒体含量以 QM、HM 和 HG 处理最高，均显著高于其他各处理；其他粒级的团聚体含量各处理间无显著性差异。20~40 cm 层：>0.25 mm 的团聚体含量以 HR、HG 和 HM 处理较高，尤以 HG 处理较 CK 显著提高 20.61%；>5 mm 的团聚体含量以 HG、HM 处理表现最佳，其次为 QG 和 HR 处理，而 QR、QM 处理与 CK 差异均不显著，其他粒级的各处理间也无显著性差异。综合来看，0~20 cm 层各粒级的团聚体含量均大于 20~40 cm 层，其中以>5 mm 和>0.25~0.5 mm 粒级团聚体含量分别较 20~40 cm 层显著高 23.21%和 19.42%。

（三）土壤水温

1. 土壤水分

连续秸秆还田可对土壤水分的保持与蓄存产生一定的影响。如图 2-1 所示，不同处理在不同生育期 0~100 cm 层土壤水分的垂直分布呈现不同的变化趋势，同一时期各处理在不同土层其变化趋势大体一致。

在玉米苗期，由于灌水和降水的原因，土壤含水量相对较高，各处理土壤含水量随土层的加深变化不大（12%~15%）。苗期各土层各处理含水量基本保持在 13.83%左右，以 60~80 cm 层含水量最高为 14.62%，这与当地土壤类型为砂壤土以及阶段性灌水和降水使其下渗量增多有关。各处理 0~100 cm 层平均土壤含水量以 QM 和 QR 处理较 CK 提高（14.99%和 13.02%）最为显著，其次为 HR 和 HM 处理,分别较 CK 提高 9.91%和 8.15%。

拔节期,是玉米需水关键期。随土层的加深,各处理土壤含水量的差异逐渐变小。但由于拔节期玉米对水分吸收量大且气温逐渐升高,蒸发强烈,对于 0~40 cm 层浅层土壤,随灌水和降水的增多,地表水很快下渗及被延伸更深层的玉米根系吸收,使未覆盖秸秆的裸露浅层土壤蒸发极为旺盛;而此时秸秆覆盖处理却能大大减少地表水分蒸发,因其浅层含水量较高,进而导致 0~40 cm 层各处理值间差异较大;以 QM 处理含水量最高达 18.37%,其次为 QR(16.53%)和 HM(16.18%)处理,HR 处理最低为 14.70%;深层 80~100 cm 各处理土壤水分含量较少,且各处理间差异不大,土壤含水量均值稳定在 14.83%左右。

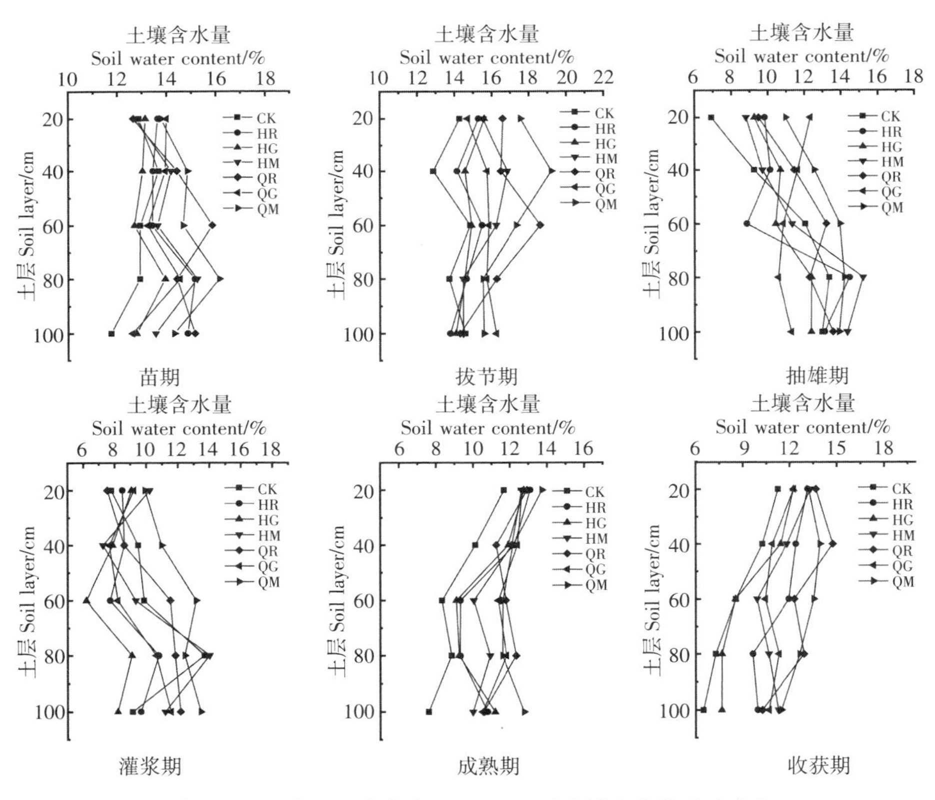

图 2-1 玉米不同生育期 0~100 cm 层土壤含水量垂直变化

抽雄期,各土层均值为 11.64%,以 60~80 cm 层土壤含水量最高为 13.19%,而 80~100 cm 层土壤含水量减少为 13.07%,这与犁底层过硬有关,使水分下渗到一定程度而滞留。随土层的加深，各处理土壤含水量整体呈现逐渐上升的趋势，这与灌水量较多使得水分下渗有关。QM 处理土壤含水量较 CK 提高（20.36%）最为显著，其次为 QR 和 HM 处理，较 CK 分别提高 10.16%和 9.01%；QG、HR 和 HG 处理间无显著性差异，但较 CK 均有提高。

灌浆期各处理水分动态变化与抽雄期存在相似的规律性，随土层深度加深而降低。0~40 cm 层土壤含水量基本稳定在 8.76%左右，这与此阶段大气蒸发强烈有关；而滴灌方式更有利于水分的下渗，不同土层来看，土壤含水量以 60~80 cm 层最高（11.27%）；各处理来看，以 QM 处理土壤含水量最高（11.98%），其他处理间差异不显著。

成熟—收获期，各处理土壤水分含量相差较小，且整体趋势基本一致，且均随土层的加深而逐渐减少。此阶段玉米生长缓慢，叶片枯萎蒸散较少，根系吸水能力极弱，使降水及灌水保持在耕层（0~60 cm）土壤，而无法下渗到深层土壤。各还田方式仍以 QM 处理保水效果最优。成熟和收获期全量还田下各处理平均含水量分别较半量还田提高 9.02%和 14.02%。

综上分析，苗期：土壤含水量在半量还田处理下为粉碎还田>覆盖还田>种还分离还田；全量还田处理下为覆盖还田>粉碎还田>种还分离还田。拔节期：半量还田处理为覆盖还田>种还分离还田>粉碎还田；全量还田处理为覆盖还田>粉碎还田>种还分离还田。抽雄期：不同还田量下各处理均以覆盖还田>粉碎还田>种还分离还田。灌浆、成熟及收获期均与抽雄期规律相同。土壤含水量的各秸秆还田方式在各生育时期均以全量还田大于半量还田。

由表 2-6 的 F 值分析可知，秸秆还田量对整个玉米生育期土壤含水量的影响均呈极显著水平；秸秆还田方式对玉米苗期土壤含水量影响不显著，而对拔节、抽雄、灌浆、成熟和收获期影响均为极显著；秸秆还田量与还田方式交互对苗期土壤含水量的影响不显著，而对拔节期和成熟期的影响显著，对抽雄、灌浆和收获期的影响极显著。

连续两年秸秆还田后玉米不同生育期 0~100 cm 层土壤贮水量的变化如图 2-2 所示，不同秸秆还田量与还田方式对土壤贮水量存在显著影响。不同秸秆还田方式中以秸秆整秆覆盖还田处理对土壤贮水量的影响最为突出，其次为秸秆粉碎翻压还田、种还分离还田；秸秆还田量以全量还田的贮水量高于半量还田。

2017 年土壤贮水量各处理以生育中后期（吐丝—成熟期）较低，生育前

表 2-6　秸秆还田量与还田方式对土壤含水量影响的显著性分析

特征值	代码	生育时期					
		苗期	拔节期	抽雄期	灌浆期	成熟期	收获期
F	A	75.49***	23.28**	142.45***	248.52***	237.89***	128.98***
	B	1.08 NS	153.14***	218.04***	521.4***	32.24***	374.85***
	A×B	0.09 NS	9.86*	20.71**	11.76**	5.40*	55.54***

注:A 表示秸秆还田量;B 表示还田方式;* 表示在 α=0.05 水平上差异显著;** 表示在 α=0.01 水平上差异显著;*** 表示在 α=0.001 水平上差异显著;NS 表示在 α=0.05 水平上差异不显著。

中期(苗期—抽雄期)、后期(成熟—收获期)较高(图 2-2a)。玉米苗期—拔节期，以整秆覆盖还田方式效果最佳,QM 和 HM 处理分别较 CK 提高 10.67% 和 8.05%,由于第一年进行秸秆还田周期(上年十月份至次年六月份)较短,除覆盖还田外其余处理的土壤贮水量较 CK 并无显著差异;玉米抽雄—吐丝期,仍以覆盖还田处理效果较好,QM 和 HM 处理的土壤贮水量分别较 CK 提高 9.63%和 7.57%;玉米成熟—收获期,各秸秆还田处理的土壤贮水量值逐渐表现出提高的趋势,这与成熟期秸秆腐解度高,因而对土壤贮水量起到了补给作用有关;此时,各秸秆还田处理较 CK 均有不同程度的提高,以 QM、HM 处理保水效果最好,其次为 QR 和 QG 处理,分别较 CK 提高 7.99%和 6.89%,HR、HG 处理分别较 CK 提高 5.77%和 4.23%。秸秆半量还田下,覆盖还田>粉碎还田>种还分离还田;全量还田下,覆盖还田>种还分离还田>粉碎还田;粉碎还田和种还分离还田下均以半量>全量,而覆盖还田下以全量>半量。总之,土壤贮水量以覆盖还田处理效果最好,其次是种还分离还田和粉碎还田。

2018 年玉米各生育期土壤贮水量变化整体上表现为先下降后略微上升的变化趋势(图 2-2b)。玉米生育前期(苗期—拔节期),除 HG 处理外,其他处理的土壤贮水量较 CK 均有提高,以 QM 处理较 CK 提高(14.06%)最显著,其次为 QR、HM 处理,较 CK 分别显著提高 9.32%和 9.13%;玉米生育中期(抽雄—吐丝期),以 QM、HM 和 QR 处理蓄水效果较好，分别较 CK 提高 16.76%、11.01%和 6.46%，而其他处理较 CK 略有下降；玉米生育后期（成熟—收获期),各处理土壤贮水量较 CK 均有增加,以 QR 和 QM 处理提高最显著,分别较 CK 显著提高 33.18%和 29.24%,其次为 HM、QG、HR、HG 处理,

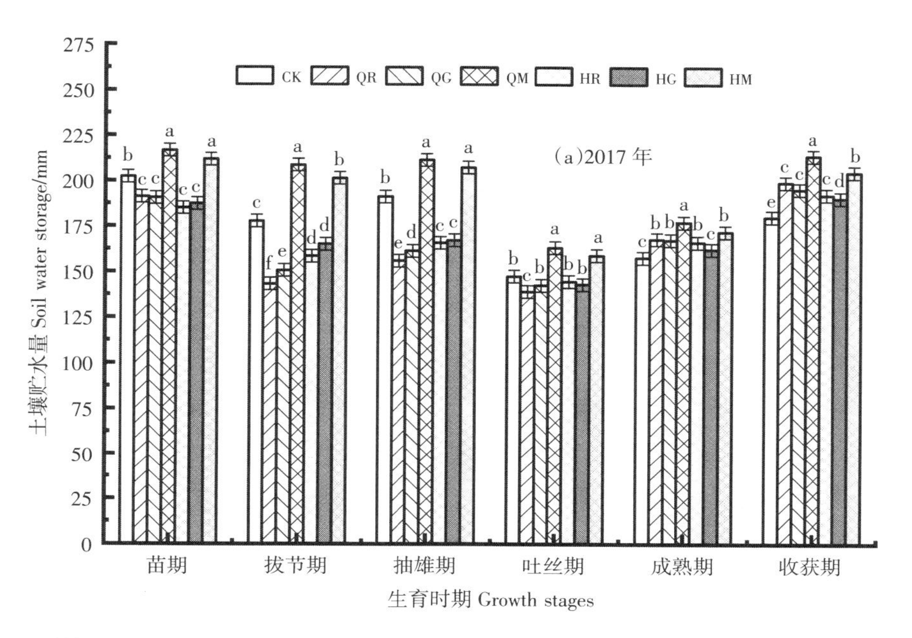

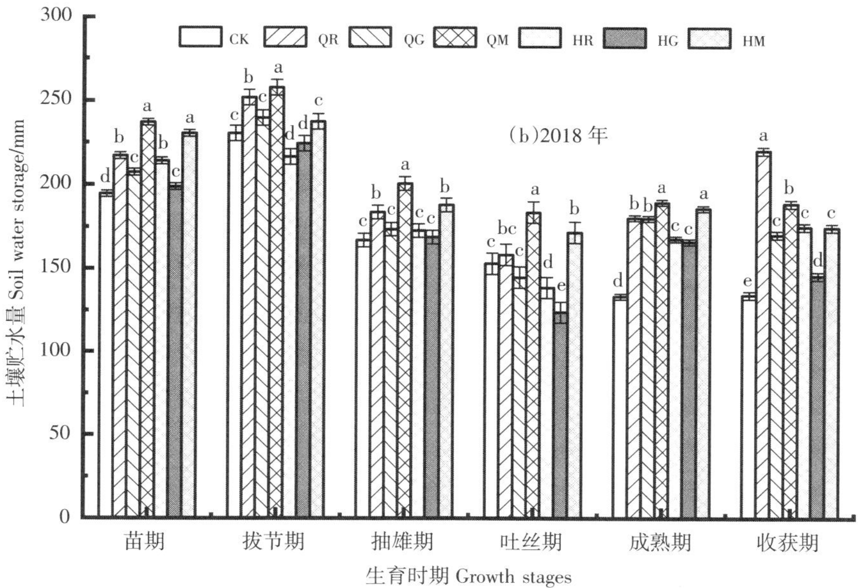

图 2-2 玉米不同生育期 0~100 cm 层土壤贮水量变化

注:同一生育期不同小写字母表示处理间差异达显著水平(P<0.05)。

分别较 CK 显著提高 25.75%、23.57%、21.87%、14.12%。半量还田下，覆盖还田>粉碎还田>种还分离还田；全量还田下，覆盖还田>粉碎还田>种还分离还田。三种还田方式来看，均以全量>半量。可见，各还田方式以覆盖还田效果最好，其次为粉碎还田和种还分离还田，而还田量上以全量还田效果较好。

2. 土壤温度

图 2–3 为不同秸秆还田量与还田方式下玉米各生育期 0~25 cm 各层土壤温度的变化。各处理土壤温度随生育期的推进整体呈现先升后降的变化趋势，且在抽雄期达到最大值；不同处理下玉米生育期土壤温度随土层的加深整体呈下降趋势，且各处理在 5 cm 层土壤温度值差异较大。

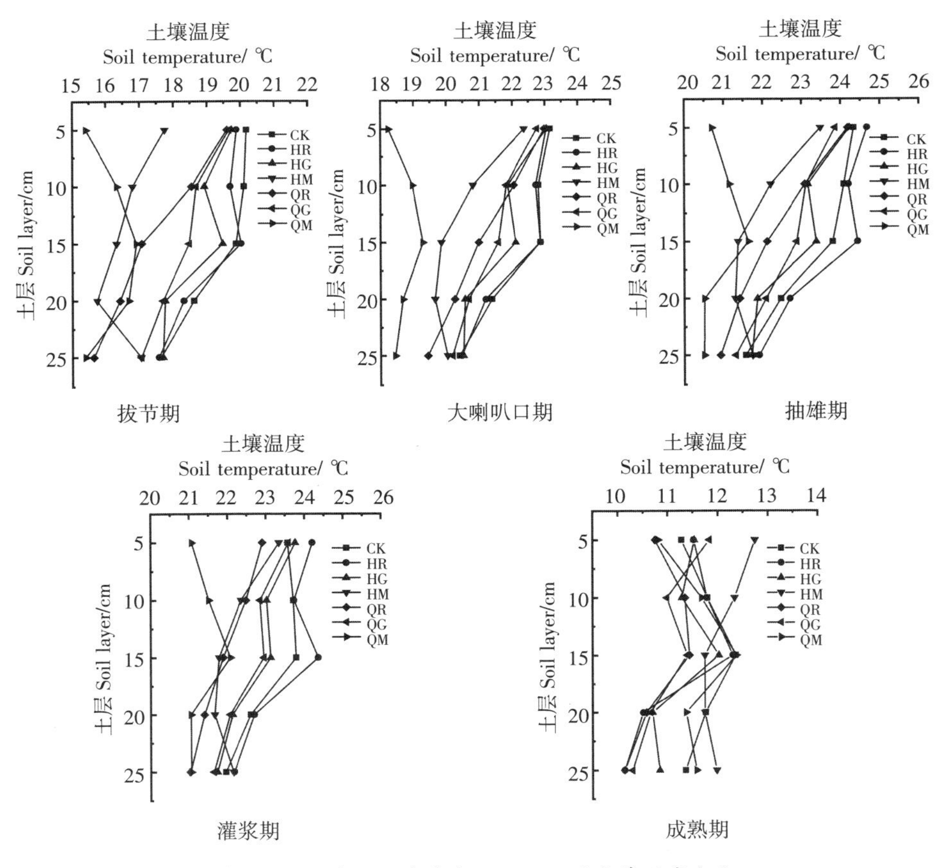

图 2–3 玉米不同生育期 0~25 cm 层土壤温度变化

玉米生育期不同处理下 0~25 cm 层土壤温度不尽相同。拔节期,各土层土壤温度均值以 QM、HM 处理最低,较 CK 分别下降 3.1 ℃和 2.6 ℃,其次为 QR、QG 和 HG 处理,而 HR 处理较 CK 下降不显著;该时期各处理 0~25 cm 耕层平均土壤温度保持在 17.7 ℃,在 25 cm 层各处理值变率较小。大喇叭口期,各处理土壤温度均值为 20.9 ℃,不同还田方式较秸秆不还田处理平均降低 1.2 ℃,除 QM 处理外,其余处理土壤温度以表层 5 cm 处最高,25 cm 层最低;从各层均值来看,以覆盖还田 QM、HM 处理最为显著,较 CK 分别下降 3.4 ℃和 1.6 ℃,其次为 QR 处理,较 CK 下降 0.9 ℃。抽雄期,各处理耕层土壤温度均值为 22.4 ℃,其中 0~15 cm 层各处理差异较大,20~25 cm 层各处理差异较小,HR 处理较 CK 略微有提高(0.3 ℃),而其他处理较 CK 均明显降低。灌浆期,以 QM 和 QR 处理耕层平均土壤温度较 CK 下降最为显著(1.8 ℃和 1.2 ℃),其他处理也均有降低,但差异不显著。玉米成熟期,叶片进入枯萎期,耕层土壤温度各处间差异不大,秸秆还田方式下耕层土壤温度均值为 11.4 ℃,与 CK 相比均有所降低(0.3 ℃)。

半量还田下,粉碎还田>种还分离还田>覆盖还田;全量还田下,种还分离还田>粉碎还田>覆盖还田;三种还田方式下均表现为半量>全量。可见,秸秆还田量结合还田方式下各处理其土壤温度值均较 CK 有所降低,秸秆还田方式以覆盖还田表现最为显著,还田量以全量还田降幅最大。

由表 2-7 *F* 值分析可知,秸秆还田量对玉米拔节期土壤温度的影响显著,对大喇叭口、抽雄、灌浆和成熟期土壤温度的影响呈极显著水平;秸秆还田方式对整个玉米生育期土壤温度的影响均呈极显著水平;秸秆还田量与还

表 2-7 秸秆还田量与还田方式对土壤温度影响的显著性分析

特征值	代码	生育时期				
		拔节期	大喇叭口期	抽雄期	灌浆期	成熟期
F	A	16.63*	135.01***	566.21***	128.14***	133.78***
	B	27.61**	206.28***	882.15***	66.97***	29.69**
	A×B	5.38*	46.16***	123.1***	14.43**	3.03 NS

注:A 表示秸秆还田量;B 表示还田方式;* 表示在 α=0.05 水平上差异显著;** 表示在 α=0.01 水平上差异显著;*** 表示在 α=0.001 水平上差异显著;NS 表示在 α=0.05 水平上差异不显著。

田方式的交互作用对玉米拔节期土壤温度的影响显著，对大喇叭口、抽雄和灌浆期土壤温度的影响极显著，但对玉米成熟期的影响不显著。

二、土壤化学性质

（一）土壤有机质

表 2-8 为连续两年 0~20 cm、20~40 cm 层土壤有机质含量均值生育期变化。2017 年土壤有机质含量除玉米苗期和抽雄期略低外，其余时期各处理间差异不显著；2018 年各处理有机质含量以拔节期最低，前期和中后期较高，且中后期大于前期；2018 年各处理土壤有机质含量均高于 2017 年。通过连续两年的秸秆还田效果来看，各处理在玉米生育中后期土壤有机质含量上升，尤其在秸秆还田第二年较为明显。由表 2-8 的 *F* 值分析可知，在秸秆还田第一年，还田量对土壤有机质含量的影响在灌浆期和收获期呈显著水平，在苗期、拔节期和抽雄期呈极显著水平；还田方式对各生育期土壤有机质含量的影响均呈极显著水平；还田量与还田方式的交互作用对土壤有机质含量的影响在玉米生育中期（拔节和抽雄期）达到极显著水平，而在玉米生育前期

表 2-8 不同秸秆还田量与还田方式对土壤有机质含量的影响

单位：g/kg

年份	处理	苗期	拔节期	抽雄期	灌浆期	收获期
2017	CK	7.46±0.20a	7.45±0.17c	7.48±0.17a	7.65±0.15b	7.79±0.15b
	HR	7.79±0.21a	8.23±0.20ab	7.83±0.19a	8.27±0.16a	8.63±0.22a
	HG	7.67±0.15a	7.98±0.20abc	7.66±0.20a	8.12±0.18ab	8.46±0.15a
	HM	7.57±0.19a	7.78±0.15bc	7.68±0.20a	7.96±0.16ab	8.31±0.17ab
	QR	7.90±0.40a	8.37±0.25a	7.90±0.18a	8.47±0.15a	8.81±0.16a
	QG	7.78±0.25a	8.21±0.19ab	7.69±0.17a	8.22±0.16ab	8.69±0.18a
	QM	7.67±0.17a	8.09±0.20ab	7.66±0.21a	8.04±0.17ab	8.47±0.15a
F	A	153.03***	166.29***	137.33***	5.42*	6.07*
	B	494.28***	1555.17***	309.68***	30.99**	21.37**
	A×B	1.18 NS	179.18***	143.35***	0.46 NS	0.06 NS

续表

年份	处理	苗期	拔节期	抽雄期	灌浆期	收获期
2018	CK	8.73±0.52a	6.29±0.45ab	6.92±0.58c	9.31±0.75c	9.97±1.25c
	HR	8.88±0.60a	7.71±0.10a	12.34±0.35a	11.37±0.72ab	11.63±0.47ab
	HG	7.15±0.46b	5.93±0.49b	9.10±2.70b	10.13±0.54bc	11.00±0.69bc
	HM	7.29±0.12b	7.03±0.56ab	12.09±0.72ab	11.60±1.62ab	12.47±0.42a
	QR	9.62±0.83a	7.34±2.08ab	12.53±0.14a	12.46±0.17a	12.82±0.47a
	QG	9.62±0.41a	7.54±0.65ab	11.97±0.21ab	9.93±0.71bc	11.95±0.29ab
	QM	9.28±0.23a	7.35±0.42ab	13.16±0.55a	12.11±0.94a	12.07±0.27ab
F	A	48.91***	1.74 NS	8.72*	1.62 NS	14.17**
	B	10.14*	2.56 NS	9.06*	6.62*	4.7 NS
	A×B	4.35 NS	1.07 NS	1.88 NS	1.02 NS	10.34*

注:A 表示秸秆还田量;B 表示还田方式;* 表示在 α=0.05 水平上差异显著;** 表示在 α=0.01 水平上差异显著;*** 表示在 α=0.001 水平上差异显著;NS 表示在 α=0.05 水平上差异不显著;同列不同小写字母表示处理间差异达显著水平($P<0.05$)。

(苗期)和后期(灌浆和收获期)交互作用不显著。秸秆还田第二年,还田量和还田方式及二者的交互作用对其影响明显减弱。

2017 年,半量还田下各处理均值:HR>HG>HM;全量还田下各处理均值:QR>QG>QM。全量还田下各处理在整个生育期土壤有机质平均值较半量还田略有提高(1.55%)。HR、HG、HM、QR、QG、QM 在各生育期均值较 CK 分别提高 7.33%、5.19%、3.78%、8.75%、6.67%和 5.30%, 以 HR 和 QR 处理提高效果最显著。2018 年,半量还田下各处理均值:HR>HM>HG;全量还田下各处理均值:QM>QR>QG; 全量还田下各处理在整个生育期的平均值较半量还田明显提高(4.99%~14.54%)。各秸秆还田处理较对照增幅以 QR 和 QM 处理最为显著,分别为 25.66%和 25.92%,其次为 HR 和 QG 处理,分别较 CK 显著提高 21.76%和 20.39%。通过连续两年的秸秆还田发现,QR、QM 和 HR 处理 2 年平均土壤有机质分别较 CK 提高 18.50%、17.39%和 15.51%,其提高效果较为显著;QG 和 HM 处理次之,较 CK 分别提高 14.42%和 12.78%;而 HG 处理增幅最低(6.04%)。同一还田量下,粉碎还田>覆盖还田>种还分离还田;同一还田方式下,全量处理>半量处理。

(二)土壤速效养分

1. 土壤碱解氮含量

表 2-9,经过一年秸秆还田处理后,还田次年土壤碱解氮含量除灌浆期偏低外,其余时期各秸秆还田处理值较 2017 年基础值均有所提高。从整个生育期来看,各土层不同处理下土壤碱解氮含量整体呈先升高后降低、最后又上升的变化趋势,且各土层碱解氮含量在吐丝期达到最高。

0~20 cm 层各秸秆还田处理的土壤碱解氮含量均值较 CK 均有所提高,以 QR 处理最显著,较 CK 提高 31.53%,其次是 QM 和 QG 处理,较 CK 分别提高 25.18%和 22.85%,半量还田各处理 HR、HM 和 HG 略低于全量还田,但均高于 CK;20~40 cm 层各处理均值均具有相同的趋势。同一还田量下,粉碎

表 2-9 不同秸秆还田量与还田方式对土壤碱解氮含量的影响

单位:mg/kg

土层/cm	处理	基础值	生育时期					
			苗期	拔节期	抽雄期	吐丝期	灌浆期	成熟期
0~20	CK	38.3	44.92±3.67bc	35.35±2.45b	33.83±2.05d	48.18±1.76c	17.38±5.82b	31.85±8.33c
	HR		46.55±3.50abc	47.48±3.93ab	50.75±3.05ab	57.63±1.72a	29.28±8.35ab	39.67±1.76bc
	HG		38.38±4.04c	39.55±8.01ab	41.65±4.55c	56.12±1.06ab	23.68±1.75ab	32.67±11.90c
	HM		34.88±8.80c	41.07±4.05ab	43.75±3.05c	50.87±0.53bc	27.18±1.76ab	49.47±2.26ab
	QR		58.22±2.02a	48.65±2.73ab	55.65±3.20a	59.03±5.02a	33.48±9.26a	53.90±2.70a
	QG		43.05±0.21bc	49.47±9.63a	46.9±4.03bc	58.10±3.37a	27.42±3.85ab	49.23±11.33ab
	QM		52.38±14.14ab	47.72±12.29ab	53.08±2.10a	57.52±6.68a	33.95±9.02a	38.03±1.06bc
F	A		9.14 NS	2.23 NS	17.56**	4.11NS	1.81 NS	23.20**
	B		5.08 NS	0.41 NS	18.68**	1.84 NS	2.57 NS	0.65 NS
	A×B		0.99 NS	0.42 NS	0.84 NS	1.01 NS	0.04 NS	44.78***

续表

土层/cm	处理	基础值	生育时期					
			苗期	拔节期	抽雄期	吐丝期	灌浆期	成熟期
20~40	CK	18.4	34.88±4.40ab	31.97±8.27a	34.65±1.26b	47.83±8.53c	20.65±1.40a	27.77±0.40d
	HR		34.88±2.02ab	35.47±2.67a	41.30±2.73ab	54.02±2.91abc	17.15±4.59a	33.83±3.85c
	HG		32.55±3.50ab	35.93±3.17a	35.23±1.06b	53.08±2.02abc	17.15±2.10a	29.17±1.76d
	HM		33.72±4.04ab	35.35±3.97a	46.32±3.15a	49.35±4.20bc	22.75±3.70a	44.80±1.40b
	QR		39.55±7.00a	42.35±10.01a	42.12±9.34ab	59.85±4.25a	21.35±5.04a	50.75±1.26a
	QG		30.22b±5.34b	41.77±4.95a	34.18±1.06b	58.22±6.75ab	19.25±1.21a	44.22±1.72b
	QM		39.55±3.50a	37.68±6.18a	40.02±2.13ab	49.12±2.10bc	19.95±3.20a	43.17±1.23b
F	A		1.26 NS	6.94*	0.84 NS	2.80 NS	0.27 NS	228.37***
	B		4.79 NS	0.19 NS	3.08 NS	6.41*	18.00*	9.40*
	A×B		1.10 NS	0.52 NS	0.81 NS	0.80 NS	0.86 NS	77.67***

注：A 表示秸秆还田量；B 表示还田方式；* 表示在 α=0.05 水平上差异显著；** 表示在 α=0.01 水平上差异显著；*** 表示在 α=0.001 水平上差异显著；NS 表示在 α=0.05 水平上差异不显著；同列不同小写字母表示处理间差异达显著水平（$P<0.05$）。

还田>覆盖还田>种还分离还田；同一还田方式下，全量>半量。在玉米生育前期（苗期–拔节期），0~20 cm 层，以 QR 和 QM 处理较 CK 分别提高 24.88%和 19.80%表现最显著，而 HM 和 HG 处理较 CK 略有下降。20~40 cm 层，各处理较 CK 都有所提高，其中以 QR 处理提高幅度最大（18.38%）。玉米生育中期（抽雄—吐丝期），各处理碱解氮含量均达到最大值，以 QR 和 HR 处理的提高效果最为显著，分别较 CK 提高 24.08%和 19.35%；QM 和 QG 处理次之，较 CK 分别显著提高 17.65%和 16.68%；HM 和 HG 处理效果较差，但较 CK 分别显著提高 13.56%和 11.61%。玉米生育后期（灌浆—成熟期），各处理碱解氮含量均有所降低，但仍以 QR 处理含量最高，秸秆全量还田下 QR、QG 和 QM 处理增幅最大，分别较 CK 显著提高 38.96%、30.32%和 27.48%。

由表 2-9 的 *F* 值分析可知,0~20 cm 土层:秸秆还田量在玉米抽雄期和成熟期影响极显著,而还田方式仅在抽雄期影响极显著,秸秆还田量与还田方式的交互作用在成熟期存在极显著影响,但在其他生育期影响不显著;20~40 cm 土层:秸秆还田量在玉米拔节期影响显著,成熟期影响极显著,而秸秆还田方式在生育中后期(吐丝、灌浆和成熟期)影响显著,二者交互对玉米各生育期的影响与 0~20 cm 层规律类似。

2. 土壤速效磷含量

由表 2-10 可知,在秸秆还田次年,各处理土壤速效磷含量均较 2017 年基础值明显增加。从整个生育期来看,各处理耕层土壤速效磷含量基本呈降低—升高—再降低的变化趋势,以吐丝期各处理变幅最为明显。

就同一秸秆还田量来看, 半量处理下,HR>HM>HG; 全量处理下,QR>QM>QG。同一秸秆还田方式下,0~20 cm 层土层全量还田各处理(QR、QM 和 QG)分别较半量还田各处理(HR、HM 和 HG)提高 21.09%、20.05%和

表 2-10 不同秸秆还田量与还田方式对土壤速效磷含量(mg/kg)的影响

土层/cm	处理	基础值	生育时期					
			苗期	拔节期	抽雄期	吐丝期	灌浆期	成熟期
0~20	CK	19.6	29.60±0.39b	16.06±1.23d	16.43±1.95bc	11.81±4.38e	27.97±2.06f	23.69±1.67d
	HR		36.04±1.71ab	26.78±0.07b	19.52±2.52b	16.22±0.48c	33.45±2.77e	48.96±5.37ab
	HG		34.27±2.92ab	15.93±0.78d	13.65±1.10c	13.09±0.66cde	46.61±1.17d	29.31±3.99cd
	HM		30.79±0.51b	16.74±0.39d	20.95±1.09b	12.66±1.67de	52.33±3.64bc	39.70±5.79bc
	QR		40.29±1.91ab	29.70±3.77a	21.49±2.71b	20.94±0.78b	57.41±2.70a	59.52±14.19a
	QG		42.20±14.53a	22.92±0.53c	17.67±0.56bc	15.92±0.51cd	48.46±0.79cd	40.77±0.53bc
	QM		29.64±0.67b	23.39±1.09c	30.12±5.98a	25.74±0.52a	55.96±2.43ab	51.75±3.72ab
F	A		2.37 NS	51.84***	14.34**	520.38***	81.04***	33.14**
	B		2.60 NS	59.93**	13.17*	75.81***	16.50*	6.88*
	A×B		1.22 NS	2.90 NS	2.57 NS	109.10***	42.54***	0.05 NS

续表

土层/cm	处理	基础值	生育时期					
			苗期	拔节期	抽雄期	吐丝期	灌浆期	成熟期
20~40	CK	12.6	17.51±1.16c	11.94±1.07b	7.77±0.80e	7.39±1.56cd	28.55±2.97d	23.95±1.30de
	HR		24.28±1.65b	11.64±0.38b	7.57±1.19e	14.03±0.29a	22.13±2.51e	37.42±3.86b
	HG		16.56±0.59c	10.52±0.63b	8.08±0.59e	8.03±2.82cd	46.78±1.85ab	21.72±1.72e
	HM		22.48±4.20b	12.02±3.34b	10.69±1.04d	10.41±0.91d	45.09±0.80bc	28.63±0.90c
	QR		30.11±3.01a	16.10±2.25a	12.83±0.26e	15.15±2.39a	49.29±2.27a	41.88±2.73a
	QG		22.26±2.38b	16.06±0.26a	18.82±1.08a	10.22±0.46bc	41.55±2.07c	30.43±1.56c
	QM		26.47±2.19ab	17.56±1.33a	17.12±0.26b	12.92±0.56ab	48.99±1.17a	26.87±1.50cd
F	A		21.04**	56.12***	382.31***	26.89**	306.73***	17.10**
	B		12.08*	0.60 NS	93.07***	15.31*	57.69**	35.65**
	A×B		0.28 NS	0.27 NS	19.54**	8.08*	384.85***	10.92*

注:A 表示秸秆还田量;B 表示还田方式;* 表示在 α=0.05 水平上差异显著;** 表示在 α=0.01 水平上差异显著;*** 表示在 α=0.001 水平上差异显著;NS 表示在 α=0.05 水平上差异不显著;同列不同小写字母表示处理间差异达显著水平(P<0.05)。

18.67%,20~40 cm 层也有类似规律,各土层均表现出 QR>HR、QG>HG、QM>HM 的趋势。玉米生育前期(苗期—拔节期),0~20 cm 层:QR、QG 和 HR 处理间差异不显著,但较 CK 分别显著提高 34.76%、29.88%和 27.32%,QM、HM 和 HG 处理间无显著性差异,较 CK 提高不显著;20~40 cm 层以 QR 和 QM 处理提高最显著,分别较 CK 提高 36.25%和 33.09%,其次为 QG、HR 和 HM 处理,分别较 CK 提高 23.12%、17.98%和 14.61%,而 HG 较 CK 下降 8.79%。玉米生育中期(抽雄—吐丝期),0~20 cm 层各处理以 QM 处理较 CK 提高(49.45%)最显著,其次是 QR 和 HR 处理较 CK 分别提高 33.44%和 20.98%,QG 和 HM 处理间差异不显著,但 HG 处理较 CK 略有下降(5.61%);20~40 cm 层以秸秆全量还田 QR、QG 和 QM 处理提高最显著,但其处理间无显著性差异,HM 较

CK 略有提高(5.84%),而 HG 较 CK 略有下降。玉米生长后期(灌浆—成熟期),0~20 cm 层 QR 和 QM 处理较 CK 显著提高 55.82%和 52.04%,其余各处理间无显著性差异，但较 CK 均显著增加;20~40 cm 层各处理土壤速效磷含量以 QR 和 QM 处理最为显著,分别较 CK 分别提高 42.42%和 30.79%,其次为 HM、QG 和 HG 处理,较 CK 分别显著提高 28.78%、27.06%和 23.36%。

由表 2-10 的 *F* 值分析可知，秸秆还田量对 0~20 cm 土层的影响除苗期外其余各生育期均呈极显著水平,对 20~40 cm 土层各生育期的影响极显著;秸秆还田方式对 0~20 cm 土层苗期的影响不显著,而对抽雄、灌浆和成熟期影响显著,对拔节期和吐丝期影响极显著,对 20~40 cm 土层玉米拔节期影响不显著,对苗期和吐丝期影响显著,对抽雄至成熟期影响极显著;秸秆还田量与还田方式的交互作用对各层土壤速效磷含量的影响均在玉米生长中后期达到显著或极显著水平。

3. 土壤速效钾含量

表 2-11 可知,通过两年秸秆还田后,各处理玉米收获期土壤速效钾含量均较 2017 年基础值显著提高。从整个玉米生育期来看,各处理土壤速效钾含量总体呈现先降低后迅速升高的变化趋势，且在玉米成熟期达到最大值,在抽雄吐丝期含量较低。

就同一秸秆还田量来看,全量和半量下各还田方式处理均表现为粉碎还田>覆盖还田>种还分离还田；同一秸秆还田方式下不同还田量均表现为全量>半量。秸秆全量、半量还田均以粉碎还田表现效果最佳,其次为秸秆覆盖还田,最后为秸秆种还分离还田。在玉米生育前期(苗期—拔节期),0~20 cm 层土壤速效钾含量 QR、QM 和 HR 处理分别较 CK 显著增加 46.54%、38.06%和 31.49%,而 QG、HM 和 HG 处理较 CK 略有增加,但无显著性差异;20~40 cm 层土壤速效钾含量以 QR、QG 和 HR 处理较 CK 提高最为显著,分别提高 32.17%、29.64%和 31.26%,QM、HM 和 HG 处理次之。玉米生育中期（抽雄—吐丝期),各处理增幅变缓,0~20 cm 层土壤速效钾含量以 QR 处理较 CK 提高幅度最大(10.98%),其次是 QM、QG 和 HR 处理,而 HG 和 HM 处理较 CK 均有所下降;20~40 cm 土层,不同还田方式各处理较对照均降低,但差异不显著。在玉米生育后期(灌浆—成熟期),各处理土壤速效钾含量均得到迅速提高,0~20 cm 土层 QR、QM 和 HM 处理较 CK 分别显著提高 27.02%、

表 2-11　不同秸秆还田量与还田方式对土壤速效钾含量的影响

单位：mg/kg

土层/cm	处理	基础值	生育时期					
			苗期	拔节期	抽雄期	吐丝期	灌浆期	成熟期
0~20	CK	95.6	82.04±3.25e	73.36±2.01b	73.22±2.20c	79.90±0.40b	107.28±1.10e	146.74±1.96e
	HR		142.53±9.42b	84.31±1.44b	81.04±2.87ab	77.96±1.75bc	122.57±1.93cd	176.05±4.05c
	HG		94.76±20.71de	70.69±35.05b	62.67±0.72d	76.83±1.81c	119.96±1.21d	160.63±1.74d
	HM		120.43±2.53c	69.75±31.36b	76.50±2.36bc	73.76±0.94d	125.17±4.86c	204.90±4.33a
	QR		168.10±2.25a	122.57±22.25a	84.84±5.07a	87.18±1.75a	165.23±3.70a	182.86±1.40b
	QG		105.41±1.92cd	88.98±7.61ab	83.24±2.95a	80.57±1.22b	142.67±0.30b	172.04±1.74c
	QM		125.95±2.20ab	94.92±2.03ab	76.43±1.33bc	88.31±1.71a	125.30±0.41c	205.70±3.33a
F	A		30.33**	7.32*	49.87***	98.648***	210.39***	14.11**
	B		65.85***	1.92 NS	11.76*	16.56*	118.81***	369.18***
	A×B		2.77 NS	0.34 NS	30.46***	11.44**	66.62***	3.31 NS
20~40	CK	76.5	75.49±3.60d	57.80±1.27a	56.53±0.70b	53.19±0.50c	94.79±0.99d	147.87±1.21e
	HR		127.17±15.75a	66.75±2.25a	56.40±0.61b	53.19±0.81c	83.91±1.31e	130.38±0.40f
	HG		96.06±1.86c	49.79±5.68a	56.66±1.38b	52.12±1.02c	80.43±1.51f	124.04±1.61g
	HM		99.13±2.75bc	51.59±8.18a	51.32±4.88b	55.53±1.03c	72.22±1.28g	161.76±2.54c
	QR		126.37±1.40a	70.15±9.26a	83.64±4.08b	65.28±3.86a	124.84±0.41a	177.59±4.97b
	QG		127.84±0.61a	61.61±30.76a	54.33±1.81b	51.32±0.80c	120.70±0.80b	156.82±1.38d
	QM		110.75±6.04b	66.01±10.68a	52.19±2.53b	60.00±3.91b	102.67±0.98c	190.67±3.83a
F	A		21.48**	2.55 NS	28.15**	26.80**	128.91***	651.36***
	B		23.86**	1.25 NS	385.96***	40.13**	166.19***	220.53***
	A×B		9.6*	0.29 NS	33.49***	13.59**	93.52***	15.32**

注：A 表示秸秆还田量；B 表示还田方式；* 表示在 $\alpha=0.05$ 水平上差异显著；** 表示在 $\alpha=0.01$ 水平上差异显著；*** 表示在 $\alpha=0.001$ 水平上差异显著；NS 表示在 $\alpha=0.05$ 水平上差异不显著；同列不同小写字母表示处理间差异达显著水平（$P<0.05$）。

23.26%和 23.04%，其次为 QG 处理，显著提高 19.28%；20~40 cm 土层，各秸秆还田方式均以全量还田效果优于半量还田。可见，不同秸秆还田量与还田方式对土壤速效钾含量的影响效果显著，且整体表现为随土层深度的增加而降低，随秸秆还田量的增加而增加，且以秸秆粉碎翻压还田方式效果最好。

由表 2-11 的 *F* 值分析可知，秸秆还田量对 0~20 cm 层拔节期的速效钾含量影响显著，对苗期、抽雄期—成熟期影响极显著；而对 20~40 cm 层的拔节期影响不显著，对其余生育期影响均呈极显著。还田方式对 0~20 cm 层玉米苗期、灌浆期和成熟期影响极显著，对抽雄期和吐丝期影响显著，而对拔节期不存在显著性影响；对 20~40 cm 土层的影响除拔节期外均呈极显著水平。二者交互作用对玉米抽雄期、吐丝期和灌浆期 0~20 cm 层土壤速效钾含量影响极显著；对拔节期 20~40 cm 层土壤速效钾含量的影响不显著，对苗期影响显著，对抽雄期—成熟期影响极显著。

（三）土壤全量养分

由表 2-12 可知，经过一年将秸秆进行还田并充分腐解后，2018 年各处理播种前和收获后的土壤全量养分含量较基础值均有提高，其中以土壤全钾含量提高幅度最大。同一秸秆还田量下不同还田方式土壤全量养分整体上以粉碎还田方式表现效果最优，其次为秸秆覆盖还田和种还分离还田；同一秸秆还田方式下，不同还田量土壤全量养分含量均以全量>半量。

（1）土壤全氮　经过 2017 年秸秆还田后部分残留秸秆的腐解，2018 年播种前土壤全氮含量相对较高，以 QG 处理值最高，达 0.46 g/kg，其次为 QR 和 QM 处理。半量还田 HR、HG 和 HM 处理与全量还田各处理相比降低，但都高于 CK，各处理间差异不显著。2018 年玉米收获后土壤全氮含量仍以全量还田高于半量还田，但半量还田中的 HR 和 HM 处理有明显的上升趋势，较 CK 均显著增加 24.27%，以 QM 处理较 CK 增幅最大（31.58%），其次为 QR 和 QG 处理，较 CK 分别显著增加 29.09%和 25.71%。土壤全氮播种前、收获后的各处理均值表现为 QR>HR、QG>HG、QM>HM，说明全量还田优于半量；而在不同还田方式上表现为覆盖还田>粉碎还田>种还分离还田。覆盖和粉碎还田处理之间差异不显著。

（2）土壤全磷　2018 年玉米收获后各处理均高于播种前，但处理间无显著差异。2017 年收获后至 2018 年播种前秸秆经过一段时间的充分腐解，且

表 2–12　不同秸秆还田量与还田方式对土壤全量养分含量的影响

单位：g/kg

时期	处理	0~20 cm			20~40 cm		
		全氮	全磷	全钾	全氮	全磷	全钾
基础值		0.38	0.45	14.44	0.36	0.32	12.86
2018 年播种前	CK	0.40±0.02c	0.43±0.02b	14.46±0.95c	0.37±0.03a	0.32±0.05d	12.81±0.25c
	HR	0.44±0.01bc	0.64±0.03a	15.97±0.25b	0.39±0.03a	0.48±0.05c	15.77±1.13b
	HG	0.45±0.01b	0.71±0.02a	17.23±0.24ab	0.39±0.02a	0.50±0.01c	15.89±0.65b
	HM	0.45±0.04b	0.74±0.13a	18.34±0.42a	0.40±0.01a	0.61±0.02ab	16.32±0.30b
	QR	0.47±0.01ab	0.71±0.03a	18.06±0.85a	0.41±0.04a	0.65±0.01a	16.16±0.63b
	QG	0.51±0.04a	0.75±0.11a	17.59±1.34a	0.41±0.01a	0.66±0.09a	16.08±0.36b
	QM	0.47±0.01ab	0.61±0.09a	18.61±0.58a	0.39±0.02a	0.54±0.08bc	17.55±0.18a
F	A	8.48*	0.04 NS	7.64*	1.49 NS	11.07*	5.15 NS
	B	2.12 NS	0.66 NS	4.9 NS	0.13 NS	0.15 NS	6.04 NS
	A×B	0.99 NS	7.92*	3.26 NS	1.90 NS	10.36*	1.39 NS
2018 年收获后	CK	0.39±0.01e	0.61±0.03d	21.84±1.59c	0.38±0.01f	0.54±0.03e	24.80±0.87e
	HR	0.52±0.01c	0.91±0.01bc	28.50±1.69b	0.51±0.01c	0.80±0.01cd	25.92±0.42de
	HG	0.46±0.01d	0.86±0.03c	28.42±0.28b	0.40±0.01e	0.77±0.04d	27.02±0.14cd
	HM	0.53±0.01c	0.89±0.04c	27.72±0.51b	0.50±0.01d	0.84±0.01abc	28.35±0.67bc
	QR	0.57±0.01b	0.96±0.04b	31.24±0.74a	0.53±0.01b	0.81±0.05bcd	29.61±1.52ab
	QG	0.56±0.01b	0.89±0.03c	27.34±1.54b	0.49±0.01d	0.86±0.02ab	28.08±1.30bc
	QM	0.58±0.02a	1.08±0.03a	28.43±0.15b	0.56±0.01a	0.88±0.01a	30.13±0.58a
F	A	173.92***	68.17***	2.09 NS	170.75***	11.56*	21.01**
	B	57.34**	9.73*	8.29*	826.27***	11.47*	6.95*
	A×B	12.16**	19.50**	4.06 NS	23.17**	2.27 NS	2.72 NS

注：A 表示秸秆还田量；B 表示还田方式；* 表示在 α=0.05 水平上差异显著；** 表示在 α=0.01 水平上差异显著；*** 表示在 α=0.001 水平上差异显著；NS 表示在 α=0.05 水平上差异不显著；同列不同小写字母表示处理间差异达显著水平（P<0.05）。

该期间无作物吸收养分，全磷含量增加较为明显，全量还田 QR、QG 和 QM 处理较 CK 分别显著增加 48.53%、50.35%和 39.13%，半量还田 HR、HG 和 HM 处理较 CK 分别显著提高 37.50%、42.15%和 48.15%。2017 年玉米收获后，其增加幅度虽减小，但各处理仍高于播种前，以 QM 处理增幅最大，较播种前显著高 41.33%。

（3）土壤全钾　秸秆还田对土壤全钾含量影响较显著，整体呈上升的变化趋势。播种前 0~20 cm 层以 QM 处理最大，较 CK 显著提高 28.69%，其次是 HM 和 QR 处理，较 CK 分别显著提高 26.83%和 24.89%；20~40 cm 层各处理与 0~20 cm 层变化趋势相同。2018 年播种前秸秆还田处理各土层土壤全钾含量均值达 16.96 g/kg，与 CK 相比，显著提高 24.41%。2018 年玉米收获后各处理土壤全钾含量均有显著提高，其中以 QR 处理提高效果最显著，各土层均值达 30.43 g/kg。可见，不同秸秆还田量与还田方式对 2018 年播种前与收获后的土壤全量养分影响以全钾含量提高幅度最大。

由表 2-12 的 *F* 值分析可知，0~20 cm 层：还田量对 2018 年播种前全磷和收获后全钾影响不显著，而对播种前全氮和全钾影响显著，对收获后全氮和全磷影响极显著；还田方式对 2018 年播种前全量养分影响均不显著，对收获后全氮影响极显著，对全磷和全钾影响显著；二者交互作用对 2018 年播种前全氮和全钾影响不显著，对全磷影响显著，对收获后全氮和全磷影响极显著，对全钾影响不显著。20~40 cm 层：还田量对 2018 年播种前全氮和全钾影响不显著性，对播种前和收获后的全磷含量影响显著，对收获后的全氮和全钾含量影响极显著；还田方式对 2018 年播种前全量养分含量影响均不显著，对收获后全磷和全钾影响显著，对全氮影响极显著；二者交互作用对 2018 年播种前全氮、全钾和收获后全磷、全钾的影响不显著，对播种前全磷影响显著，对收获后全氮影响极显著。

三、土壤生物学性质

（一）土壤微生物生物量碳氮

1. 土壤微生物生物量碳（SMBC）

经过一年秸秆还田试验后，不同秸秆还田量与还田方式下土壤微生物生物量碳（SMBC）在玉米生长苗期、吐丝期和成熟期的变化整体呈先升后略微下降的变化趋势,且以 0~20 cm 层高于 20~40 cm 层(见图 2-4)。各土层苗期均值以 QM 和 HM 处理最高，吐丝期各土层均值以 QM 和 QR 处理最高，其次为 HM 和 QG 处理,成熟期各处理值含量高低与此有着相似的规律。总之,同一还田量下不同还田方式的土壤微生物生物量碳(SMBC)含量高低次序均表现为覆盖还田>粉碎还田>种还分离还田；同一秸秆还田方式下不同还田量表现为全量>半量,这说明土壤微生物生物量碳含量随着秸秆还田量的增加而增加。

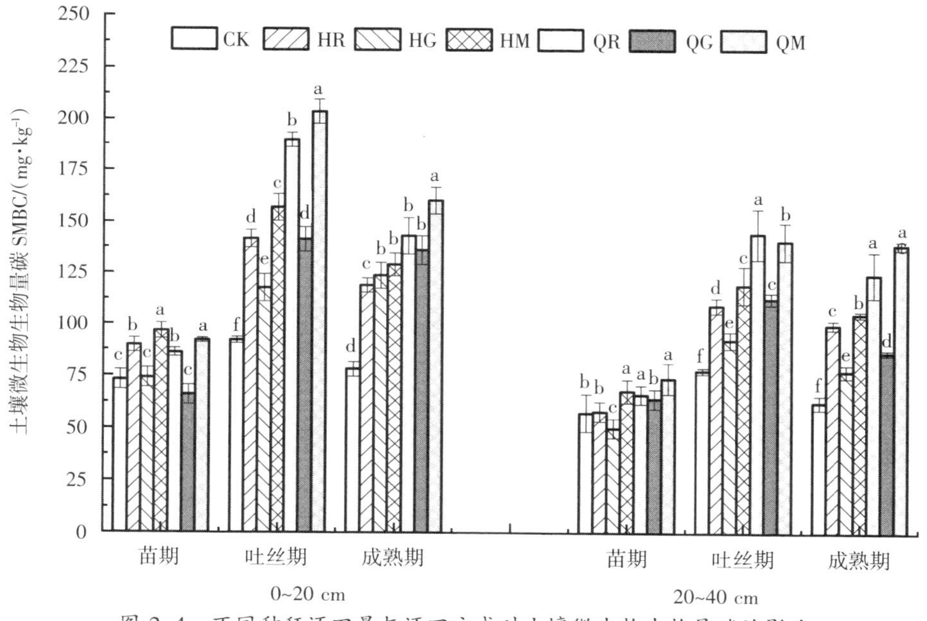

图 2-4　不同秸秆还田量与还田方式对土壤微生物生物量碳的影响

注:同一生育期不同小写字母表示处理间差异达显著水平($P<0.05$)。

玉米苗期,0~20 cm 层各秸秆还田处理土壤微生物生物量碳含量以 HM 和 QM 处理最高,分别较 CK 显著提高 32.42%和 26.02%,其次是 HR 和 QR 处理,较 CK 分别提高 22.83%和 17.81%;20~40 cm 层,除 HG 处理外,各秸秆还田处理均高于 CK,以 QM 处理表现最为显著,较 CK 提高 28.49%,其次为 HM、QR 和 QG 处理,较 CK 分别提高 18.03%、15.12%和 11.63%,而处理间无显著差异。可见,秸秆还田处理 0~40 cm 各层土壤微生物生物量碳含量均较对照显著提高,这是由于经过一年的秸秆还田后,次年土壤中仍滞留一些上年秸秆腐解遗留的养分,这使各秸秆还田处理均较 CK 显著提高。玉米吐丝期,不同秸秆还田处理各土层土壤微生物生物量碳含量较 CK 均有明显提高,以 QM 处理最高,其次为 QR 和 HM 处理,这一方面由于玉米植株大量吸收土壤中的养分,使其根系更为发达,土壤微生物得以大量繁殖,对养分的分解和代谢过程极为迅速;另一方面由于降水和灌水的增多,加速秸秆的腐解程度,因而使各处理的土壤微生物生物量碳含量大幅上升,且以覆盖还田处理表现最显著。玉米成熟期,秸秆不断腐解释放养分,各还田处理土壤微生物生物量碳含量仍较高,但此阶段玉米植株及其根系衰老逐渐死亡,土壤微生物活性大为减弱,使土壤微生物生物量碳含量相对减少。但与 CK 相比,各秸秆还田处理土壤微生物生物量碳含量仍保持相对较高的优势。

由表 2-13 的双因素交互分析可知,经过一年秸秆还田后,0~20 cm 土层,秸秆还田量对玉米苗期土壤微生物生物量碳含量的影响显著,对吐丝期的影响极显著,但对成熟期的影响不显著;还田方式对玉米苗期的影响显著,对吐丝期和成熟期的影响极显著;然而秸秆还田量与还田方式的交互作用对玉米关键生育期均不具有显著性影响。20~40 cm 土层,秸秆还田量对玉米苗期影响显著,对吐丝期影响显著,而对成熟期影响极显著;还田方式对玉米苗期的影响显著,对吐丝期和成熟期的影响均极显著;二者的交互作用对其影响均不显著。

表 2-13 秸秆还田量与还田方式交互对不同土层 SMBC 的影响

特征值	代码	0~20 cm			20~40 cm		
		苗期	吐丝期	成熟期	苗期	吐丝期	成熟期
F	A	13.91*	44.85**	3.18 NS	2.89 NS	7.65*	33.29**
	B	12.38*	68.01***	17.55**	8.84*	17.87**	42.68***
	A×B	0.72 NS	2.73 NS	1.06 NS	0.59 NS	0.61 NS	4.40 NS

注:A 表示秸秆还田量;B 表示还田方式;* 表示在 α=0.05 水平上差异显著;** 表示在 α=0.01 水平上差异显著;*** 表示在 α=0.001 水平上差异显著;NS 表示在 α=0.05 水平上差异不显著。

2. 土壤微生物生物量氮(SMBN)

不同秸秆还田量与还田方式下土壤微生物生物量氮(SMBN)含量在玉米

苗期、吐丝期和成熟期的整体变化状态呈先升高后略微下降的趋势(见图 2-5)。各土层均值苗期以 QM 和 QR 处理最高,其次为 HM 和 QG 处理,HG 提高较少,HR 处理有下降的趋势;吐丝期除 QM、HM 和 QG 处理外,其他处理间差异不显著;成熟期除 HG 处理较 CK 下降外,其他处理均较 CK 提高。半量处理下,覆盖还田>粉碎还田>种还分离还田;全量处理下,覆盖还田>种还分离还田>粉碎还田。三种秸秆还田方式均以全量还田效果优于半量还田。

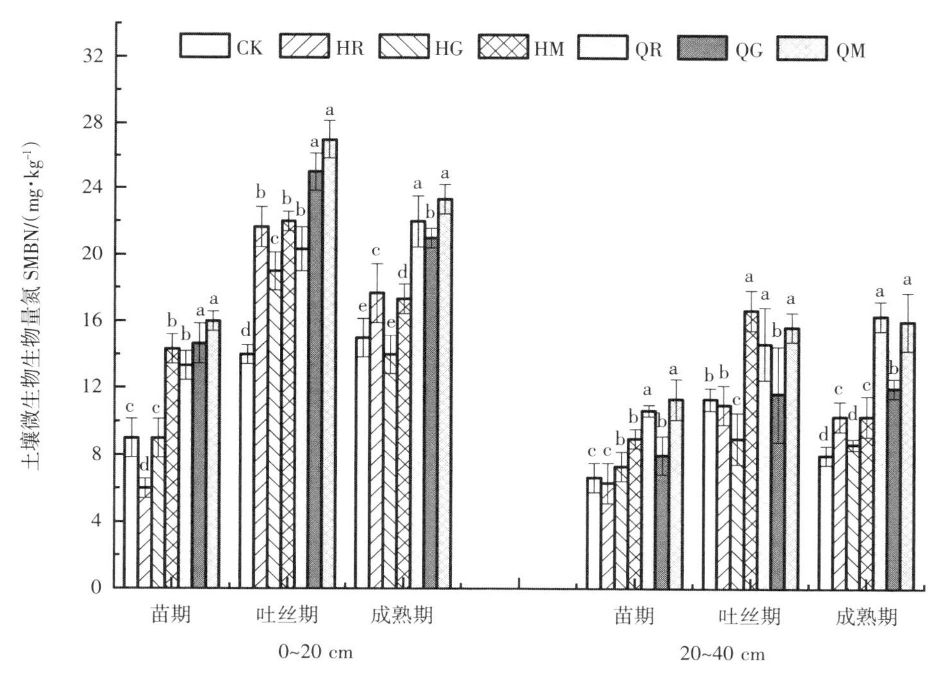

图 2-5 不同秸秆还田量与还田方式对土壤微生物生物量氮的影响

注:同一生育期不同小写字母表示处理间差异达显著水平(P<0.05)。

从土层来看,各处理的 SMBN 值均以 0~20 cm 层高于 20~40 cm 层,分析其原因:①植株残体附着于土壤表层,其分解、释放养分导致土壤中的 SMBN 值较高;②土壤表层覆盖的秸秆更有利于微生物活动使得土壤微生物生物量氮富集;③生育期追施氮肥的大部分养分滞留在土壤表层,这也会使 SMBN 含量增加。从各时期来看,苗期:0~20 cm 层 QM 和 QG 处理较 CK 提高幅度最大,其次为 HM 和 QR 处理,而 HR 处理值较 CK 略低;20~40 cm 层以 QM

和 QR 处理较 CK 提高最显著,其次为 HM 和 QG 处理,而 HR 处理值相对较低。吐丝期:0~20 cm 层秸秆还田各处理较 CK 提高均显著;20~40 cm 层以 HM 处理较 CK 提高(32.20%)最为显著,其次为 QM 和 QR 处理,较 CK 分别显著提高 27.87%和 22.95%,而 HR 和 HG 处理较 CK 略有下降。成熟期:0~20 cm 层各秸秆还田处理较吐丝期略有下降,但高于苗期,以 QM、QG 和 HM 处理较 CK 提高最显著;20~40 cm 层各处理值较 CK 均有提高,其中以 QR 处理值最显著。

由表 2-14 的 F 值分析可知,在经过一年秸秆还田试验后,0~20 cm 土层,秸秆还田量对玉米苗期的土壤微生物生物量氮(SMBN)含量的影响极显著,对吐丝期的影响不显著,对成熟期的影响显著;秸秆还田方式对玉米苗期、吐丝期和成熟期的影响均呈极显著水平;秸秆还田量与还田方式的交互作用对玉米苗期和成熟期不具有显著性影响,对吐丝期的影响极显著。20~40 cm 土层,秸秆还田量对玉米苗期的影响不显著,对吐丝期和成熟期具有显著性影响;秸秆还田方式对玉米苗期和成熟期的影响均为极显著,对吐丝期不具有显著性影响;秸秆还田量与还田方式的交互作用对玉米苗期的影响显著,对吐丝期和成熟期影响不显著。

表 2-14 秸秆还田量与还田方式交互对不同土层 SMBN 的影响

特征值	代码	0~20 cm			20~40 cm		
		苗期	吐丝期	成熟期	苗期	吐丝期	成熟期
F	A	150.73***	2.23 NS	7.27*	3.47 NS	7.84*	4.39*
	B	24.82**	84.10***	20.33**	32.27**	1.07 NS	63.28***
	A×B	2.94 NS	42.70***	0.37 NS	6.07*	0.68 NS	1.78 NS

注:A 表示秸秆还田量;B 表示还田方式;* 表示在 α=0.05 水平上差异显著;** 表示在 α=0.01 水平上差异显著;*** 表示在 α=0.001 水平上差异显著;NS 表示在 α=0.05 水平上差异不显著。

(二)土壤酶活性

1. 土壤过氧化氢酶活性

如图 2-6,各处理关键生育期 0~20 cm 层土壤过氧化氢酶活性差异均不显著，而 20~40 cm 层各处理土壤过氧化氢酶活性在关键生育期略有下降，秸秆还田量与还田方式对其影响并不显著。0~40 cm 层平均土壤过氧化氢酶活性，以 QR 处理较 CK 显著提高 6.20%，其次为 HG 处理，QM、QG 和 HR 处理间无显著性差异。秸秆半量还田下，种还分离还田>粉碎还田>覆盖还田；秸秆全量还田下，粉碎还田>覆盖还田=种还分离还田；粉碎还田和覆盖还田方式下，全量处理>半量处理；而种还分离还田下，半量处理>全量处理。

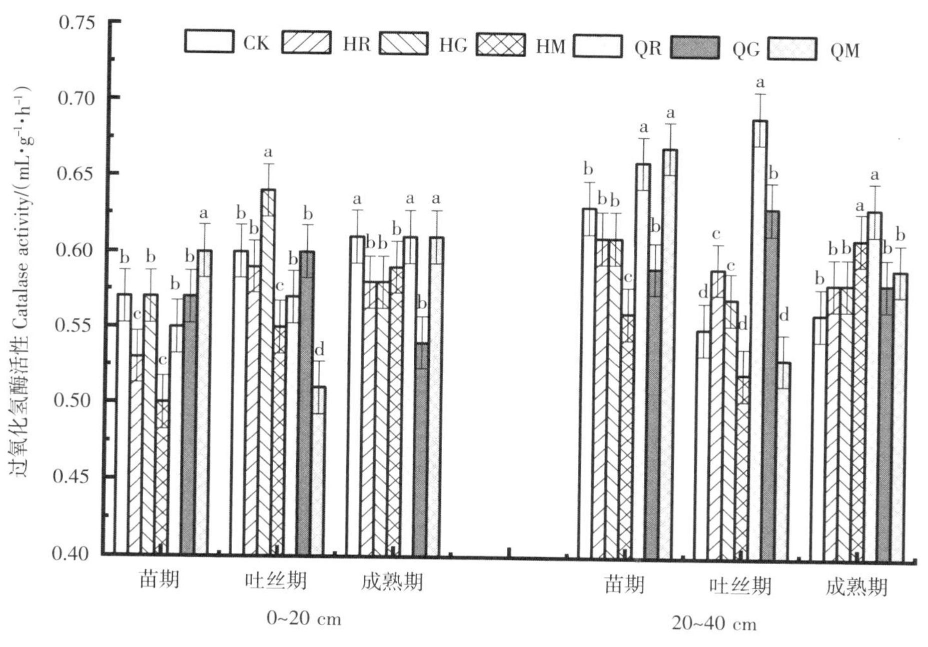

图 2-6 不同秸秆还田量与还田方式对土壤过氧化氢酶活性的影响

注：同一生育期不同小写字母表示处理间差异达显著水平（$P<0.05$）。

由表 2-15 的 *F* 值分析可知，经过一年秸秆还田后，秸秆还田量对玉米苗期 0~20 cm 层土壤过氧化氢酶活性的影响不显著，对吐丝期和成熟期的影响极显著。秸秆还田方式对各时期的影响与之相反。秸秆还田量与还田方式的交互作用对玉米苗期的影响极显著，而对吐丝期的影响不显著，对成熟期过氧化氢酶活性的影响呈显著水平。秸秆还田量对玉米苗期 20~40 cm 层土壤过氧化氢酶活性的影响显著，对吐丝期和成熟期的影响极显著；秸秆还田方式对苗期和吐丝期的影响均呈极显著水平，而对成熟期的影响不显著；秸秆还田量与还田方式的交互作用对玉米苗期和吐丝期土壤过氧化氢酶活性影响极显著,而对成熟期影响不显著。

表 2-15　秸秆还田量与还田方式交互对不同土层过氧化氢酶活性的影响

特征值	代码	0~20 cm			20~40 cm		
		苗期	吐丝期	成熟期	苗期	吐丝期	成熟期
F	A	3.06 NS	30.55**	44.31**	13.58*	84.18***	38.36**
	B	51.92***	1.89 NS	0.94 NS	57.85***	120.03***	3.20 NS
	A×B	13.15**	0.04 NS	8.21*	40.19***	15.05**	0.51 NS

注:A 表示秸秆还田量;B 表示还田方式;* 表示在 α=0.05 水平上差异显著;** 表示在 α=0.01 水平上差异显著;*** 表示在 α=0.001 水平上差异显著;NS 表示在 α=0.05 水平上差异不显著。

2. 土壤脲酶活性

不同秸秆还田量与还田方式在玉米苗期、吐丝期、成熟期对土壤脲酶活性的变化整体呈上升趋势(见图 2-7)。0~20 cm 层,各生育期均值以 HR 处理表现效果最佳,较 CK 显著提高 8.86%,20~40 cm 层,同样以 HR 处理较 CK 提高(28.08%)最为显著,其次是 HG 和 QG 处理,较 CK 分别显著提高 13.32%和 11.76%,各土层均以 HR 处理较 CK 提高最显著(19.07%),其次为 QG、HG 处理,较 CK 分别显著提高 5.74%和 3.91%。同一还田量下,半量处理:粉碎还田>种还分离还田>覆盖还田;全量处理:种还分离还田>覆盖还田>粉碎还田。同一秸秆还田方式下,粉碎还田:半量处理>全量处理;种还分离还田和覆盖还田:全量处理>半量处理。秸秆还田量以半量还田效果优于全量还田;不同秸秆还田方式下以秸秆种还分离还田效果最好,其次是秸秆粉碎翻压还田和秸秆覆盖还田。

由表 2-16 的 *F* 值分析可知,在经过第一年秸秆还田试验后,0~20 cm 层土壤脲酶活性秸秆还田量对玉米苗期、吐丝期和成熟期的影响均呈极显著水平;秸秆还田方式对玉米苗期和成熟期的影响极显著,而对吐丝期的影响不显著;二者交互作用对玉米苗期、吐丝期和成熟期的影响极显著。20~40 cm 土层,秸秆还田量对玉米苗期和成熟期土壤脲酶活性的影响极显著,而对吐

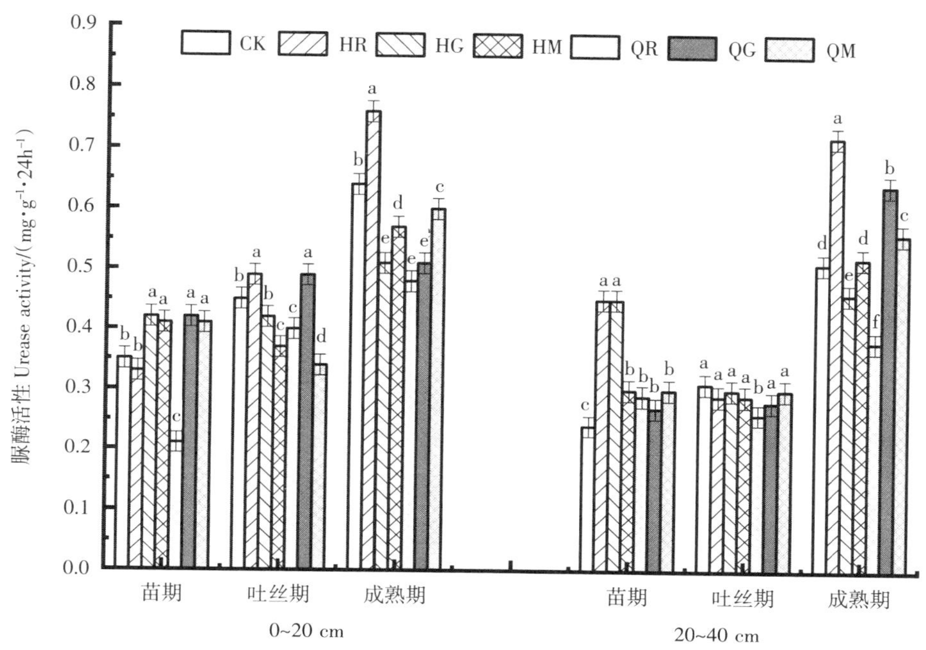

图 2-7 不同秸秆还田量与还田方式对土壤脲酶活性的影响

注:同一生育期不同小写字母表示处理间差异达显著水平($P<0.05$)。

丝期影响不显著;秸秆还田方式对玉米苗期影响极显著,对成熟期的影响显著,而对吐丝期的影响不显著;二者交互作用对玉米苗期、吐丝期和成熟期的影响均不显著。

表 2-16 秸秆还田量与还田方式交互对不同土层脲酶活性的影响

特征值	代码	0~20 cm			20~40 cm		
		苗期	吐丝期	成熟期	苗期	吐丝期	成熟期
F	A	224.89***	511.00***	169.15***	522.56***	1.72 NS	19.04**
	B	18.00**	0.17 NS	242.28***	723.87***	1.60 NS	9.91*
	A×B	20.58**	28.50***	347.85***	217.03***	12.18**	169.68***

注:A 表示秸秆还田量;B 表示还田方式;* 表示在 α=0.05 水平上差异显著;** 表示在 α=0.01 水平上差异显著;*** 表示在 α=0.001 水平上差异显著;NS 表示在 α=0.05 水平上差异不显著。

3. 土壤蔗糖酶活性

蔗糖酶，又称转化酶，有利于土壤中有机质的转化，因而与有机质的关系极为密切。蔗糖酶活性越高，越能体现土壤肥力水平的优越性。图 2-8 是不同秸秆还田量与还田方式对土壤蔗糖酶活性的影响，0~20 cm 和 20~40 cm 土层均以 HR 处理较 CK 提高效果最佳，其他处理间差异均不显著。秸秆半量还田下，粉碎还田>覆盖还田>种还分离还田；秸秆全量还田下，覆盖还田>粉碎还田>种还分离还田；秸秆粉碎还田和覆盖还田方式下，半量处理>全量处理；而种还分离还田下，全量处理>半量处理。不同秸秆还田水平以秸秆半量还田效果优于全量还田；不同还田方式以秸秆粉碎翻压还田效果最好，其次为秸秆覆盖还田和秸秆种还分离还田。

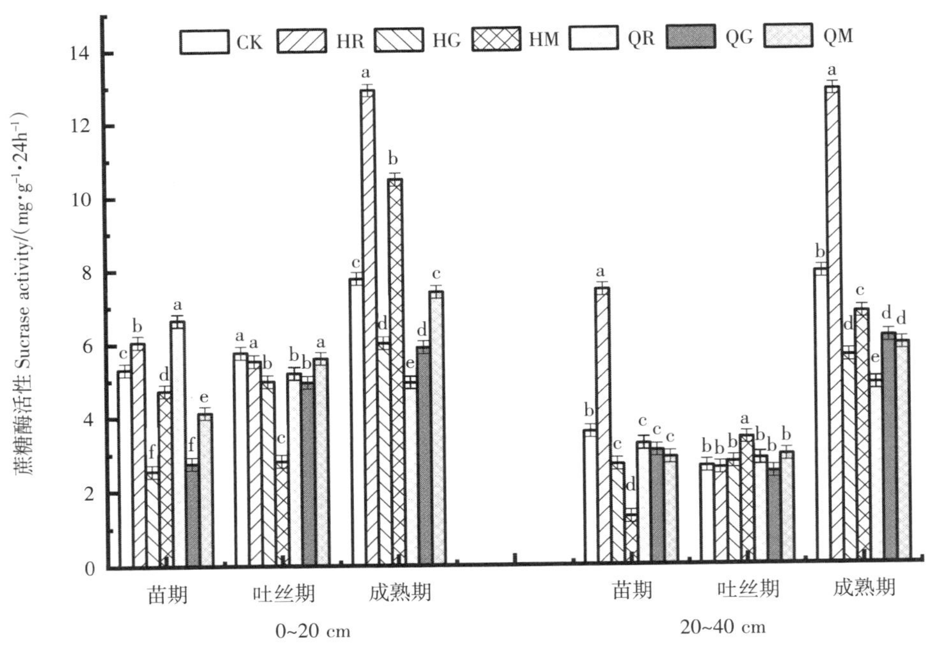

图 2-8 不同秸秆还田量与还田方式对土壤蔗糖酶活性的影响

注：同一生育期不同小写字母表示处理间差异达显著水平（$P<0.05$）。

由表 2-17 的 F 值分析可知，在经过一年的秸秆还田后，0~20 cm 层土壤蔗糖酶活性秸秆还田量对玉米苗期、吐丝期和成熟期的影响极显著；还田方式对玉米苗期影响显著，对吐丝期和成熟期影响极显著；二者的交互作用对玉米苗期、吐丝期和成熟期的影响均呈极显著水平。20~40 cm 层土壤蔗糖酶活性秸秆还田量对玉米苗期和吐丝期的影响极显著，对成熟期的影响显著；秸秆还田方式对玉米苗期和成熟期的影响极显著，而对吐丝期不具有显著性影响；二者的交互作用对玉米苗期和成熟期的影响极显著，对吐丝期的影响不显著。

表 2-17　秸秆还田量与还田方式交互对不同土层蔗糖酶活性的影响

特征值	代码	0~20 cm			20~40 cm		
		苗期	吐丝期	成熟期	苗期	吐丝期	成熟期
F	A	474.27***	169.08***	331.24***	816.99***	96.50**	18.75*
	B	4.63*	387.57***	714.14***	356.10***	0.13 NS	331.84***
	A×B	111.32***	777.50***	177.03***	723.50***	3.97*	274.89***

注：A 表示秸秆还田量；B 表示还田方式；* 表示在 α=0.05 水平上差异显著；** 表示在 α=0.01 水平上差异显著；*** 表示在 α=0.001 水平上差异显著；NS 表示在 α=0.05 水平上差异不显著。

4. 土壤碱性磷酸酶活性

不同秸秆还田量与还田方式对土壤碱性磷酸酶活性的影响如图 2-9 所示，0~20 cm 层，玉米苗期以 QG 和 QR 处理较 CK 提高效果最显著，分别较 CK 提高 30.33%和 23.45%，其次是 HG 处理；吐丝期各处理较低，但各秸秆还田处理以 QR 和 HR 处理表现效果较好；成熟期，HR 和 HG 处理较 CK 分别显著提高 17.43%和 8.16%，其他处理间无显著性差异。20~40 cm 层，苗期以 HR 处理值最高，其次为 QM、HM、QG 和 HG 处理，分别较 CK 显著提高 30.18%、28.84%、27.45%和 22.91%，QR 处理提高效果最低（9.75%）；吐丝期，玉米进入生长中期，各处理偏低，但以 HM 处理效果较好；成熟期，以 HR 处理较 CK 提高（13.71%）最显著，其次是 QG 处理。秸秆半量还田下，粉碎还田>种还分离还田>覆盖还田；秸秆全量还田下，种还分离还田>覆盖还田>粉碎还田；秸秆粉碎还田和覆盖还田下，半量处理>全量处理；而种还分离还田下，全量处理>半量处理。秸秆还田水平以秸秆半量还田效果优于全量还田；不同秸秆还田方式以秸秆粉碎翻压还田效果最好，其次为秸秆种还分离还田和秸秆覆盖还田。

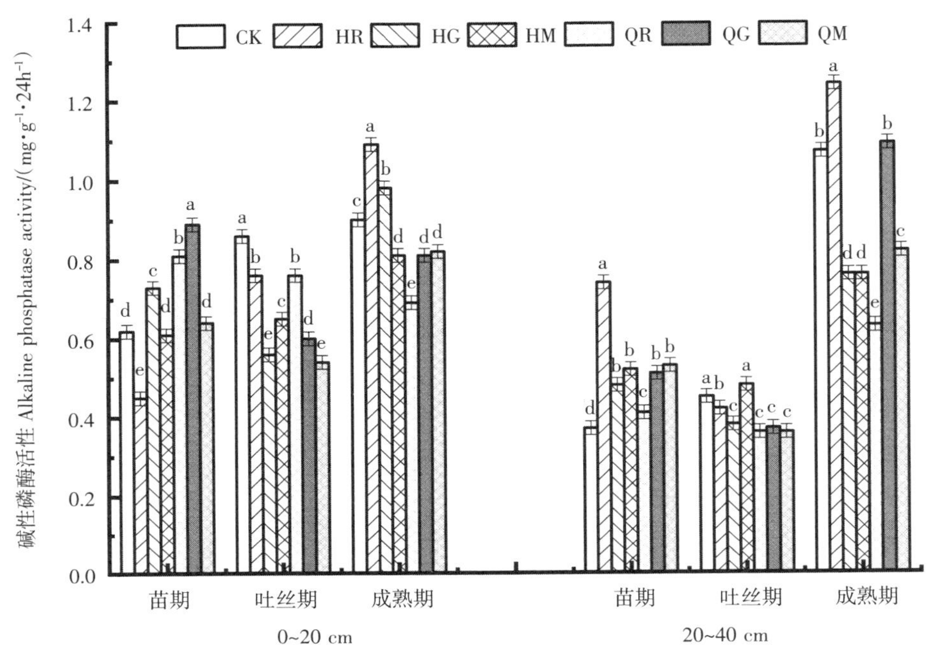

图 2-9 不同秸秆还田量与还田方式对土壤碱性磷酸酶活性的影响

注:同一生育期不同小写字母表示处理间差异达显著水平(P<0.05)。

由表 2-18 的 F 值分析可知,在经过一年秸秆还田后,0~20 cm 土层土壤碱性磷酸酶活性,秸秆还田量对玉米苗期、吐丝期和成熟期的影响极显著;秸秆还田方式对玉米苗期和成熟期影响极显著,而对吐丝期不具有显著性影响;二者的交互作用对玉米苗期和成熟期影响极显著,对吐丝期影响显著。

表 2-18 秸秆还田量与还田方式交互对不同土层碱性磷酸酶活性的影响

特征值	代码	0~20 cm			20~40 cm		
		苗期	吐丝期	成熟期	苗期	吐丝期	成熟期
F	A	716.77***	83.09**	297.36***	12.98*	90.85***	786.85***
	B	323.81***	3.15 NS	399.65***	156.36***	16.93**	56.34**
	A×B	543.02***	3.98*	334.47***	248.45***	4.95*	310.19***

注:A 表示秸秆还田量;B 表示还田方式;*表示在 α=0.05 水平上差异显著;** 表示在 α=0.01 水平上差异显著;*** 表示在 α=0.001 水平上差异显著;NS 表示在 α=0.05 水平上差异不显著。

20~40 cm 土层,秸秆还田量对玉米苗期碱性磷酸酶活性影响显著,对吐丝期和成熟期影响极显著;秸秆还田方式对玉米苗期、吐丝期和成熟期影响均为极显著;二者的交互作用对玉米吐丝期土壤碱性磷酸酶活性的影响显著,对苗期和成熟期影响极显著。

第三节　秸秆还田量与还田方式对玉米生长的影响

一、玉米株高

图 2-10 为不同处理下 2017 年和 2018 年玉米植株株高变化。不同秸秆还田量与还田方式可改善玉米生育期土壤的水肥状况，从而影响其生长发育。不同处理下连续两年玉米的株高动态变化均呈先升高后趋于平缓的态势。在整个生育期,各处理株高均以拔节至抽雄吐丝期增长最为迅速,抽雄吐丝期后,株高增长速度放缓直至萎缩,两年株高均以成熟期达到最高。2018 年各处理各生育期平均株高较 2017 年提高 6.69%~15.36%,说明在秸秆还田第二年玉米长势优于还田当年,这与秸秆经过长时间还田而腐解释放更多养分及保水效果更好有关。

同一秸秆还田量下,两年各生育期均值以粉碎还田>覆盖还田>种还分离还田；同一秸秆还田方式下,2017 年半量和全量还田各处理较 CK 平均提高 5.58%和 7.19%,2018 年分别提高 7.26%和 8.14%。可见,在同一还田方式下,随秸秆还田量的增加玉米株高越高。连续两年秸秆还田方式均以 QR 和 QM 处理表现最为显著,2017 年较 CK 分别提高 10.51%、7.78%,2018 年分别提高 10.46%和 10.08%,而二者处理间差异不显著。

在玉米生育前期（苗期—拔节期），两年均以 QR、QM 处理表现最为显著,2017 年较 CK 分别提高 21.95%和 21.56%,2018 年分别提高 20.93%和 21.28%。玉米生育中期(抽雄—吐丝期)各处理株高增长极为迅速,该时期 2018 年各处理平均株高较 2017 年提高 12.22%,两年均以 QR 和 HR 处理增加最快,2017 年分别较 CK 显著提高 13.58%和 10.39%,2018 年分别显著提高 10.55%和 10.47%。玉米生育后期(成熟—收获期),株高在成熟期达到最大值后开始缩减,但各处理值仍高于 CK。总之,连续两年秸秆还田量与还田方

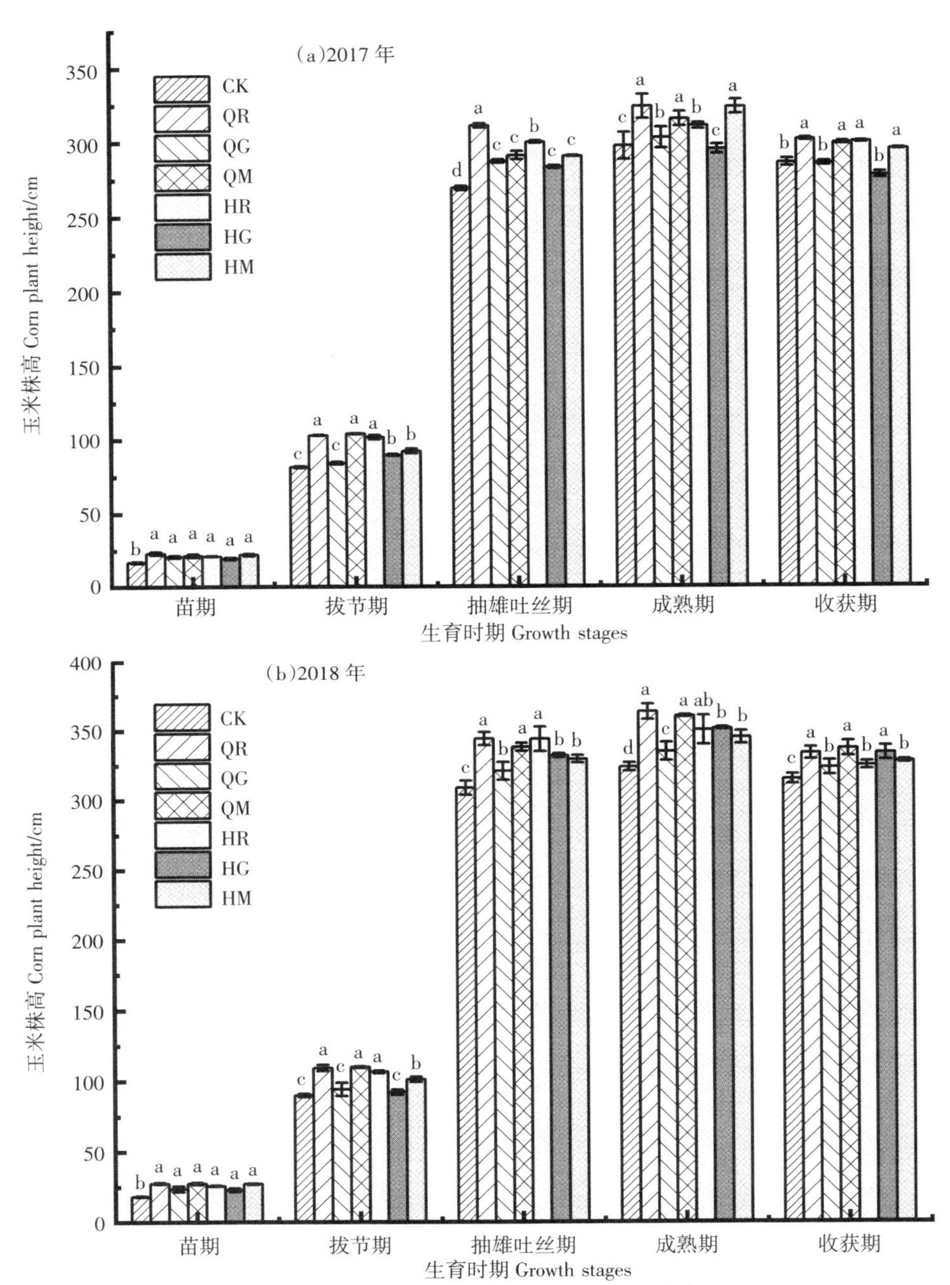

图 2-10 不同秸秆还田量与还田方式下玉米株高的变化

注:同一生育期不同小写字母表示处理间差异达显著水平(P<0.05)。

式对玉米株高的影响均以 QR 处理表现效果最优。

由表 2-19 的 *F* 值分析可知,2017 年，秸秆还田量对玉米苗期植株株高的影响不显著,对成熟期的影响显著,而对玉米拔节期、抽雄吐丝期和收获期的影响呈极显著水平；秸秆还田方式对玉米苗期和成熟期的影响不显著,而对拔节期和收获期的影响显著,对抽雄吐丝期的影响极显著。2018 年,秸秆还田量对玉米抽雄吐丝期、成熟期和收获期植株株高影响不显著,而对苗期和拔节期影响极显著;秸秆还田方式对玉米拔节期影响显著,而对苗期、抽雄吐丝期、成熟期和收获期影响均不显著;秸秆还田量与还田方式的交互作用对玉米成熟期株高的影响显著,而对苗期、拔节期、抽雄吐丝期和收获期的影响不显著。

表 2-19　秸秆还田量与还田方式交互对玉米株高影响的显著性分析

年份	*F* 特征值	生育时期				
		苗期	拔节期	抽雄吐丝期	成熟期	收获期
2017	A	1.85 NS	148.33***	224.41***	8.76*	206.68***
	B	1.68 NS	8.15*	16.34**	1.04 NS	10.52*
	A×B	1.37 NS	39.73***	5.78*	2.32 NS	3.87 NS
2018	A	26.29**	19.33**	3.71 NS	1.62 NS	0.59 NS
	B	0.63 NS	6.26*	0.04 NS	0.90 NS	0.26 NS
	A×B	0.15 NS	1.86 NS	1.32 NS	5.82*	4.05 NS

注:A 表示秸秆还田量;B 表示还田方式;* 表示在 α=0.05 水平上差异显著;** 表示在 α=0.01 水平上差异显著;*** 表示在 α=0.001 水平上差异显著;NS 表示在 α=0.05 水平上差异不显著。

二、玉米茎粗

图 2-11 为不同处理玉米不同生育期茎粗变化，连续两年玉米不同生长阶段各处理植株茎粗均表现为先升高后下降的变化态势。两年玉米植株茎粗均以抽雄吐丝期表现最高,且在玉米生育前中期增加较快,尤其以拔节期更为迅速,此时期各处理与对照差异显著,且 2018 年各处理平均茎粗较 2017

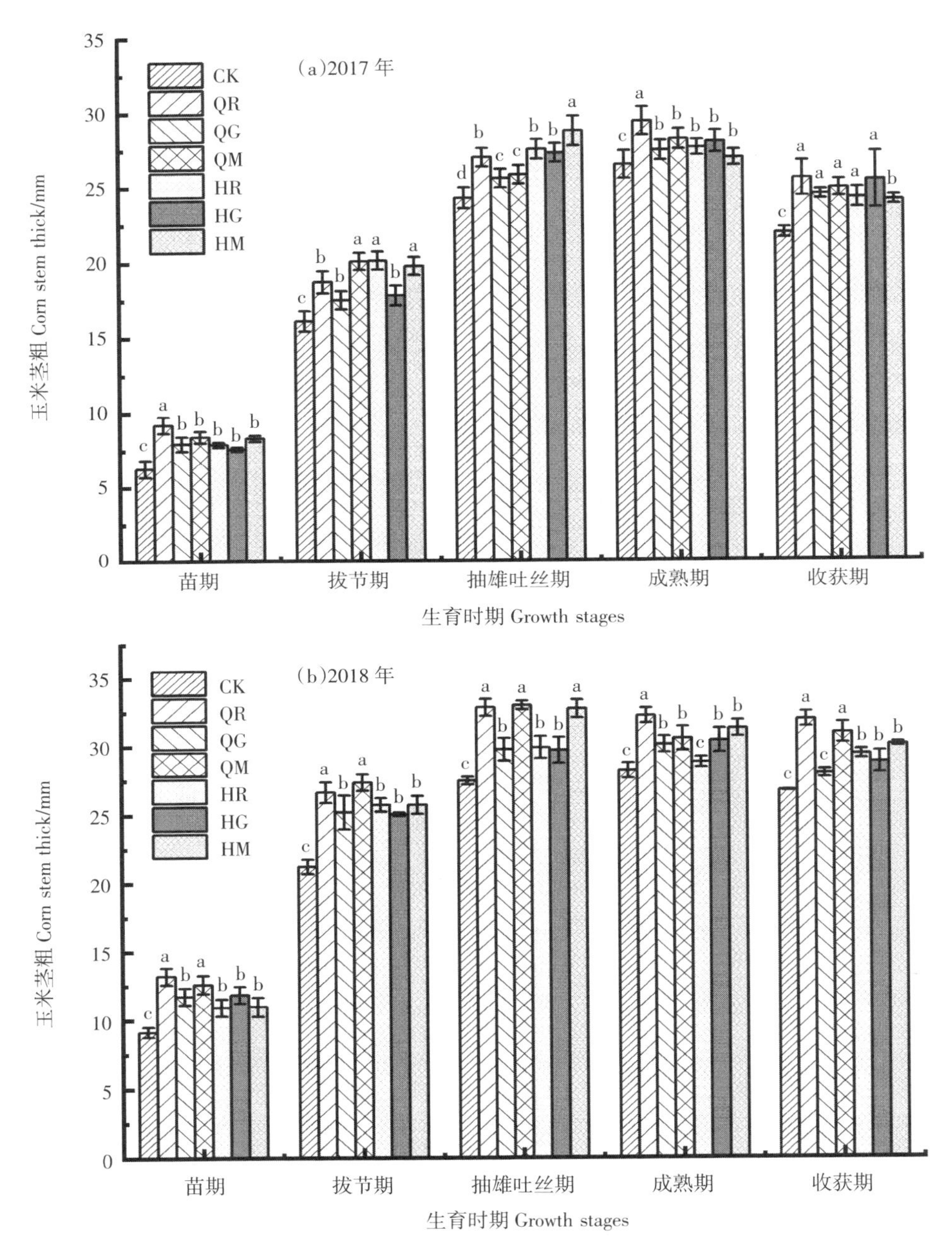

图 2-11　秸秆还田量与还田方式下不同生育期玉米茎粗变化

注:同一生育期不同小写字母表示处理间差异达显著水平(P<0.05)。

年提高 17.42%。

整个生育期秸秆全量还田下，2017 年 QR、QG 和 QM 处理玉米茎粗分别较 CK 提高 7.40%、10.44%和 11.94%，2018 年分别较 CK 提高 10.81%、4.45%和 13.72%；半量还田下 2017 年 HR、HG 和 HM 处理分别较 CK 提高 9.59%、13.77%和 8.97%；2018 年分别较 CK 提高 9.07%、7.25%和 11.23%。整个生育期不同秸秆还田方式下，半量与全量均无显著差异。在玉米生育前期（苗期—拔节期），2018 年平均茎粗较 2017 年提高 27.8%，2017 年以 QM 和 HM 处理表现最优，分别较 CK 显著提高 21.39%和 20.21%，2018 年以 QM 和 QR 处理表现最佳，较 CK 分别显著提高 23.96%和 19.07%，其他处理间差异不显著。在玉米生育中期（抽雄吐丝期），两年均以覆盖还田处理的植株茎粗最大，2017 年 HM 处理最高，较 CK 显著提高 15.52%，2018 年以 QM 处理最佳，较 CK 显著提高 16.75%，这与覆盖还田下的土壤蓄水保墒能力较强，使植株长势较好有关。在玉米生育后期（成熟—收获期），各处理玉米茎粗在成熟期趋于最大，2017 年各处理间均无显著差异；2018 年以 QM 和 HM 处理最大，其他处理间差异均不显著，各处理平均较 CK 提高 8.19%。

由表 2-20 的 *F* 值分析可知，2017 年秸秆还田量对玉米拔节期植株茎粗的影响极显著，而对苗期、抽雄吐丝期、成熟和收获期茎粗的影响不显著；秸

表 2-20　秸秆还田量与还田方式交互对玉米茎粗影响的显著性分析

年份	*F* 特征值	生育时期				
		苗期	拔节期	抽雄吐丝期	成熟期	收获期
2017	A	1.35 NS	18.68**	1.81 NS	0.91 NS	0.11 NS
	B	10.28*	0.55 NS	7.12*	3.08 NS	0.28 NS
	A×B	3.90 NS	0.63 NS	1.15 NS	2.36 NS	0.85 NS
2018	A	1.34 NS	1.20 NS	5.23*	0.45 NS	10.26*
	B	6.62*	3.95*	4.61*	2.14 NS	3.70 NS
	A×B	1.97 NS	0.92 NS	3.31 NS	5.79*	4.83*

注：A 表示秸秆还田量；B 表示还田方式；* 表示在 α=0.05 水平上差异显著；** 表示在 α=0.01 水平上差异显著；NS 表示在 α=0.05 水平上差异不显著。

秆还田方式对玉米苗期和抽雄吐丝期植株茎粗的影响显著，而对拔节期、成熟期和收获期无显著性影响；二者交互作用对整个玉米生育期植株茎粗影响均显著。2018年秸秆还田量对玉米抽雄吐丝期和收获期植株茎粗影响显著，而对苗期、拔节期和成熟期影响不显著；秸秆还田方式对玉米苗期、拔节期和抽雄吐丝期茎粗的影响显著，而对玉米生育后期茎粗影响不显著；二者交互对玉米苗期、拔节期和抽雄吐丝期植株茎粗影响不显著，但对成熟期和收获期茎粗影响显著。

三、玉米叶片SPAD值

SPAD值是植株叶绿素含量的直接体现。由图2-12可知，连续两年秸秆还田量与还田方式下玉米叶片SPAD值均以大喇叭口期—抽雄期增长较为迅速，抽雄期—灌浆期达到全生育期最高，灌浆期后开始表现出下降的趋势。同一秸秆还田量下，全量还田各处理2017年表现为粉碎还田>种还分离还田>覆盖还田，2018年表现为粉碎还田>种还分离还田>覆盖还田；半量还田各处理2017年表现为种还分离还田>粉碎还田>覆盖还田，2018年表现为种还分离还田>粉碎还田>覆盖还田；整体上以全量还田各处理优于半量还田。同一秸秆还田方式下，2017年为粉碎还田>种还分离还田>覆盖还田，2018年也有类似规律。秸秆还田第二年各处理均值较秸秆还田第一年提高3.38%，两年均以秸秆粉碎还田表现效果最优，较对照分别提高10.38%和6.43%。2017年以QR和QG处理最为显著，较CK分别提高13.38%和10.35%，其他

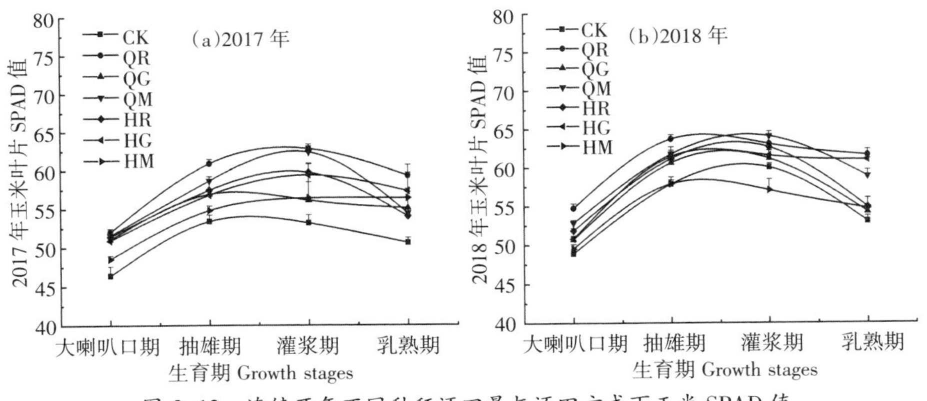

图2-12 连续两年不同秸秆还田量与还田方式下玉米SPAD值

处理间较 CK 均有提高，但差异不显著；2018 年同样以 QR 和 QG 处理表现效果最佳，分别较 CK 显著提高 9.59% 和 7.45%，其他处理均无显著性差异。

由表 2-21 的 *F* 值分析可知，2017 年秸秆还田量对玉米抽雄期叶片 SPAD 值的影响显著，而对大喇叭口期、灌浆期和成熟期的影响不显著；秸秆还田方式对玉米大喇叭口期和灌浆期的影响显著，对抽雄期的影响极显著，而对成熟期不具有显著性影响；二者的交互作用对玉米 SPAD 值的影响均不显著。2018 年秸秆还田量对玉米大喇叭口期的影响极显著，对灌浆期的影响显著，而对抽雄和成熟期的影响不显著；秸秆还田方式对玉米大喇叭口期、抽雄期和成熟期的影响极显著，对灌浆期的影响显著；二者的交互作用对玉米大喇叭口期的叶片 SPAD 值具有显著性影响，而对抽雄期、灌浆期和成熟期的影响不显著。

表 2-21　秸秆还田量与还田方式交互对玉米叶片 SPAD 值的影响

特征值	代码	2017 年				2018 年			
		大喇叭口期	抽雄期	灌浆期	成熟期	大喇叭口期	抽雄期	灌浆期	成熟期
F	A	2.84 NS	9.11*	2.17 NS	3.03 NS	72.82***	3.89 NS	8.12*	1.45 NS
	B	4.28*	28.08**	10.58*	2.75 NS	36.10**	17.55**	11.33*	61.72***
	A×B	1.40 NS	3.28 NS	1.06 NS	1.16 NS	7.85*	2.5 NS	1.49 NS	1.79 NS

注：A 表示秸秆还田量；B 表示还田方式；* 表示在 α=0.05 水平上差异显著；** 表示在 α=0.01 水平上差异显著；*** 表示在 α=0.001 水平上差异显著；NS 表示在 α=0.05 水平上差异不显著。

四、玉米叶面积指数 LAI

表 2-22 为不同秸秆还田量与还田方式处理玉米不同生育期叶面积指数变化，分析其 *F* 值可知，在进行秸秆还田第一年（2017 年），秸秆还田量对玉米主要生育期叶面积指数影响不显著；秸秆还田方式对玉米大喇叭口期和成熟期的叶面积指数影响极显著，而对其他时期的玉米叶面积指数影响不显著；秸秆还田量与还田方式的交互作用对玉米大喇叭口期的叶面积指数影响显著，而对其他时期的叶面积指数影响不显著。

表 2-22 2017 年不同秸秆还田量与还田方式下玉米叶面积指数

年份	处理	生育时期					
		苗期	拔节期	大喇叭口期	抽雄吐丝期	成熟期	收获期
2017	CK	0.18±0.01a	1.05±0.23b	3.19±0.22b	5.15±0.19c	5.03±0.26d	3.99±0.77a
	HR	0.22±0.06a	1.41±0.13ab	3.42±0.28b	5.61±0.37abc	5.36±0.05bcd	4.54±0.13a
	HG	0.18±0.03a	1.16±0.12ab	3.26±0.33b	5.37±0.43bc	5.22±0.24cd	4.17±0.45a
	HM	0.19±0.06a	1.19±0.25ab	3.27±0.16b	5.78±0.54abc	5.71±0.05abc	4.59±0.75a
	QR	0.23±0.01a	1.48±0.37ab	4.09±0.38a	6.26±0.52a	5.68±0.13abc	4.23±0.94a
	QG	0.23±0.10a	1.52±0.21a	3.77±0.51ab	6.03±0.52ab	5.75±0.56ab	4.85±0.61a
	QM	0.22±0.04a	1.26±0.13ab	3.35±0.01b	5.90±0.19abc	5.96±0.17a	4.58±0.47a
F	A	0.31 NS	1.49 NS	2.74 NS	0.33 NS	1.74 NS	0.20 NS
	B	1.20 NS	2.41 NS	42.50***	4.80 NS	22.50**	0.22 NS
	A×B	0.14 NS	0.91 NS	7.20*	0.68 NS	1.11 NS	1.21 NS
2018	CK	0.13±0.01d	1.35±0.07c	3.04±0.35c	5.10±0.35b	5.08±0.37b	3.51±0.83c
	HR	0.21±0.02ab	2.27±0.05ab	3.69±0.24bc	5.99±0.79ab	5.84±0.32ab	3.69±0.20bc
	HG	0.20±0.03ab	1.99±0.18b	3.59±0.44bc	5.86±0.26ab	5.73±0.56ab	4.64±0.47a
	HM	0.15±0.04cd	1.49±0.01c	3.20±0.30c	5.70±0.36ab	5.92±0.55ab	4.10±0.17abc
	QR	0.23±0.01a	2.41±0.39a	4.45±0.18a	6.55±0.18a	6.47±0.50a	4.77±0.53a
	QG	0.22±0.01ab	2.35±0.08ab	4.38±0.53a	6.46±0.45a	6.24±0.37a	4.32±0.06abc
	QM	0.18±0.03bc	2.33±0.35ab	4.03±0.37ab	6.28±0.68a	6.49±0.39a	4.38±0.38ab
F	A	25.73**	16.09*	2.07 NS	0.93 NS	3.02 NS	1.04 NS
	B	2.58 NS	18.61**	18.62**	3.72 NS	4.12*	2.21 NS
	A×B	0.06 NS	3.94 NS	0.01 NS	0.02 NS	0.01 NS	2.98 NS

注：A 表示秸秆还田量；B 表示还田方式；* 表示在 α=0.05 水平上差异显著；** 表示在 α=0.01 水平上差异显著；*** 表示在 α=0.001 水平上差异显著；NS 表示在 α=0.05 水平上差异不显著。同列不同小写字母表示处理间差异达显著水平（P<0.05）。

在秸秆还田的第二年(2018 年),还田量对玉米苗期影响极显著,对拔节期叶面积指数影响显著,而对其他生育时期的玉米叶面积指数影响均不显著;秸秆还田方式对玉米拔节期和大喇叭口期的叶面积指数影响极显著,对玉米成熟期叶面积指数影响显著,而对苗期、抽雄吐丝期和收获期的叶面积指数影响均不显著;二者的交互作用对玉米主要生育期叶面积指数影响均不显著。

整个生育时期玉米叶面积指数,2017 年在不同秸秆还田量与还田方式下,表现为先升高后下降的趋势(见图 2-13a),且在抽雄吐丝期达到全生育期最大值。同一秸秆还田量下,粉碎还田>覆盖还田>种还分离还田。同一秸秆还田方式下,粉碎还田:半量>全量;种还分离还田和覆盖还田下,全量>半量。在玉米苗期、成熟期和收获期,各处理间无显著性差异;拔节期,叶面积指数开始迅速上升,各处理叶面积指数以 QG 处理表现最为显著,较 CK 显著提高 30.80%,QR 处理次之,较 CK 提高 28.58%,而 QM、HR、HG 和 HM 处理间无显著性差异。大喇叭口期,以 QR 和 QG 处理表现最显著,分别较 CK 显著提高 22.02%和 15.49%,而 HR、QM、HM 和 HG 处理提高较少,处理间差异不显著。抽雄吐丝期,玉米叶面积指数达到最大值,以 QR 和 QG 处理表现效果最佳,其次为 QM 和 HM 处理。抽雄吐丝—成熟期间,玉米叶面积指数保持在最高值范围内,QR、QM 和 QG 处理较 CK 显著提高 14.82%、14.22%和 13.60%,而处理间无显著差异;HM、HR 和 HG 处理次之。收获期,各处理叶面积均趋于萎缩,叶面积指数逐渐减小,处理间差异均不显著。

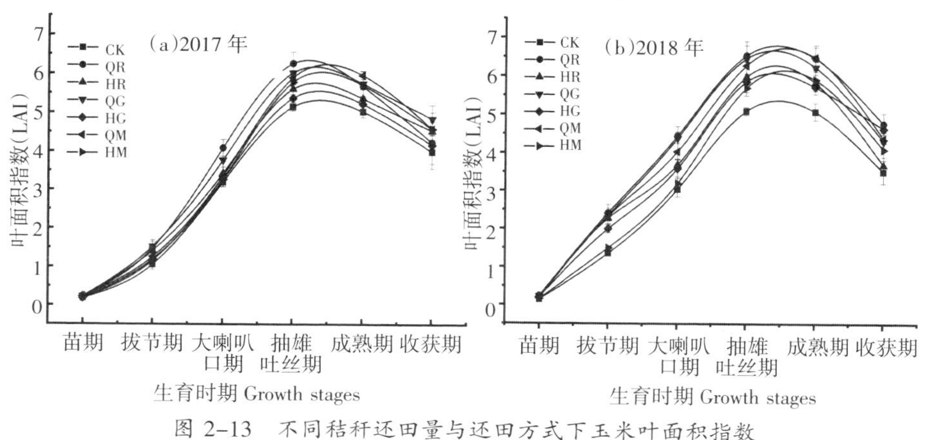

图 2-13 不同秸秆还田量与还田方式下玉米叶面积指数

如图 2-13b 所示，与秸秆还田第一年玉米叶面积指数对比可知，连续进行两年不同秸秆还田量与秸秆还田方式下叶面积指数 LAI 在整个玉米生育期的变化趋势基本一致。秸秆还田第二年（2018 年），玉米各生育时期叶面积指数在抽雄吐丝期达到全生育期最大值，此时以 QR、QG 和 QM 处理表现效果最显著，但处理间差异不显著；成熟期，玉米叶面积枯萎缩小，叶面积指数 LAI 值也逐渐降低，但仍以全量还田各处理优于半量还田处理。同一秸秆还田量下，粉碎还田>种还分离还田>覆盖还田；同一秸秆还田方式下，全量>半量。玉米生育前期（苗期—拔节期），各处理以 QR、QG 和 QM 处理表现效果最优，处理间差异不显著；其次为 HR、HG 和 HM 处理，处理间均无显著差异。玉米生育中期（大喇叭口期—抽雄吐丝期），全量还田效果优于半量还田，秸秆全量还田尤以 QR 表现效果最为显著，较 CK 提高 26.03%，半量还田以 HR 处理效果较好，较 CK 显著提高 15.94%。玉米生长后期（成熟期—收获期），以 QR 和 QM 处理最为显著，较 CK 分别提高 23.57% 和 20.99%，其他处理较 CK 均有增加，但差异不显著；玉米叶面积指数以秸秆全量还田各处理优于秸秆半量还田各处理。

五、玉米地上部生物量

图 2-14 是连续两年不同秸秆还田量与还田方式下玉米地上部生物量变化，随玉米生育期的推进，其干物质积累逐渐增多，增长速率较快的时期在拔节期—抽雄期/大喇叭口期、吐丝期/灌浆初期—成熟期两个阶段。2017 年整体以 QR 和 HG 处理效果最好，各生育期均值较 CK 分别显著提高 19.4%和 16.5%，其次为 HR 和 QM 处理，较 CK 分别显著提高 14.3%和 14.1%。拔节期，QR 处理表现出明显的优势，均高于其他处理；玉米生育中期（抽雄期—吐丝期），抽雄期各秸秆还田处理均无显著差异，吐丝期秸秆还田各处理地上部生物量均较 CK 明显提高；玉米生长后期（成熟期—收获期），各处理间差异显著。2018 年整体以 QR、HG 和 HR 处理表现效果最好，较 CK 分别提高显著 16.4%、15.1%和 14.3%。灌浆期后玉米进入生殖生长，籽粒逐渐形成，而玉米由成熟期到收获期，玉米茎、叶等部分已衰老和受到损害（人为或病虫），玉米收获期其地上部生物量略低于成熟期。可见，连续两年 QR 处理在整个玉米生育期地上部生物量均高于其他处理，有利于玉米籽粒产量的提高。

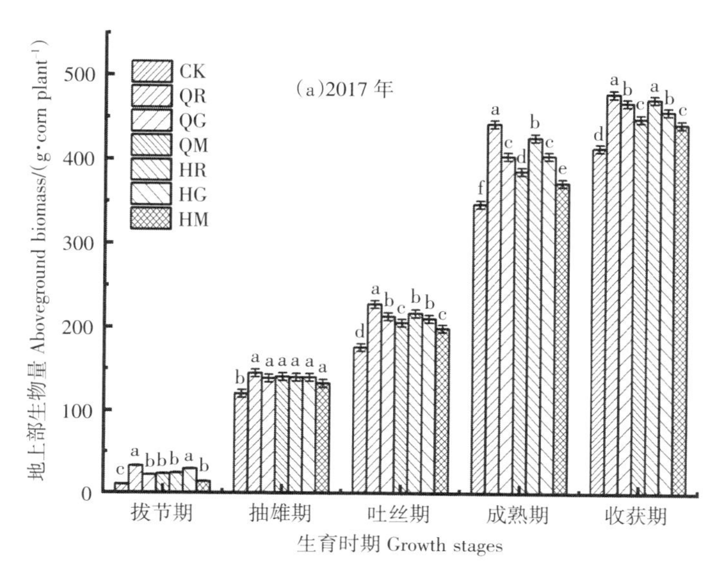

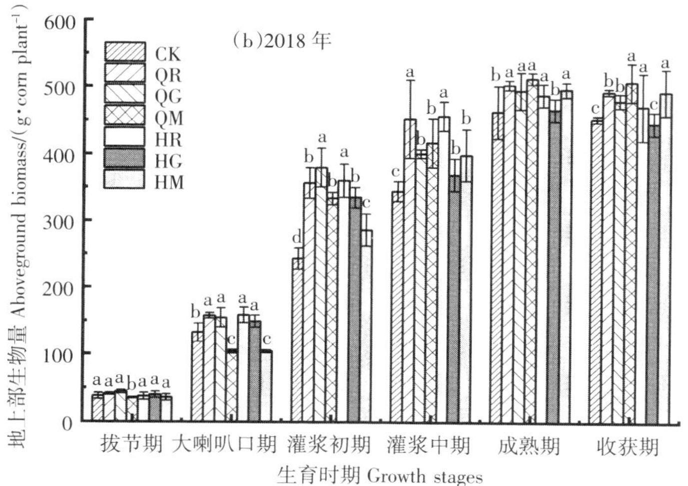

图 2-14　不同秸秆还田量与还田方式下玉米地上部生物量的变化

注:同一生育期不同小写字母表示处理间差异达显著水平(P<0.05)。

由表 2-23 的 F 值分析可知，在秸秆还田量与还田方式交互作用的第一年,秸秆还田量对玉米成熟期地上部生物量影响极显著,对吐丝期地上部生物量影响显著,而对拔节期、抽雄期、收获期的地上部生物量影响不显著;秸秆还田方式及其二者的交互作用对玉米地上部生物量的影响均不显著。

在秸秆还田量与秸秆还田方式试验进行的第二年,秸秆还田量对玉米大喇叭口期地上部生物量的影响呈极显著水平,而对拔节期和吐丝期及其之后的影响不显著;秸秆还田方式对玉米成熟期的影响显著,而对其他时期的影响均不显著;秸秆还田量与还田方式交互作用对玉米生育期地上部生物量的影响均不显著。

表 2-23　秸秆还田量与还田方式交互对玉米地上部生物量的影响

年份	特征值	代码	生育时期				
			拔节期	抽雄期	吐丝期	成熟期	收获期
2017	*F*	A	1.89 NS	0.44 NS	6.12*	23.61***	1.32 NS
		B	0.03 NS	1.10 NS	0.47 NS	0.08 NS	5.04 NS
		A×B	3.02 NS	0.41 NS	2.08 NS	1.33 NS	0.34 NS
2018	*F*	A	0.98 NS	38.57**	3.72 NS	0.55 NS	1.07 NS
		B	0.90 NS	0.03 NS	2.47 NS	4.05*	0.76 NS
		A×B	0.33 NS	0.05 NS	0.77 NS	0.18 NS	0.04 NS

注:A 表示秸秆还田量;B 表示还田方式;* 表示在 α=0.05 水平上差异显著;** 表示在 α=0.01 水平上差异显著;*** 表示在 α=0.001 水平上差异显著;NS 表示在 α=0.05 水平上差异不显著。

第四节　秸秆还田量与还田方式下玉米产量及生产力综合评价

一、玉米产量及水分利用效率

由表 2-24 中 *F* 值分析可知，在秸秆还田第一年，秸秆还田量对玉米产量、穗长和水分利用效率的影响极显著,对穗粗和百粒重的影响显著,而对穗粒数和耗水量的影响不显著;秸秆还田方式对玉米穗长、穗粒数和水分利用效率的影响极显著,对产量的影响显著,而对穗粗、百粒重和耗水量的影响不具有显著性;秸秆还田量与还田方式的交互作用对玉米的产量、穗长和水分利用效率的影响显著,而对穗粗、百粒重、穗粒数和耗水量的影响不显著。在

表 2–24 不同秸秆还田量与还田方式对玉米产量及水分利用效率的影响

年份	处理	产量/(kg·hm⁻²)	穗长/cm	穗粗/mm	百粒重/g	穗粒数	耗水量/mm	水分利用效率/(kg·hm⁻²·mm⁻¹)
2017	CK	10 846±89d	17.13±1.25b	46.41±3.41b	35.21±1.24c	521±11c	461.56±1.48a	23.50±0.08e
	HR	12 546±75b	18.01±1.10a	48.64±2.10ab	37.03±1.31a	564±9ab	456.81±5.08a	27.47±0.31b
	HG	12 129±84b	17.79±1.69ab	47.93±1.95ab	36.92±2.19c	552±15b	456.04±3.41a	26.60±0.20c
	HM	11 413±57bc	17.46±2.14b	47.43±2.35b	35.69±1.32b	546±18b	459.34±2.39a	24.85±0.13d
	QR	13 152±65a	18.32±1.32a	49.42±2.13a	37.45±1.27b	582±10a	460.92±4.20a	28.54±0.26a
	QG	13 001±59a	17.93±1.39a	48.99±2.15a	37.19±1.50a	578±13a	458.03±7.56a	28.39±0.47a
	QM	11 604±81bc	17.52±1.25ab	48.11±1.94ab	35.87±1.89cb	553±17b	462.48±7.08a	25.09±0.39d
F	A	329.02***	69.51***	18.01*	8.59*	4.18 NS	0.64 NS	133.26***
	B	10.02*	25.14**	3.53 NS	0.42 NS	30.28**	1.68 NS	52.77***
	A×B	6.65*	5.07*	0.42 NS	0.26 NS	1.84 NS	0.07 NS	9.74*
2018	CK	9 974±108f	14.64±0.26c	45.11±0.39c	28.81±1.90c	467±1.24e	488.49±3.22a	20.42±0.20e
	HR	13 822±445b	18.40±0.18a	49.84±1.74a	32.86±1.86ab	655±15.40ab	488.05±2.45ab	28.32±0.98b
	HG	11 865±253e	17.28±1.12ab	49.10±1.39ab	30.23±2.22bc	607±21.97cd	489.39±2.23a	24.25±0.60d
	HM	13 183±73c	17.50±0.10ab	50.32±0.95a	32.94±0.30ab	592±2.37d	485.13±3.61abc	27.17±0.05bc
	QR	14 381±202a	18.50±0.76a	49.49±0.03a	33.51±0.16a	665±29.28a	481.90±1.22c	29.84±0.35a
	QG	13 616±232bc	17.46±0.12ab	47.69±0.29b	31.54±1.19ab	628±1.28bc	487.91±1.10ab	27.91±0.45b
	QM	12 620±531d	17.05±1.09b	50.26±0.31a	33.20±1.37a	613±14.38cd	483.46±2.81bc	26.11±1.20c
F	A	53.10**	4.10 NS	3.73 NS	6.31*	8.03*	4.22 NS	34.74**
	B	8.93*	0.03 NS	1.68 NS	0.88 NS	8.84*	14.02**	12.19*
	A×B	11.77**	0.32 NS	0.76 NS	0.15 NS	0.34 NS	3.38 NS	12.15**

注：A 表示秸秆还田量；B 表示还田方式；* 表示在 α=0.05 水平上差异显著；** 表示在 α=0.01 水平上差异显著；*** 表示在 α=0.001 水平上差异显著；NS 表示在 α=0.05 水平上差异不显著。同列不同小写字母表示处理间差异达显著水平（$P<0.05$）。

秸秆还田第二年，秸秆还田量对玉米产量和水分利用效率的影响极显著，对百粒重和穗粒数的影响显著，而对穗长、穗粗和耗水量的影响不具有显著性；秸秆还田方式对玉米耗水量的影响极显著，对产量、穗粒数和水分利用效率的影响显著，而对穗长、穗粗和百粒重的影响不具有显著性；秸秆还田量与还田方式的交互作用对玉米产量和水分利用效率的影响极显著，而对穗长、穗粗、百粒重、穗粒数和耗水量的影响不显著。

不同秸秆还田量与还田方式作用下玉米的产量及其构成因素如表2-24，2018年玉米产量高于2017年；两年玉米平均产量以QR、QG和HR处理效果最为显著，分别较CK显著增加3 357 kg/hm^2（提高24.38%）、2 899 kg/hm^2（提高21.78%）、2775 kg/hm^2（提高21.04%），HM、QM和HG处理分别较CK显著增加1 888 kg/hm^2（提高15.35%）、1 702 kg/hm^2（提高14.05%）、1 588 kg/hm^2（提高13.23%），其处理间差异不显著。在秸秆半量还田水平下两年平均玉米产量下，粉碎还田>覆盖还田>种还分离还田；全量还田水平下，粉碎还田>种还分离还田>覆盖还田。在秸秆粉碎还田和种还分离还田方式下，两年平均玉米产量全量处理>半量处理；而在秸秆覆盖还田下，半量处理>全量处理。秸秆粉碎还田处理能显著增加玉米产量，其主要原因是明显增加百粒重和穗粒数；连续两年QR、QG和HR处理平均玉米百粒重分别较CK显著提高9.78%、6.85%和8.39%；穗粒数分别较CK显著提高20.67%、17.94%和18.81%。两年玉米穗长均以QR处理值最高，HR处理次之，两年穗长平均值分别较CK显著提高13.74%和12.77%。穗粗仍以QR处理最高，其次为HR和QM处理，其两年平均分别较CK显著提高7.47%、7.06%和6.96%。

不同秸秆还田量与还田方式对土壤水分的利用状况不同，从而对玉米耗水量和水分利用效率的影响不同（表2-24）。2017年玉米耗水量，秸秆还田量为全量还田>半量还田，还田方式为覆盖还田>粉碎还田>种还分离还田；2018年玉米耗水量，秸秆还田量以半量还田大于全量还田，还田方式以种还分离还田高于秸秆粉碎和覆盖还田。2017年的玉米WUE值在各秸秆还田方式上为粉碎还田>种还分离还田>覆盖还田，2018年为粉碎还田>覆盖还田>种还分离还田。两年水分利用效率下秸秆还田量均以全量还田高于半量还田，其中以QR和QG处理值最高，连续两年均值分别较CK显著提高21.47%和20.86%；其次为HR和HG处理，两年平均较CK分别显著提高16.93%和

13.23%。可见，两年玉米产量及水分利用效率在秸秆还田量上以全量还田优于半量还田；在秸秆还田方式上以粉碎还田优于覆盖还田和种还分离还田。

二、玉米经济效益分析

不同年份和试验条件下，秸秆还田方式各处理的总投入与总产出各不相同，使经济效益也存在一定差异，这与所采取的秸秆还田措施有关（表 2-25）。2017 年各秸秆还田方式下投入较大，因此各处理值纯收益不及 CK；但从总产出来看各处理均高于 CK，以 QR 和 QG 处理表现效果最为显著，较 CK 分别显著提高 17.53%和 16.57%，其次为 HR 和 HG 处理，较 CK 分别显著提高 13.55%和 10.57%。然而，2018 年总投入低于 2017 年，其主要原因为滴灌带的主管道仍保留连用，节约其总投入。从总产出来看，秸秆还田方式各处理与 CK 差距增加，纯收益以 HM 处理最为显著，较 CK 提高 21.82%，其次为 HR、QR 和 QG 处理，较 CK 分别显著提高 14.03%、11.43%和 6.23%，HG 和 QM 处理由于投入力度较大，其纯收益较 CK 略低。

表 2-25　不同秸秆还田量与还田方式下玉米生产成本和经济效益

处理	总投入/(元·hm^{-2})		总产出/(元·hm^{-2})		纯收益/(元·hm^{-2})		纯收益平均
	2017	2018	2017	2018	2017	2018	
CK	3 949	3 195	19 523d	17 951e	15 574a	14 756d	15 165b
HR	8 469	7 715	22 583b	24 880b	14 114bc	17 165b	15 640b
HG	8 770	8 016	21 832b	21 357d	13 062c	13 341e	13 202c
HM	5 606	4 852	20 543c	23 728bc	14 937ab	18 876a	16 907a
QR	9 976	9 222	23 674a	25 884a	13 698c	16 662bc	15 180b
QG	9 524	8 770	23 402a	24 507b	13 878c	15 737c	14 808b
QM	9 072	8 318	20 887cd	22 714c	11 815d	14 396de	13 106c

注：总投入包括：种子、肥料、人工费、秸秆及粉碎、滴灌带铺设。种子：70 元/kg；肥料价格：尿素：2 元/kg，P_2O_5：2.4 元/kg，磷酸二氢钾：5.8 元/kg；人工费：70 元/人/天；秸秆及粉碎：CK 0 元/hm^2，HR 4 520 元/hm^2，HG 4 821 元/hm^2，HM 1 657 元/hm^2，QR 6 027 元/hm^2，QG 5 575 元/hm^2，QM 5 123 元/hm^2；2017 年滴灌带铺设：2 260 元/hm^2，2018 年滴灌带铺设：1 506 元/hm^2；总收益：玉米售价：1.8 元/kg。同列不同小写字母表示处理间差异达显著水平（P<0.05）。

两年玉米纯效益，在秸秆半量还田下，覆盖还田>粉碎还田>种还分离还田；而在秸秆全量还田下，粉碎还田>种还分离还田>覆盖还田。在粉碎还田和覆盖还田下，半量>全量；种还分离还田下，全量>半量。总体来看，在 6 种秸秆还田方式中，以 HM、QR 和 HR 处理的增产增收效果较好。

三、土壤理化性质及玉米生长与产量的相关系数分析

为探索不同秸秆还田量与还田方式下土壤理化性质及玉米植株生长发育与产量之间的相关关系，分别对土壤中的物理指标（容重、孔隙度、团聚体 $DR_{0.25}$、土壤含水量）、速效养分（碱解氮、速效磷和速效钾）、全量养分（全氮、全磷、全钾和有机质）及玉米植株生长指标（株高、茎粗、叶面积指数 LAI、叶绿素 SPAD 和地上部干物质累积量）与产量进行相关分析（表 2-26）。

通过相关分析可知，玉米产量与土壤化学指标及植株生长指标间均呈正相关，说明土壤养分含量与植株生长发育对产量的影响为正效应。土壤速效养分和全量养分与产量之间的相关性均呈极显著水平，相关系数基本稳定在 0.70 以上，玉米植株生长指标与产量的相关性也较为显著，相关系数基本保持在 0.50 以上。从各指标与产量间的相关性来看，以土壤碱解氮、全氮和全磷含量与玉米产量的相关系数最高，达 0.83；其次，土壤有机质与玉米产量的相关系数达 0.80，玉米茎粗和 SPAD 值与产量的相关性虽与其他指标相比略低，但也保持在 0.50 以上。从各指标之间的相关系数来看，以土壤速效磷和速效钾的相关系数最高为 0.94，其次为土壤有机质和全氮、碱解氮和速效钾以及碱解氮和速效磷之间的相关系数分别达 0.92、0.91 和 0.90；SPAD 值和株高、茎粗的相关系数相对较小为 0.39 和 0.35，以地上部生物量和玉米茎粗的相关系数最小为 0.33。不同秸秆还田方式下土壤容重值越低、孔隙度越高，其玉米生长和产量的表现效果越好；由表 2-26 可知，土壤容重、孔隙度与玉米植株株高、茎粗和全钾的相关性较显著，其次是全磷。土壤团聚体 $DR_{0.25}$ 与孔隙度相关性最高为 0.46，与容重相关性最低为-0.46。土壤含水量与植株茎粗、土壤有机质、速效磷、速效钾和全氮相关性较高，基本达 0.80 以上；其次是含水量与碱解氮和全钾的相关性达 0.70 以上。综上所述，不同秸秆还田量与还田方式下影响玉米产量最关键的因子是土壤碱解氮、全氮和全磷，其次是土壤有机质、土壤速效磷、速效钾及土壤含水量等指标。

表 2-26　土壤理化性质及玉米生长与产量的相关系数分析

指标	株高	茎粗	LAI	SPAD	生物量	有机质	碱解氮	速效磷	速效钾	全氮	全磷	全钾	容重	孔隙度	团聚体 $DR_{0.25}$	土壤含水量
产量	0.63^{**}	0.57^{**}	0.74^{**}	0.53^{*}	0.73^{**}	0.80^{**}	0.83^{**}	0.76^{**}	0.72^{**}	0.83^{**}	0.83^{**}	0.73^{**}	−0.4	0.35	−0.09	0.58^{**}
株高	1	0.71^{**}	0.48^{*}	0.4	0.47^{*}	0.58^{**}	0.56^{**}	0.57^{**}	0.52^{*}	0.55^{**}	0.55^{**}	0.65^{**}	-0.61^{**}	0.61^{**}	0.05	0.47^{*}
茎粗		1	0.53^{*}	0.4	0.33	0.70^{**}	0.66^{**}	0.70^{**}	0.62^{**}	0.71^{**}	0.66^{**}	0.79^{**}	-0.57^{**}	0.57^{**}	0.18	0.84^{**}
LAI			1	0.83^{**}	0.64^{**}	0.71^{**}	0.76^{**}	0.85^{**}	0.75^{**}	0.79^{**}	0.77^{**}	0.75^{**}	−0.3	0.29	−0.19	0.59^{**}
SPAD				1	0.55^{**}	0.59^{**}	0.69^{**}	0.75^{**}	0.73^{**}	0.61^{**}	0.55^{**}	0.62^{**}	−0.1	0.12	-0.45^{*}	0.42^{*}
生物量					1	0.69^{**}	0.62^{**}	0.65^{**}	0.66^{**}	0.76^{**}	0.59^{**}	0.56^{**}	−0.2	0.18	−0.18	0.45^{*}
有机质						1	0.84^{**}	0.87^{**}	0.83^{**}	0.92^{**}	0.75^{**}	0.79^{**}	−0.3	0.27	−0.03	0.83^{**}
碱解氮							1	0.90^{**}	0.91^{**}	0.83^{**}	0.70^{**}	0.78^{**}	−0.2	0.24	−0.31	0.77^{**}
速效磷								1	0.94^{**}	0.86^{**}	0.79^{**}	0.83^{**}	−0.3	0.29	−0.23	0.85^{**}
速效钾									1	0.81^{**}	0.62^{**}	0.71^{**}	−0.1	0.14	−0.41	0.80^{**}
全氮										1	0.84^{**}	0.85^{**}	−0.3	0.26	0.04	0.81^{**}
全磷											1	0.88^{**}	-0.53^{*}	0.53^{*}	0.24	0.69^{**}
全钾												1	-0.65^{**}	0.65^{**}	0.17	0.79^{**}
容重													1	-1.00^{**}	-0.46^{*}	−0.4
孔隙度														1	0.46^{*}	0.35
团聚体 $DR_{0.25}$															1	0.09

注：*表示在 α=0.05 水平上差异显著；**表示在 α=0.01 水平上差异显著。

四、土壤理化性质及玉米生长与产量的主成分分析

为进一步探究不同秸秆还田量与还田方式下各处理玉米产量差异的主要原因，对产量指标、土壤物理指标、化学指标（速效养分、全量养分）及玉米生长发育指标进行主成分分析，如图 2–15、表 2–27 所示。由图 2–15 可知，在各种指标与玉米产量相互关联作用的情况下，以土壤有机质（G）和全氮（K）与玉米产量（A）的相关性最为密切，说明土壤中有机质和全氮含量的充足供应为玉米籽粒产量的提高发挥较大的作用。不同秸秆还田量与还田方式下各处理土壤有机质含量以 QR 和 QM 处理最高，说明 QR 和 QM 处理中土壤有机质对产量的提高发挥重要作用。土壤全氮含量以 QM 和 QG 处理值最高，其次是 QR 处理，说明 QM、QG 和 QR 处理玉米产量的提高与土壤全氮含量密切相关。其次，土壤碱解氮（H）、速效磷（I）和全磷（L）含量也与玉米产量联

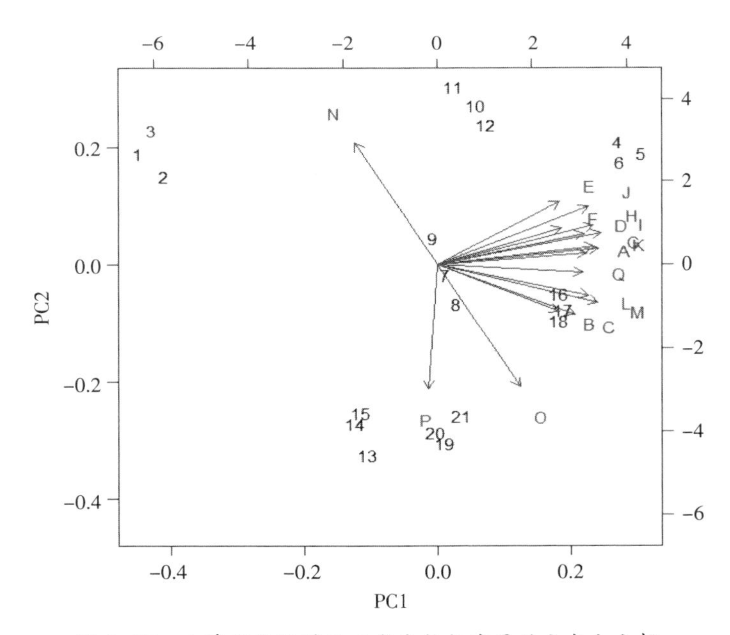

图 2–15　土壤理化性质及玉米生长与产量的主成分分析

注：图中字母 A 代表产量，B 代表株高，C 代表茎粗，D 代表叶面积指数，E 代表叶绿素，F 代表地上部生物量，G 代表有机质，H 代表碱解氮，I 代表速效磷，J 代表速效钾，K 代表全氮，L 代表全磷，M 代表全钾，N 代表容重，O 代表孔隙度，P 代表团聚体 $DR_{0.25}$，Q 代表土壤含水量。

系密切；不同秸秆还田方式各处理下土壤碱解氮与速效磷含量均以 QR 处理效果最显著，说明 QR 处理土壤碱解氮与速效磷含量对玉米产量的提高发挥重要作用。土壤全磷含量以 QR 和 QG 处理表现效果较为突出，说明 QR 和 QG 处理玉米产量的提高与全磷含量密切相关；图中以氮为代表的土壤容重与产量指标偏离越远，说明其值越低，对产量的影响越大。各处理中土壤容重以 QM 和 QR 处理值最低，说明 QM 处理对土壤结构的改善效果较好，有利于玉米产量的提高。此外，各生长指标中以地上部生物量(F)与玉米产量的关系最为密切，且地上部生物量在各处理中以 QR 处理效果最佳。

综上所述，各土壤指标及玉米生长状况以 QR 处理土壤容重、有机质、全氮、碱解氮、速效磷、全磷和植株地上部生物量指标与其玉米产量提高的相关性最为密切，说明 QR 处理在不同秸秆还田量与还田方式下各处理中表现效果最佳。

表 2-27，通过主成分回归分析，其累积贡献率达到 84.27%。第一主成分中并列第一位的是土壤速效磷(I)、全氮(K)和全钾(M)，并列排在第二位的是土壤有机质(G)和碱解氮(H)；第二主成分中排在第一位的是土壤容重(N)，其次是植株叶绿素 SPAD(E)和土壤速效钾(J)；第三主成分中仍以叶绿素 SPAD 和产量相关性较高。综上可知，不同秸秆还田量与还田方式下土壤速效磷、全氮、全钾、有机质、碱解氮、容重及玉米植株 SPAD 和产量的相关性表现最显著。

表 2-27　土壤理化性质及玉米生长指标中主要因素在主成分中所占的比例

项目	PC1	PC2	PC3
A	0.27	0.04	0.06
B	0.22	−0.18	0.29
C	0.24	−0.19	−0.21
D	0.26	0.12	0.20
E	0.22	0.25	0.37
F	0.22	0.14	0.13
G	0.28	0.07	−0.23

续表

项目	PC1	PC2	PC3
H	0.28	0.15	−0.02
I	0.29	0.12	−0.04
J	0.27	0.23	−0.03
K	0.29	0.06	−0.24
L	0.27	−0.12	−0.06
M	0.29	−0.15	0.01
N	0.26	0.48	−0.31
O	0.15	−0.03	0.31
P	−0.03	−0.49	−0.41
Q	−0.15	−0.48	−0.43
特征值	3.25	1.66	0.91
贡献率/%	62.06	16.38	5.84
累计贡献率/%	62.06	78.43	84.27

注：A~Q 字母代表指标同图 2-15。

图 2-16 为不同秸秆还田量与还田方式下各处理主成分综合得分，分析

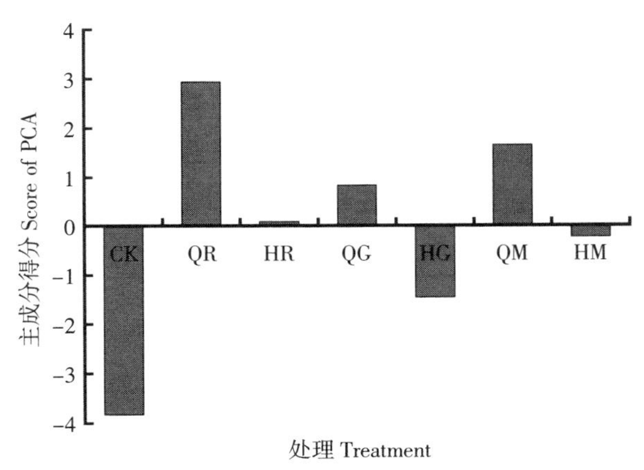

图 2-16　不同秸秆还田量与还田方式下各处理主成分得分

可知不同还田量与还田方式处理对各指标因子影响的大小表现为 QR>QM>QG>HR>HM>HG>CK。由此可知，不同秸秆还田量与还田方式对土壤理化性质及玉米生长发育的影响均高于秸秆未还田处理，且以秸秆粉碎翻压全量还田(QR)处理下影响最大。

第五节　讨论与结论

一、讨论

(一)土壤物理性质

秸秆还田可改变土壤结构，对于土壤团聚体的分布和土壤性质的改善有着重要意义(田慎重等，2017)。各秸秆还田方式以覆盖和粉碎还田对土壤孔隙度的改善效果最好，二者皆有利于形成良好的土壤结构，对土壤物理性状也起到一定的改良作用(张源沛等，2011)。相关研究发现，秸秆还田可降低土壤容重和提高土壤孔隙度(刘新梁，2017)，而在连续的秸秆还田后，则能显著降低表层土壤容重(李世忠等，2017)。庞党伟等(2016)研究表明，连续 2 年深耕秸秆还田处理可有效促进秸秆的腐解，从而降低土壤容重，增加土壤孔隙度。蔡太义等(2011)研究认为，9 t/hm^2 的秸秆覆盖量处理可改善土壤结构，增加土壤孔性。刘龙等(2017)研究认为，隔行还田条件下还田量在 13.2 t/hm^2 处理下效果最佳，还田量越大，还田效果越明显。本研究结果也表明，不同秸秆还田方式均可改善土壤结构，使土壤容重下降，孔隙度增加，这与前人研究结论一致(Kasteel，et al.，2006)。经过一年秸秆还田后，以 QM 处理的土壤容重下降尤为明显，这可能由于秸秆整秆覆盖还田(QM)处理直接覆盖于农田表层，短期内对 0~20 cm 的浅层土壤结构改善效果较其他处理好。而连续两年秸秆还田处理后，土壤容重以 QM 和 QR 处理改善效果均较显著，这由于秸秆粉碎翻压全量还田将秸秆粉碎后翻入土壤，秸秆经长期腐熟后效果得以显现，能对土壤的紧实度起到良好的改善效果(于博等，2018)。分析其原因：秸秆还田后可产生大量腐殖酸，促进团粒体的形成，进而形成水稳性较高的土壤团粒结构(冀保毅，2013)。本研究结果还表明，经过秸秆还田后的各处理，>0.25 mm 的土壤团聚体含量较秸秆未还田(CK)均有不同程度的提高，说明秸秆还田改善了土壤团粒结构。

在玉米生育期各秸秆还田方式使得农田水分入渗和蒸发条件不同,因而各处理对土壤的蓄水保墒效果也存在差异（Wang,et al.,2009；刘玲等,2014)。秸秆覆盖的保水作用主要体现降水较多的年份,长期干旱条件下秸秆覆盖保水效果较差,当土壤表面保持湿润时,覆盖才能有效抑制蒸发(王世杰等,2017),实现蓄水保墒,而其他还田方式保水效果相对较差（李东坡等,2016)。韩瑞芸等(2016)研究认为,秸秆粉碎还田可有效减少水分地表流失。解文艳等(2011)研究表明,秸秆覆盖还田处理对偏旱年水分利用效率提高显著。路文涛等(2011)研究报道,连续三年秸秆覆盖还田可提高土壤含水量,覆盖量越大,水分越多。李静静等(2014)研究表明,秸秆覆盖还田可降低地表温度,提高土壤水分。在本研究中,三种秸秆还田方式下以整秆覆盖还田处理的土壤蓄水保水能力表现最为突出。相关研究也认为,秸秆覆盖还田下土壤水分状况表现最好,这与该年份降水较多,秸秆覆盖可吸收与保存大量水分有关(黄婷苗等,2015)。本研究还发现,秸秆粉碎翻压还田处理的保水效果仅次于覆盖处理,这可能因为在秸秆翻入土壤后短期内腐解程度大于秸秆覆盖的腐解程度,而这一过程中水分消耗量较大,致使作物前期保水能力较差;但生育后期秸秆腐解高峰期结束后,秸秆粉碎翻压还田的蓄水保墒能力表现突出(李晓莎等,2015),与秸秆覆盖还田处理的差距趋于缩小(李延茂等,2004)。同时,种还分离还田与粉碎还田差异不显著,且前者略低于后者,这是由于在种还分离还田过程中未施入秸秆行造成行间贮水量较低,因而导致其土壤贮水量降低(Smith,et al.,1991)。汪可欣等(2016)研究表明,在土壤温度高时,秸秆覆盖还田地温低,而在土壤温度低时,秸秆覆盖还田温度高。本研究还发现,各处理在不同生育期的土壤降温效果以秸秆整秆覆盖还田处理最为显著,其次为整秆半量覆盖还田和秸秆翻压全量还田处理。可能原因是秸秆覆盖还田可以减弱太阳辐射,较少地表水分蒸发,秸秆覆盖还田对地温有调节作用(崔爱花等,2018)。

(二)土壤化学性质

折翰非等(2014)研究发现,采用秸秆粉碎翻压还田与秸秆整秆覆盖还田方式对土壤养分状况改善效果较为明显,且秸秆粉碎翻压还田较整秆覆盖还田更有助于土壤养分释放,其速效养分含量较高。还有研究表明（辛励等,

2016a)，秸秆覆盖还田对土壤有机质的积累效果较好，其次是秸秆翻压还田(高洪军等，2011)；秸秆深埋还田可促进亚表层土壤有机质含量的增加(邹洪涛等，2013)，但对表层土壤有机质含量的影响不太明显，这可能与土壤表层经降水和灌水的淋洗而使养分流失有关。梅楠等(2017)研究认为，秸秆粉碎还田显著增加 10~20 cm 层土壤速效养分含量，提高土壤有机质，张静等(2010)指出，秸秆粉碎还田可提高土壤有机质含量，且随还田量增加，其效果越明显。赵小军等(2017)研究认为，隔行还田条件下使 0~15 cm 层土壤速效磷增加，且还田量越大，其含量越高。本研究结果发现，在秸秆还田第一年，由于秸秆腐解不充分，各还田处理对土壤有机质含量的影响不太明显，但经过第二年秸秆还田后，各秸秆还田处理的土壤有机质含量较秸秆不还田处理均有所提高，且还田次年在玉米生育中后期土壤有机质含量增幅更加明显。连续两年秸秆还田量与还田方式下土壤有机质含量均以全量还田处理优于半量还田处理，秸秆粉碎翻压还田和整秆覆盖还田均可显著提高土壤中的有机质、速效养分以及全量养分含量。分析其原因：秸秆还田后在降水与灌溉的淋溶作用下能有效促进秸秆中的养分腐解并向土壤中转移（姚槐应等，1999)，在一定程度上减少施肥后因淋溶而造成的肥料养分流失，同时改善土壤团粒结构，提高了土壤对氮、磷、钾元素的吸附力，从而提高土壤中的有机质和氮、磷、钾含量(吴金水等，2006；张刚等，2016)。

(三)土壤生物学性质

夏强(2013)研究表明，秸秆还田对于增加土壤微生物生物量碳氮含量具有显著影响。还有研究发现(李秀等，2018)，各处理土壤微生物生物量碳和微生物生物量氮含量在作物生育期呈先增加后减少的变化趋势，且不同秸秆还田方式均能有效增加土壤微生物生物量碳和微生物生物量氮含量(Prochazkova，et al.，2001)。本研究中，耕层土壤微生物生物量碳氮含量在玉米生育苗期、吐丝期和成熟期均表现出先升高后降低的趋势，这与前人研究结论一致。分析其原因：在玉米生育中期营养元素被植株根系大量吸收，导致土壤中的养分含量减少，微生物活动频繁，因而加剧了秸秆等固态养分更多地向速效养分转化，增加了微生物活性，进而提高了吐丝期的土壤微生物生物量碳氮含量(任雅喃，2018)。秸秆还田可有效提升 0~20 cm 层土壤中的微生物生物量碳氮含量，提高土壤酶活性(吕盛等，2017)。王双磊(2015)研究指出，秸秆还田能显著提高 0~20 cm 层土壤微生物生物量碳氮含量。本研究也表明，0~20 cm 层土壤微生物生物量碳氮含量显著高于 20~40 cm 层，且经秸秆还田的处理均高于秸秆未还田处理。此外，本研究还发现，秸秆全量还田各处理土壤微生物生物量碳氮含量分别高于半量还田，秸秆还田方式以秸秆整秆覆盖还田效果最为突出，其次为秸秆粉碎翻压还田和种还分离还田。在六种秸秆还田方式中以秸秆全量覆盖还田（QM）处理表现效果最显著，分析其原因：秸秆覆盖还田在滴灌条件下能较快促进秸秆的分解，使其发生酶促反应，进而提高土壤中的微生物生物量碳氮含量（Piotrowska and Wilczewski，2012）。

有研究表明（舒洲，2016），在不同秸秆还田方式下，整秆覆盖还田可显著提高耕层土壤中的脲酶、蔗糖酶和碱性磷酸酶活性。前人研究还发现（郭海斌，2014），秸秆还田可通过提高土壤孔隙度，进而有效提升土壤酶活性。本研究发现，碱性磷酸酶活性在玉米吐丝期出现低值，而成熟期土壤酶活性增强，这与夏强（2013）研究结论“秸秆还田可有效提高土壤酶活性，对于土壤碱性磷酸酶活性的影响在整个生育期呈波浪形变动，且在生育后期升高”一致。刘龙（2017）在东北地区研究秸秆种还分离还田方式对土壤生物学性质的影响发现，在秸秆还田时间不断推进的情况下，土壤微生物生物量碳含量随秸秆还田量的增加而有所提高，但这种增量对不同土层而言，随土层的加深会逐渐减少；对于过氧化氢酶活性，并未随秸秆还田量的增加而提高，这与本研究结果一致。李涛等（2018）研究认为，秸秆还田不施氮肥可显著提高脲酶活性。闫慧荣等（2015）表明，玉米秸秆粉碎还田下脲酶对还田量有很大影响，当玉米秸秆还田量为 10 g/kg 时，土壤脲酶达到最高。李倩等（2009）研究发现，秸秆覆盖还田量在 9 t/hm^2 时，土壤碱性磷酸酶活性达到最高，脲酶活性在 1.35 t/hm^2 覆盖量活性最高。两种酶活性均随土层深度增加而降低。不同覆盖量对不同土壤酶的影响不同。本研究表明，秸秆粉碎还田、秸秆覆盖还田以及种还分离还田可显著增加脲酶和碱性磷酸酶活性，还田量越大可增加土壤水分，调节土温，酶活性越高。这与刘龙等（2017）研究结果“种还分离还田中养分增加也可提高酶活性”相似。覆盖量对土温变化有明显的作用，增温效应和降温效应十分明显，酶的变化也受温度影响，这种调节有利于酶活性的增加，秸秆覆盖减少有机质和速效养分损失，增加土壤微生物生物量碳氮含量，提高酶活性(李倩等,2009)。

(四)玉米生长发育

秸秆还田可通过培肥土壤,为玉米生长提供良好的土壤环境,促进植株根系发育,进而通过对根系的调控作用促进植株地上部器官的生长,并在关键时期增加叶面积指数、提高干物质累积量(牛芬菊等,2014);秸秆还田后玉米生育期株高、茎粗和叶面积指数较秸秆不还田均有提高,且提高效果显著(孙跃龙等,2005;高飞等,2011)。葛程程(2014)研究发现,秸秆还田能显著提高玉米叶面积指数 LAI、叶片 SPAD 值和干物质累积量。本研究也表明,通过秸秆还田各处理玉米植株株高、茎粗、叶面积指数、地上部生物量和叶片 SPAD 值较对照均表现出明显的优势。这是由于秸秆还田措施下土壤墒情较好,能在关键生育期为玉米生长供应充足的水分,从而有利于植株叶片 SPAD 值的提高(仇真和张嫣然,2014)。郑金玉等(2014)研究发现,秸秆还田在增加玉米叶面积的同时可增强其对光照、热量的吸收能力,促进干物质累积。秸秆还田对玉米叶面积的提高在抽雄吐丝期达到最大，之后渐趋平缓直至下降。沈学善等(2011)研究发现,经秸秆还田的作物干物质积累量均显著高于秸秆不还田处理，且进行两年秸秆还田试验各处理显著高于还田第一年各处理，说明随着秸秆还田年限的增加其还田效益越好。还有研究(周运来等,2016)发现,覆盖还田有利于对农田土壤水分的存蓄,而秸秆粉碎翻压还田对秸秆充分腐解更加有利。本研究结果表明,在不同秸秆还田方式作用下,其株高、茎粗、叶面积指数、地上部生物量和叶片 SPAD 值均表现出一致的规律;秸秆还田量上以全量还田效果优于半量还田;还田方式上以粉碎还田和覆盖还田处理表现效果最显著,这与前人研究结论一致。分析其原因:秸秆粉碎翻压还田一方面可使秸秆充分腐解释放更多的养分，有利于土壤肥力的提升(Benitez,et al.,2000);另一方面对农田土壤水分保持效果较好(Gil-Sotres,et al.,2002);而覆盖还田最大的作用是抑制土壤水分蒸发,但对于土壤中的养分改善效果不及粉碎还田。可见,与其他秸秆还田处理相比,秸秆粉碎翻压全量还田(QR)和整秆全量覆盖还田(QM)处理的植株生长较为良好。

(五)玉米产量、水分利用效率和经济效益

董勤各等(2010)研究认为,秸秆粉碎翻压还田结合适宜的秸秆还田量可显著提高玉米产量,其主要原因是由玉米的穗长、穗粗、行粒数和百粒重的显著增加所致(张静等,2010)。解文艳等(2010)研究表明,秸秆整秆覆盖还田方式可促进玉米生长发育,增加玉米成穗数和百粒重,有效提高玉米产量。张源沛等(2011)研究发现,秸秆翻压种还分离还田通过对土壤理化性质的改善,增加单位面积玉米的穗数和穗粒数,并有利于产量的提高。本研究结果表明,不同秸秆还田量与还田方式能促进作物生长,提高玉米产量,且以秸秆粉碎翻压还田和整秆覆盖还田处理效果最佳;分析其主要原因:秸秆粉碎翻压还田可有效增加土壤养分含量,促进作物干物质累积(Fageria,2005);整秆秸秆覆盖还田可有效提高土壤贮水量,改善地表与深层土壤的能量和物质交换(Ding,et al.,2010),进而影响产量,以达到增产的效果(徐莹莹等,2018)。有研究表明(蔡太义等,2011;陈浩等,2018),秸秆还田后对作物生长后期土壤水肥供应是影响玉米产量提高的重要因素,秸秆粉碎后还田可显著提高土壤养分含量,保持土壤水分,进而提高玉米产量。刘龙等(2017)研究表明,种还分离还田有利于作物对养分吸收,提高玉米产量。本研究结果还发现,不同还田方式以秸秆粉碎翻压还田增产效果最好,种还分离还田和覆盖还田次之,且还田效果随秸秆还田量的增加而增加。秸秆粉碎翻压全量还田(QR)处理在玉米生长及增产方面表现较好,这是由于秸秆粉碎还田产生有机质和养分较多,对提高土壤肥力具有重要作用(于寒等,2015)。玉米产量的提高一方面是由于在水分、养分方面得到充足的供应,另一方面也可能与研究区域的土壤类型及生育期降水量多少等因素有关,还有待进一步研究。

不同秸秆还田量与还田方式对玉米水分利用效率影响不同。秸秆还田可提高水分利用效率(战秀梅等,2017),各还田方式下以粉碎翻压还田方式的水分利用效率最高,且秸秆连续还田效果优于秸秆隔年还田,以隔年还田的效果优于秸秆不还田;连续两年秸秆还田效果优于还田一年(黄凯等,2019)。在本研究中,秸秆还田次年对水分利用效率的影响优于还田当年,且秸秆全量还田处理整体效果优于半量还田处理。从还田方式上来看,各秸秆还田方式的水分利用效率以秸秆粉碎翻压还田效果最显著,其次是种还分离还田和覆盖还田。同时,本研究还发现,在秸秆还田第一年玉米产出以 QR 和 QG 处理表现效果最为显著;还田第二年玉米产出虽以 QR 和 HR 处理值最高,但从经济效益来看,则以 HM 处理表现最佳,其次是 QR 和 HR 处理。分析其原因,秸秆整秆半量覆盖还田(HM)处理的成本较低,不需要投入机械动力粉碎秸秆,因而其经济效益较高;但从长期实施秸秆还田措施来看,仍以秸秆粉碎翻压还田效果最好,因为在长期还田条件下,会逐渐节约其成本,而其随着肥力的提高所体现的产值也会提高。

二、结论

(1)与秸秆不还田处理相比,不同秸秆还田量、还田方式及其交互作用均可使土壤容重降低,总孔隙度增加,其中以全量还田的 QM、QR 处理表现效果最显著。不同秸秆还田量与还田方式及其交互作用对玉米不同生育期土壤含水量与贮水量的影响表现在:还田量上以全量还田提高效果优于半量,还田方式上以覆盖还田处理的保水效果表现最显著,其次是粉碎还田。不同秸秆还田量与还田方式均可提高土壤中有机质、速效养分及全量养分含量,其中以全量处理的粉碎还田效果较好。综合来看,以秸秆粉碎全量还田处理对土壤结构、水分及养分的改善效果最佳。

(2)不同秸秆还田量、还田方式及其交互作用下,土壤微生物生物量碳氮含量和土壤酶活性也有不同程度的增加。从不同秸秆还田量上来看,以全量还田处理表现效果优于半量还田;从不同秸秆还田方式上来看,以秸秆粉碎翻压还田方式效果较好。土壤微生物生物量碳氮含量的增加可有效提升土壤肥力,土壤酶活性促进了土壤中各种物质的分解,都能在一定程度上改善土壤的微环境。

(3)不同秸秆还田量、还田方式及其交互作用均可提高玉米的株高、茎粗、叶面积、地上部生物量和叶片 SPAD 值,整体上以全量处理下的 QR 和 QM 处理对玉米生长的影响最为突出。从还田年份上来看,以秸秆还田第二年玉米植株生长较好,一方面,次年秸秆的腐解度较高,土壤养分较为充足;另一方面,连续进行两年秸秆还田使得土壤蓄水保墒能力得以显现,玉米在生育期不会因严重干旱而影响其生长发育,因而 2018 年玉米植株株高、茎粗方面都较 2017 年好。

(4)不同秸秆还田量、还田方式及其交互对玉米产量、水分利用效率和经济效益影响显著。从各处理对产量的影响来看,与 CK 相比,全量处理下粉碎还田方式(QR)增产效果最佳,其次是种还分离还田;产量构成因素也以 QR 处理效果较好;水分利用效率与产量具有相似规律性,以 QR 处理表现最为显著。经济效益上来看，以 HM、HR 和 QR 处理纯收益最高。然而，HM、HR 处理在土壤养分改善和玉米植株生长方面效果远不及 QR 处理，因此，整体上来看，仍以全量粉碎还田（QR）玉米产量、水分利用效率和经济效益最高。

通过两年研究发现，不同秸秆还田量、还田方式及其交互作用可有效起到保水保肥效果，改善土壤物理性质，提高土壤养分含量，促进玉米生长，实现作物增产增收，在宁夏扬黄灌区推荐采用秸秆粉碎翻压全量还田可初步实现土壤培肥，显著提高玉米生产力。

第三章　不同秸秆还田量配施氮肥用量对土壤物理性质与玉米生长的影响

秸秆既含有丰富的作物必需的碳、氮、磷、钾等营养元素，又具有改善土壤的理化性状和生物学性状（江永红等，2001）。长年进行秸秆还田不仅可培肥地力，而且能提高土壤的抗旱保水能力，对涵养土壤水分有良好的作用，所以它是重要的有机肥源之一。我国是农作物秸秆资源十分丰富的国家，目前秸秆利用还存在就地焚烧、浪费比较严重的现象。秸秆还田，既可充分利用秸秆资源，减轻焚烧秸秆对生态环境的负面影响，又是发展有机可持续农业不可替代的有效途径（刘巽浩等，1998）。

关于秸秆还田方面的研究已有诸多报道。劳秀荣等（2003）研究认为，通过长期秸秆还田与化肥配施，可培肥地力，从而优化根系生态环境，为作物稳产高产创造了良好的土壤条件。余延丰等（2008）研究表明，江汉平原地区秸秆还田能明显提高水稻和小麦的产量，尤其与化肥配施可以显著提高作物产量，而且随着还田量的增加，产量也随之增加。曾木祥等（2002）通过秸秆还田试验得出，秸秆还田可取得较好的增产效果，有改良土壤、培肥地力的作用。可见，秸秆还田措施可大大改善土壤肥力及作物生长的农田生态环境，为我国农业的高产稳产打下了良好基础。化肥自从推广应用于农业生产以来为农作物产量的提高起到了巨大的推动作用。其中，氮肥的作用最为显著，极大地提高了作物的产量。尽管氮肥作用显著，随之而来也带来了一系列问题，如氮肥利用率降低、持续增产效果不明显以及由于过量施氮而造成环境污染等。有关试验（黄俏丽，2007；霍竹，2003）研究结果表明，长期秸秆还田并配施适量的氮肥，是培肥地力、提高产量的有效措施之一，其对土壤肥力的影响效果，与气候环境、作物类型和土壤质地等因素有关。但在降水较少且与作物需水期严重错位、土壤贫瘠的干旱区，秸秆还田配施氮肥对土壤肥力、作物产量及水肥利用效率影响的研究报道较少，且相应的技术模式也未形成(孙星等，2007)。

近年来，随着宁夏玉米种植面积的不断扩大，农民盲目施用化肥现象更为普遍，主要体现在夸大肥料效应，氮肥用量太大以及有机无机肥配施不合理，不重视农田土壤肥力的可持续利用，这不仅制约玉米产量的提高，也加大化肥的投入力度，影响到经济效益。为实现玉米高产稳产和土地生产力高效利用，本研究将秸秆还田与氮肥配施相结合，通过改变氮肥施用量，调节秸秆还田输入碳氮比对土壤性状和作物生长的影响，为扬黄灌区秸秆还田合理施氮提供理论依据。

第一节　试验设计与测定方法

一、试验区概况

试验点概况与第二章第一节相同（略）。试验于2016年4月至2016年10月在宁夏同心县王团镇旱作节水高效农业科技园区进行。试验地2016年月降水量及月平均气温情况见表3-1。2016年降水总量为212.7 mm，其中玉米生育期（5—9月）降水量为161 mm，占全年的75.7%，有效降水量为97.5 mm。试验地土壤质地类型为砂壤土，0~40 cm层土壤有机质含量为8.2 g/kg，碱解氮38.3 mg/kg，有效磷16.1 mg/kg，速效钾198.0 mg/kg，pH 8.4，属低等肥力。

表3-1　试验地点2016年月降水量和平均温度

指标	1月	2月	3月	4月	5月	6月	7月	8月	9月	10月	11—12月	全年
降水量/mm	3.3	5.1	20.2	4.3	46.8	16.5	44.8	31.1	21.8	18.8	0	212.7
气温/℃	-8.5	-2.7	6.5	14.2	16.6	22.8	24.6	24.2	18.2	11.5	2.9	10.8

二、试验设计

试验1：不同秸秆还田量配施不同氮肥用量试验，于2016年4—10月在宁夏同心县王团镇旱作节水高效农业科技园区进行。在统一施用农家肥(牛粪）和深松耕的基础上，设计秸秆还田量 4 个梯度（0~12 000 kg/hm^2）、施氮量设置 4 个梯度（0~450 kg/hm^2）交互试验，研究秸秆还田配施氮肥对土壤性状及玉米生长的影响。采用双因素裂区设计，主处理为玉米秸秆 4 种不同还田量：0 kg/hm^2（J0）、6 000 kg/hm^2（J1）、9 000 kg/hm^2（J2），12 000 kg/hm^2（J3），副处理为 4 个施纯氮水平：N0（0 kg/hm^2）、N1（150 kg/hm^2）、N2（300 kg/hm^2）、N3（450 kg/hm^2）。以秸秆不还田不施氮肥（J0 N0）处理为对照，16 个处理，3 个重复，共 48 个小区，小区面积 7 m×7 m=49 m^2。具体试验布设如表 3–2。

表 3–2　秸秆还田量配施不同氮肥用量试验设计

区组设计		秸秆还田量			
		J0（0 kg/hm^2）	J1（6 000 kg/hm^2）	J2（9 000 kg/hm^2）	J3（12 000 kg/hm^2）
施氮量	N3（450 kg/hm^2）	J0N3	J1N3	J2N3	J3N3
	N2（300 kg/hm^2）	J0N2	J1N2	J2N2	J3N2
	N1（150 kg/hm^2）	J0N1	J1N1	J2N1	J3N1
	N0（0 kg/hm^2）	J0N0	J1N0	J2N0	J3N0

三、田间管理

试验所用玉米秸秆有机养分含量分别为有机碳 705.8 g/kg、全氮 12.0 g/kg、全磷 2.6 g/kg、全钾 12.7 g/kg。试验处理具体操作如下：将前一年收获后的玉米秸秆切碎成 3~5 cm 小段，在 2016 年试验处理前将基肥纯牛粪（有机养分含量分别为有机碳 769.2 g/kg、全氮 23.0 g/kg、全磷 16.3 g/kg、全钾 22.4 g/kg）1.0 t/hm^2、磷酸二铵（总养分 N+P_2O_5）质量分数大于等于 64.0%，总氮（N）质量分数大于等于 18.0%，有效磷（P_2O_5）质量分数大于等于 46.0%）150 kg/hm^2 撒在地表，与秸秆一起翻入土壤。各处理均按秸秆还田量 9 000 kg/hm^2 进行翻压还田（翻压深度 20 cm），同时在施氮肥处理中分别施入 4 种不同纯氮用量（尿素 N≥46%）。

玉米供试品种为先玉 335，分别于 2016 年 5 月 8 日播种、9 月 30 日收获。玉米宽窄行种植，宽行距 70 cm，窄行距 40 cm，株距 20 cm，种子播深 5~10 cm，种植密度 90 955 株/hm^2。试验期降水量由自记雨量计连续定位观测。

玉米生育期灌水量及追施纯氮量如表3-3所示,2016年玉米生育期灌溉方式为畦灌,每生育阶段隔20 d以相同灌水量分3次灌入,采用人工追肥,生育期人工除草。

表3-3 玉米不同生育期灌水与追肥情况

生育时期	灌水量/($m^3 \cdot hm^{-2}$)	追肥量/($kg \cdot hm^{-2}$)	
		尿素(N≥46%)	水溶性硫酸钾(K_2O≥50%)
生育前期	1 200	90	10
生育中期	1 800	60	30
生育后期	1 500	—	20
合计	4 500	150	60

四、测定指标及方法

(一)土壤物理性质

土壤容重的测定方法及总孔隙度计算方法同第二章第一节(略)。

土壤质量含水量:在玉米不同生育期(播种、拔节、大喇叭口、抽雄、灌浆、收获),测定0~100 cm层土壤含水量(每20 cm层取一土样),3次重复。

土壤贮水量计算方法同第二章第一节(略)。

(二)玉米生长及产量指标

在玉米生育期测定植株株高、茎粗及地上部生物量。玉米收获期,分小区进行测产,测定方法同第二章第一节(略)。

(三)数据统计分析

数据统计方法同第二章第一节(略)。

第二节 不同秸秆还田量配施氮肥用量对土壤物理性状的影响

一、土壤容重及孔隙度

研究期间,不同秸秆还田配施氮肥处理下土壤容重可以作为耕作影响土壤物理性状的一个显著指标。经过 1 年玉米秸秆还田配施氮肥试验后，秸秆还田各处理显著降低 0~40 cm 土层土壤容重，降幅达 1.5%~11.1%，而对照（秸秆不还田不施氮肥）处理无明显变化（表 3-4）。J1N2、J2N3 和 J3N0 处理的 0~40 cm 土层平均土壤容重分别较对照降低 9.6%、11.1%和 8.0%。0~20 cm 土层，J1N2、J2N3 和 J3N0 处理的土壤容重较对照分别降低 9.5%、13.1%和 8.2%；20~40 cm 土层，分别降低 9.7%、9.3%和 7.9%。这表明秸秆还田配施氮肥能有效降低土壤容重。

表 3-4　秸秆还田配施氮肥对土壤容重及孔隙度的影响

处理	0~20 cm		20~40 cm	
	容重/($g \cdot cm^{-3}$)	土壤孔隙度/%	容重/($g \cdot cm^{-3}$)	土壤孔隙度/%
CK	1.532	42.19	1.7	35.86
J0N1	1.474	44.4	1.563	41.02
J0N2	1.472	44.46	1.588	40.08
J0N3	1.476	44.32	1.588	40.08
J1N3	1.547	41.61	1.636	38.27
J1N2	1.387	47.67	1.535	42.09
J1N1	1.488	43.84	1.624	38.72
J1N0	1.514	42.88	1.597	39.73
J2N0	1.449	45.32	1.572	40.68
J2N1	1.474	44.39	1.599	39.66
J2N2	1.436	45.80	1.579	40.41
J2N3	1.332	49.72	1.542	41.81
J3N3	1.513	42.89	1.600	39.64
J3N2	1.463	44.81	1.578	40.47
J3N1	1.448	45.35	1.582	40.31
J3N0	1.407	46.89	1.565	40.95

通过对土壤总孔隙度(表 3-4)的分析发现,秸秆还田配施氮肥各处理的 0~40 cm 层土壤孔隙度均比对照明显增加。J1N2、J2N3 和 J3N0 处理的 0~40 cm 层平均土壤容重分别较对照降低 15.0%、17.2%和 12.5%。可见,秸秆还田配施氮肥后能有效改善土壤的通气能力,使土壤孔隙状况得到改善。

二、玉米生育期土壤水分

由图 3-1 可知,不同处理下 0~100 cm 层土壤水分随生育期呈先降低后升高的变化趋势。在玉米播种期,土壤水分为基础值(245 mm),拔节和大喇叭口期各处理土壤水分明显下降,这由于玉米快速生长期需水量增大,不同处理间出现明显差异。拔节期 J1N3、J3N2 处理土壤水分含量分别较 CK 提高 20.7 mm 和 8.6 mm,大喇叭口期分别较 CK 提高 25.1 mm 和 57.9 mm。然而 J2N0 和 J2N1 处理两时期平均土壤水分含量分别较 CK 较低 20.9 mm 和 15.6 mm。

在玉米生育中期(抽雄—灌浆期),由于灌水的补充,使土壤墒情得到恢

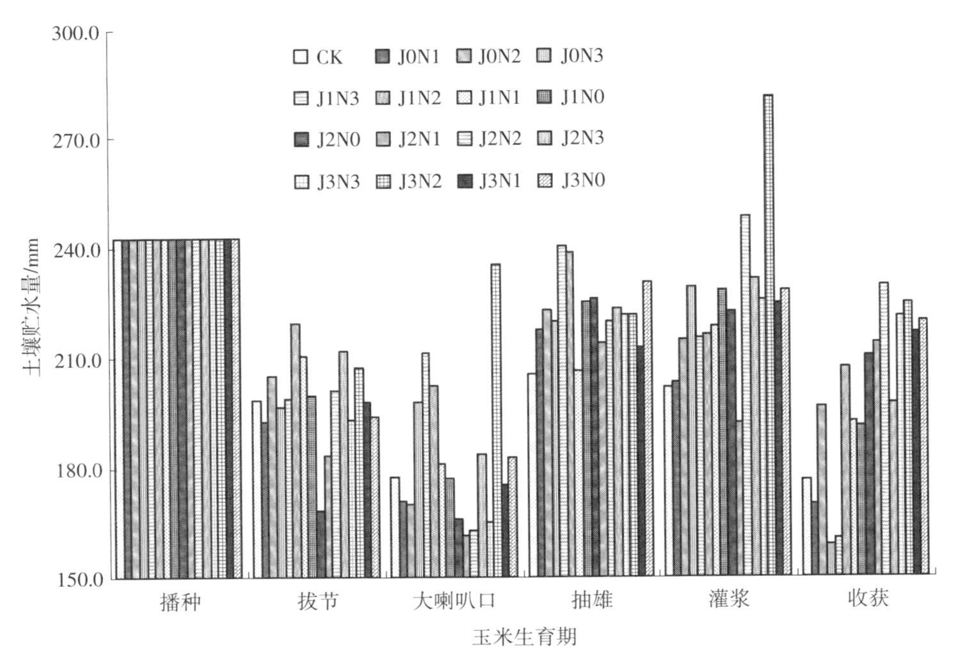

图 3-1 秸秆还田配施氮肥处理下土壤水分状况

复。除 J2N1 处理外秸秆还田配施氮肥各处理土壤贮水量明显高于 CK，较 CK 提高 6.4~47.4 mm。其中，J3N2 处理土壤的保蓄水分效果最佳，较 CK 提高 23.3%。玉米生育后期(收获期)，J0N3、J1N3 处理土壤水分含量分别较 CK 降低 17.9 mm 和 16.2 mm，而 J3N2 和 J2N2 处理土壤水分含量分别较 CK 增高 53.1 mm 和 43.9 mm。可见，J3N2 处理在玉米整个生育期土壤水分保蓄效果最好。

第三节　不同秸秆还田量配施氮肥用量对玉米生长的影响

一、作物生长指标

不同处理玉米生育期株高和茎粗变化见表 3–5。玉米生育期株高变化在灌浆期达到最大，收获期有所降低；不同处理下茎粗的变化在玉米抽雄达到最高，中后期逐渐降低。这是由于影响作物生长的主要因素不再是土壤温度，更多地关系到水分和养分，因此后期植株生长的变化没有明显的规律。秸秆不还田措施下，J0N3 处理各生育期对玉米生长的促进作用明显，其平均株高和茎粗较对照明显提高 19.2%、22.1%。秸秆还田 6 000 kg/hm^2 条件下，不同施氮处理玉米平均株高较 CK 提高 4.2%~10.4%，平均茎粗较 CK提高6.1%~8.7%，其中 J1N3 处理对玉米生长促进作用效果明显。秸秆还田 9 000 kg/hm^2 条件下，J2N2 处理对玉米前中期(拔节期—大喇叭口期)促进作用明显，而生育后期(灌浆期—收获期)J2N3 处理更有效促进玉米生长。与 CK 相比，J2N2 处理玉米生长前期平均株高和茎粗分别提高 23.1%和 18.3%，J2N3处理玉米生长后期平均株高和茎粗分别提高 9.3%和 19.1%。秸秆还田 12 000 kg/hm^2 条件下，J3N2 处理对玉米整个生育期生长促进作用明显。与 CK 相比，J3N2 处理玉米平均株高和茎粗分别提高 9.4%和 20.3%。

图 3–2 表明，各处理下玉米地上部生物量呈逐渐上升趋势，玉米收获期达到最大。秸秆还田配施氮肥各处理地上部生物量与玉米生长指标变化一致，均高于对照。秸秆不还田措施下玉米平均地上部生物量较 CK 提高 13.6%~23.5%，其中 J0N3 处理各生育期玉米地上部生物量最高。秸秆还田 6 000 kg/hm^2 条件下，J1N1 处理对玉米生长的促进作用效果明显，其玉米平

表 3-5　秸秆还田配施氮肥对玉米生长的影响

处理	拔节期		大喇叭口期		抽雄期		灌浆期		收获期	
	株高/cm	茎粗/mm	株高/cm	茎粗/mm	株高/cm	茎粗/mm	株高/cm	茎粗/mm	株高/cm	茎粗/mm
CK	25.3	8.48	181.0	23.97	223.0	24.10	279.3	21.77	279.0	20.08
J0N1	33.7	10.16	194.4	27.77	266.5	25.74	317.0	21.47	283.0	23.54
J0N2	32.3	9.25	199.8	28.25	281.0	25.87	300.0	23.41	301.5	23.26
J0N3	29.0	11.09	232.3	33.52	300.5	27.91	319.0	23.98	296.8	23.63
J1N3	41.0	12.64	219.8	29.22	309.5	25.16	313.5	24.29	306.0	24.33
J1N2	35.0	12.07	211.6	30.65	283.5	24.62	320.8	25.04	296.3	23.54
J1N1	36.7	9.83	200.7	26.72	289.5	28.07	317.0	24.97	278.8	23.57
J1N0	35.3	11.99	190.5	27.13	264.5	23.87	310.5	23.02	277.0	20.66
J2N0	29.3	9.82	177.0	21.72	244.0	25.82	293.0	21.98	287.3	18.41
J2N1	38.3	11.98	218.5	22.01	278.5	26.10	317.5	22.78	317.0	22.70
J2N2	44.7	13.91	229.8	22.84	280.0	31.13	294.5	21.01	286.3	21.17
J2N3	37.3	11.50	186.0	24.90	299.5	26.91	317.3	24.89	317.0	23.21
J3N3	35.0	12.59	192.5	24.44	260.0	23.44	288.8	23.10	293.0	22.27
J3N2	39.7	12.87	209.5	27.14	280.5	28.25	301.5	23.71	300.8	22.89
J3N1	38.7	12.52	200.3	26.99	276.5	25.58	298.0	25.87	297.3	22.15
J3N0	32.0	10.54	194.1	19.02	230.8	21.24	291.5	22.77	286.0	21.88

均地上部生物量较 CK 提高 9.1%。秸秆还田 9 000 kg/hm^2 条件下，J2N3 处理能显著提高玉米地上部干物质积累量。与 CK 相比，秸秆还田处理玉米地上部生物量提高 13.6%~25.9%。秸秆还田 12 000 kg/hm^2 条件下，J3N2 处理对玉米整个生育期地上部生物量最高。与 CK 相比，J3N2 处理玉米平均地上部生物量提高 20.0%。

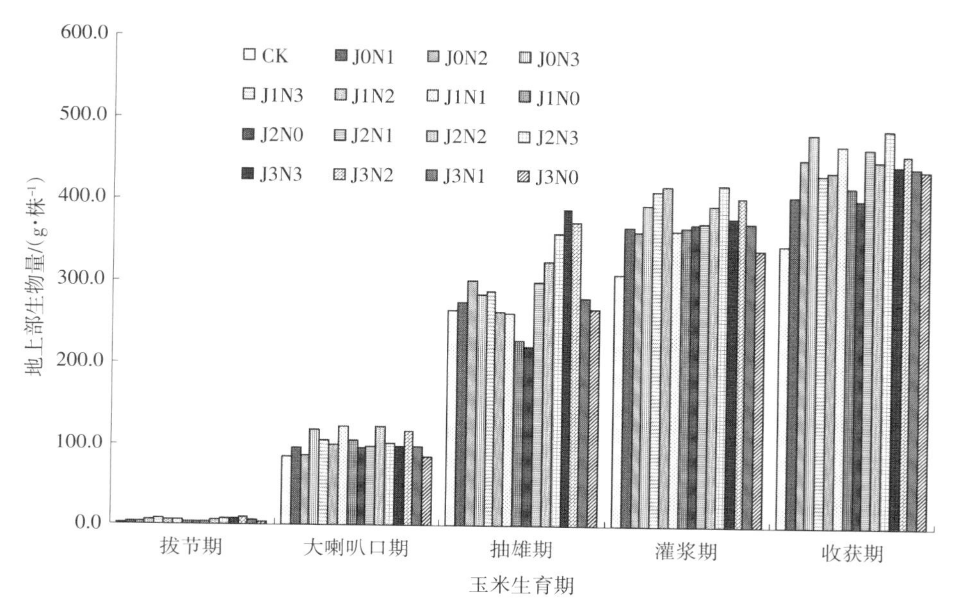

图 3-2　秸秆还田配施氮肥对玉米地上部生物量的影响

二、玉米产量

秸秆还田配施氮肥处理下玉米产量性状（穗长、穗粗、穗粒数和百粒重）差异有所不同（表 3-6）。J0N2、J1N1、J2N3 处理玉米穗粒数分别较 CK 增加 39~49 个，穗长分别较 CK 增加 1.0~1.9 cm，分别较 CK 提高 5.9%~11.2%；穗粗分别增加 0.24~1.66 cm；而 J0N2、J1N3、J2N3、J3N2 处理下玉米穗重分别较 CK 增加 10.1~35.7 g，分别较 CK 提高 4.6%~16.2%；籽粒重增加 34.7~44.0 g，提高 19.9%~25.2%；百粒重较 CK 增加 1.62~3.53 g，分别提高了 4.8%~10.4%。

表 3-6　秸秆还田配施氮肥对玉米产量性状的影响

处理	穗粒数/个	穗长/cm	穗粗/mm	穗重/g	籽粒重/g	百粒重/g	产量/(kg·hm⁻²)
J0N0	591	16.9	47.56	221	174.5	34	809.1
J0N1	618	18	46.97	227.7	205.5	35.14	897
J0N2	631	17.9	48.83	231.2	209.2	35.85	1137.8

续表

处理	穗粒数/个	穗长/cm	穗粗/mm	穗重/g	籽粒重/g	百粒重/g	产量/(kg·hm^{-2})
J0N3	620	17.5	47.12	224	201.8	34.43	1085.9
J1N3	642	17.6	46.93	245.3	218.5	37.53	922.5
J1N2	619	17.6	46.81	221.9	198.7	35.44	976.6
J1N1	630	18.3	47.8	231.8	200.1	35.06	956.5
J1N0	599	17.7	46.14	219.6	196.3	33.59	791.1
J2N0	573	17.8	45.54	213	191.9	34.14	836.4
J2N1	591	18.3	45.91	224.8	202.6	36.33	882
J2N2	612	18.5	46.75	225.1	203.8	36.02	1035
J2N3	640	18.8	49.22	256.7	214	36.45	1105.2
J3N3	581	17.8	45.51	205.2	181.5	32.59	855.4
J3N2	614	17.1	47.84	231.1	211.8	35.62	1135.8
J3N1	604	17.7	45.67	219.6	181.5	34.11	1080.4
J3N0	570	16.9	44.85	190	202.3	33.67	804.9

由表 3-6 可知，秸秆还田配施氮肥由于施用量不同，各处理间玉米籽粒产量水平不同，与 CK 有明显差异，而不施氮肥条件下秸秆还田处理与 CK 无明显差异，其中 J0N2、J2N3、J3N2 处理玉米籽粒产量最高。J0N2、J2N3、J3N2 处理玉米籽粒产量分别较 CK 提高 40.6%、36.6%和 40.4%。

第四节 讨论与结论

一、讨论与结论

（一）土壤容重及孔隙度

秸秆还田配施氮肥可有效降低土壤容重，同时增大土壤孔隙度，改善耕层土壤物理性状（白伟等，2015）。赵丽亚等（2014）认为，秸秆还田可显著降低土壤容重，白伟等（2017a）研究表明，秸秆还田配施氮肥与秸秆不还田相比可降低 0~20 cm 层土壤容重 3.2%，0~40 cm 土层降低 2.0%。本研究认为，秸秆还田配施氮肥与秸秆不还田不施氮肥处理相比可显著降低土壤容重，尤以 0~20 cm 最为显著。土壤孔隙度的变化与土壤容重的变化趋势相反，0~20 cm 土层土壤孔隙度随施氮量的增高而上升，其中以秸秆还田量 6 000 kg/hm² 配施氮肥量 300 kg/hm² 和秸秆还田量 9 000 kg/hm² 配施氮肥量 450 kg/hm² 处理最为显著，这与李玮等（2014a）的研究结果一致。

（二）土壤水分

秸秆还田可提高土壤的蓄水保水能力，从而保证作物需水关键生育期的水分供应。陈素英等（2002）研究认为，秸秆还田可显著提高土壤的蓄水保墒效果。张亮等（2013）通过对比施氮与秸秆还田方式对于土壤水分的影响，认为相同施氮量条件下秸秆还田较秸秆不还田 0~60 cm 层土壤含水量增加明显。张亚丽等（2012）研究表明，在施氮的基础上进行秸秆还田可提高土壤水分 4.7%~13.5%。杨治平等（2001）研究表明，秸秆还田结合秋施肥能起到蓄水保墒的功效，特别是表土含水率较春施肥提高 1.1%~3.0%。本研究结果表明，在玉米关键生育期，秸秆还田配施氮肥不同量下土壤贮水量均高于对照，且氮肥施用量越大，土壤蓄水效果越好。然而，相同秸秆还田条件下，不同施氮量直接影响土壤蓄水量，不施氮肥处理显著低于各处理，原因可能是在不施氮肥情况下秸秆腐熟不完全，土壤质地较紧实，不利于土壤蓄水保墒（吴鹏年等，2020）。

（三）玉米生长及产量

王静等（2008）研究认为，秸秆还田对作物产量增加有促进作用。大量研究表明（李孝勇等，2003；赵鹏等，2010；苗峰等，2012），秸秆还田配施氮肥可有效提高作物产量及地上部生物量。霍竹等（2006）研究表明，秸秆还田配施氮肥可提高玉米产量 34.63%。本试验结果表明，秸秆还田配施 300 kg/hm² 氮肥处理玉米增产 20.21%。刘俊等（2015）研究表明，秸秆还田配施氮肥（纯氮 180 kg/hm²）可促进小麦生长发育，增加小麦成穗数、千粒重，提高小麦产量。张学林等（2010）研究结果表明，与秸秆不还田不施氮肥相比，秸秆还田配施氮肥可以显著提高夏玉米穗粒数、籽粒产量。本研究还发现，秸秆还田配施氮肥可以显著促进玉米生育中后期的生长，增产效果明显。

二、结论

(1)秸秆还田配施氮肥能有效改善结构,使0~40 cm层土壤容重降低,耕层总孔隙状况得到改善。其中,秸秆还田量6 000 kg/hm^{2}配施氮肥量300 kg/hm^{2}和秸秆还田量9 000 kg/hm^{2}配施氮肥量450 kg/hm^{2}处理最为显著。

(2)不同处理下0~100 cm层土壤水分随生育期呈先降低后升高的趋势。在玉米整个生育期，秸秆还田量12 000 kg/hm^{2}配施氮肥量450 kg/hm^{2}处理土壤水分保蓄效果最好。

(3)秸秆还田配施氮肥措施下,秸秆还田量9 000 kg/hm^{2}配施氮肥量450 kg/hm^2、秸秆还田量12 000 kg/hm^{2}配施氮肥量300 kg/hm^{2}处理对玉米生长的促进作用效果明显。秆还田量9 000 kg/hm^{2}配施氮肥量450 kg/hm^2、秸秆还田量12 000 kg/hm^{2}配施氮肥量300 kg/hm^{2}处理玉米地上部生物量较对照明显提高。

(4)秸秆还田配施氮肥玉米籽粒产量与对照有明显差异,而不施氮肥条件下秸秆还田处理与对照无明显差异,其中秸秆还田量9 000 kg/hm^{2}配施氮肥量450 kg/hm^2、秸秆还田量12 000 kg/hm^{2}配施氮肥量300 kg/hm^{2}玉米籽粒产量最高。

第四章　秸秆还田量 9 000 kg/hm² 下配施氮肥用量对土壤性状及玉米产量的影响

作物秸秆既含有丰富的作物所必需的碳、氮、磷、钾等营养元素，又可改善土壤理化性状和生物学性状（刘艳慧等，2016；徐蒋来等，2016）。连续秸秆还田不仅可培肥地力，而且能提高土壤的抗旱保墒能力，对涵养土壤水分具有良好的作用，所以它是重要的有机肥源之一（汤文光等，2015）。宁夏秸秆资源利用主要以饲料化和工业化为主，全区秸秆利用率为 70%，高于全国平均水平（杨刚等，2010）。目前秸秆利用还存在就地焚烧、浪费比较严重的现象，秸秆处理已成为一大难题。随着机械化水平的提高，秸秆还田作为提高农田土壤肥力和改善土壤理化性状的一项重要措施已被广泛认可（张静等，2010）。秸秆还田对农田土壤碳、氮矿化过程起着决定性作用（裴鹏刚等，2014），同时能减轻焚烧秸秆对生态环境带来的负面影响，是发展有机可持续农业不可替代的有效途径之一，也是秸秆资源利用中最经济且可持续的方式（袁嫚嫚等，2017）。

关于秸秆还田方面的研究已有诸多报道。薛斌等（2017）研究认为，稻-油轮作条件下长期秸秆还田显著提高耕层土壤养分的含量，降低土壤容重和增大孔隙度，对培肥土壤有积极的作用。张素瑜等（2016）研究结果表明，在轻旱和适宜土壤水分条件下，秸秆粉碎翻压还田可以改善土壤水分状况，增加土壤贮水量，促进小麦次生根的发生，有效延缓根系衰老，最终表现为产量和水分利用效率的提高。薛卫杰等（2017）发现，秸秆还田配施有机肥可提高冬小麦不同生育时期的土壤微生物生物量碳氮、土壤矿质态氮、速效磷和速效钾含量，进而增加植株对氮、磷、钾的积累量，最终提高冬小麦的产量。化肥自应用于农业生产以来，对农作物产量的提高起到巨大的推动作用，其中，氮肥的作用最为显著(林忠成等,2010)。尽管氮肥作用显著,随之而来也带来了一系列问题,如氮肥利用率降低、持续增产效果不明显,以及由于过量施氮造成环境污染等(李有兵等,2015)。长期秸秆还田并配施适量的氮肥,是培肥地力、提高产量的有效措施之一。高金虎等(2011)认为,玉米生育前期由于秸秆腐熟过程中耗氮量比较大,秸秆还田配施氮肥可解决秸秆与作物的争氮现象。汪军(2010)指出,秸秆还田条件下合理配施氮肥能够明显改善土壤养分状况,但氮肥用量不宜过高。陆强等(2014)认为,秸秆还田配施有机肥料与单施化肥相比,能为作物生育中后期提供更良好的氮素营养条件,有利于作物增产和氮肥利用率的提高。同延安等(2007)认为,作物氮素转移量与施氮量多少和土壤肥力的关系密切。

以上研究结果表明,秸秆还田配施氮肥措施可改善作物生长的农田生态环境,在一定程度上增加了作物产量,提高了土壤养分的供应潜力。然而,在实际生产过程中,秸秆还田的培肥效果还因不同区域土壤质地类型、肥料种类、耕作措施和当地气候等因素的不同而存在差异(高丽秀等,2015)。目前研究较多关注于同等施氮水平下秸秆还田的培肥增产效应,秸秆还田条件下耦合不同施氮水平对土壤水肥状况和作物产量方面的研究尚鲜见报道且不够深入。因此,本研究针对宁夏中部干旱区土壤贫瘠、自然降水与作物需水期严重错位等问题,通过补灌和秸秆还田条件下配施不同用量氮肥,研究其对土壤水分、养分和玉米产量的影响,以期为推动宁夏扬黄灌区秸秆还田和土壤培肥提供理论依据。

第一节　试验设计与田间管理

一、试验区概况

试验点概况与第二章第一节相同（略)。试验于 2016 年 4 月至 2018 年 10 月在宁夏同心县王团镇旱作节水高效农业科技园区进行。试验地 2016—2018 年月降水量及月平均气温情况见图 4-1。2016 年降水总量为 212.7 mm,其中玉米生育期（ 5—9 月）降水量为 161 mm,占全年的 75.7%,有效降水量为 97.5 mm。2017 年降水总量为 286.1mm,其中玉米生育期(4—9 月)降水量为 231.4 mm，占全年的 80.9%，有效降水量为 167.5 mm。2018 年降水总量为 302.2 mm，其中玉米生育期（4—9 月）降水量为 274.4 mm，占全年的 90.8%，其中有效降水为 224.5 mm。试验地土壤质地类型为砂壤土，0~40 cm 层土壤有机质含量为 8.2 g/kg，碱解氮 38.3 mg/kg，有效磷 16.1 mg/kg，速效钾 198.0 mg/kg，pH 8.4，属低等肥力。

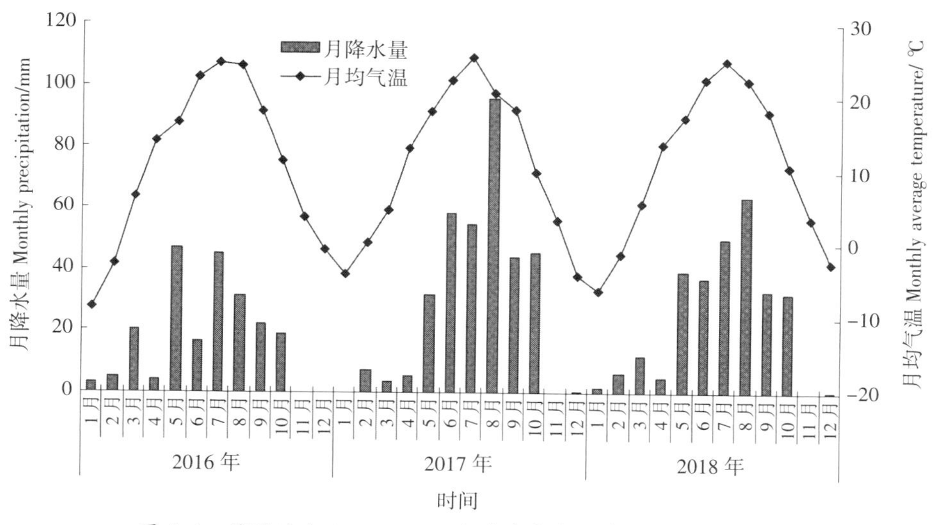

图 4-1　试验地点 2016—2018 年生育期内月降水量和平均温度

二、试验设计

试验 1：连续两年秸秆还田配施不同氮肥用量试验，于 2016 年 4 月至 2017 年 10 月在宁夏同心县王团镇旱作节水高效农业科技园区进行。2017 年在 2016 的试验研究结果基础上，优化试验方案。在玉米秸秆还田量 9 000 kg/hm² 条件下配施不同氮肥用量（0~450 kg/hm²），进一步研究玉米秸秆还田配施不同氮肥用量试验对土壤培肥效应。子试验（1）：采用单因素随机区组设计，设 4 种纯氮施用水平：N0（0 kg/hm²）、N1（150 kg/hm²）、N2（300 kg/hm²）、N3（450 kg/hm²），以秸秆还田不施氮肥处理（N0）为对照（CK），4 个处理，3 个重复，共12 个小区，小区面积为 7 m×7 m=49 m²。子试验（2）：采用单因素随机区组设计，设 4 种纯氮配施水平：SR+N0（0 kg/hm²）、SR+N1（150 kg/hm²）、SR+N2（300 kg/hm²）、SR+N3（450 kg/hm²），以秸秆不还田施氮量 333 kg/hm² 为对照

(CK)，其中 225 kg/hm² 为最佳施氮量，108 kg/hm² 为还田秸秆带入的氮素，5 个处理，3 次重复，15 个小区，小区面积为 7 m×7 m=49 m²。

试验 2：第三年秸秆还田配施不同氮肥用量试验，试验于 2017 年 10 月至 2018 年 10 月在宁夏同心县王团镇旱作节水高效农业科技园区进行。子试验(1)：采用单因素随机区组设计，在玉米秸秆还田量 9 000 kg/hm² 条件下，设 3 种纯氮施用水平：(1)施纯氮 150 kg/hm²(N1)；(2)施纯氮 300 kg/hm²(N2)；(3)施纯氮 450 kg/hm²(N3)，以秸秆还田不配施纯氮为对照(CK)，3 次重复，共 12 个小区。小区面积 15 m×4 m=60 m²。子试验(2)：在 2017 年玉米收获后，进行秸秆网袋埋入试验(与大田秸秆还田试验同一地块同时进行)，具体操作如下：(a)将 2017 年收获后的玉米秸秆裁成 3~5 cm 小段，根据大田试验氮肥用量进行折算后，按照 0 g 尿素/50 g 秸秆(CK)、1 g 尿素/50 g 秸秆(SR+N1)、2 g 尿素/50 g 秸秆(SR+N2)、3 g 尿素/50 g 秸秆(SR+N3)比例称取氮肥量。(b)将氮肥溶解于少量水中，按照氮肥用量，均匀的喷施在相应的秸秆上。分别放入尼龙网袋中，并进行编号。(c)将装好秸秆的尼龙网袋分别埋入 20 cm 深土层中。在玉米播后 20 d(苗期)、50 d(拔节)、80 d(大喇叭口)、110 d(抽雄)、140 d(灌浆)和 170 d(收获)分别进行采样测定秸秆腐解及养分释放相关指标。

试验 3：连续三年秸秆还田配施不同氮肥用量试验，于 2016 年 4 月至 2018 年 10 月在宁夏同心县王团镇旱作节水高效农业科技园区进行。采用单因素随机区组设计，在玉米秸秆还田量 9 000 kg/hm² 条件下，设 3 种尿素施用水平：(1)施尿素 150 kg/hm²(N1)；(2)施尿素 300 kg/hm²(N2)；(3)施尿素 450 kg/hm²(N3)，以秸秆还田不配施尿素为对照处理(CK)，4 个处理，3 次重复，共 12 个小区。小区面积为 15 m×4 m=60 m²。

三、田间管理

试验处理具体操作如下：在 2016 年秸秆还田配施氮肥试验玉米收获后，将玉米秸秆切碎成 3~5 cm 小段，撒在地表，与秸秆一起翻入土壤。各处理均按秸秆还田量 9 000 kg/hm² 进行翻压还田(翻压深度 20 cm)，同时在施氮肥处理中分别施入 4 种不同纯氮用量(尿素)。2017 年和 2018 年玉米收获后，将基肥磷酸二铵 150 kg/hm² 撒在地表，与秸秆一起翻入土壤。各处理均按秸秆还田量 9 000 kg/hm^2 进行人工翻压还田，同时在施氮处理中分别施入 4 种不同纯氮用量。

玉米供试品种为先玉 335，分别于 2016 年 5 月 8 日、2017 年 4 月 20 日和 2018 年 4 月 25 日播种，2016 年 9 月 30 日、2017 年 10 月 6 日和 2018 年 10 月 1 日收获。

试验期间利用自动降雨监测系统对降水量进行监测，玉米各生育期降水量、灌水量和追施氮量（纯氮）如表 4-1 所示，2016 年玉米生育期灌溉方式为畦灌，在各生育阶段每隔 20 d 以相应灌水量分 3 次灌入；2017 年和 2018 年灌溉方式为滴灌，在各生育阶段每隔 20 d 以相应灌水量分 3 次灌入；氮肥量（纯氮）分别在拔节期至吐丝期以水肥一体化进行施入。试验期间人工除草。

表 4-1 玉米不同生育阶段降水、灌水和追肥情况

生育时期		2016			2017			2018		
		灌水量/($m^3 \cdot hm^{-2}$)	降水量/mm	追氮量/($kg \cdot hm^{-2}$)	灌水量/($m^3 \cdot hm^{-2}$)	降水量/mm	追氮量/($kg \cdot hm^{-2}$)	灌水量/($m^3 \cdot hm^{-2}$)	降水量/mm	追氮量/($kg \cdot hm^{-2}$)
前期	播种	400	4.3	0	500	5.6	0	400	18.5	0
	苗期	400	46.8	0	500	31.8	0	400	35.6	0
	拔节	400	15.3	30	500	42.8	30	400	34.9	30
中期	小喇叭口	600	5.3	30	600	33.5	30	600	27.7	30
	大喇叭口	600	15.4	30	600	54.7	30	675	72.6	30
	抽雄	600	13.6	30	600	95.9	30	600	34.8	30
后期	吐丝	500	20.1	30	300	15.6	30	400	20.7	30
	灌浆	500	14.9	0	375	10.3	0	400	18.2	0
	乳熟	500	10.7	0	300	7.0	0	325	11.4	0
合计		4 500	146.4	150	4 275	297.2	150	4 200	274.4	150

第二节　连续两年秸秆还田配施氮肥用量对土壤碳氮含量及玉米生长的影响

作物秸秆是一种重要的可供开发利用的生物质资源，其综合利用对稳定农业生态平衡、促进农民增产增收、缓解能源与环境压力具有重要作用（王金武等，2017）。但大量作物秸秆被弃置或露天焚烧，不仅浪费资源，而且会造成一定的环境污染（甄丽莎等，2012）。随着机械化程度的提高，秸秆还田作为提高土壤肥力和改善农田生态环境的一项重要措施已得到广泛认可（张静等，2010）。秸秆的质量是影响秸秆还田后氮素矿化的重要因子，作物秸秆C/N 较高，还田后往往造成对土壤氮素的固持（李涛等，2016b），而秸秆还田配施一定量的氮肥常作为耕作管理的一种有效措施。秸秆还田基础上额外施用氮肥后土壤 C/N 降低，有利于促进微生物的增殖及分解更多的有机质，并且能够提高土壤微生物生物量碳氮和酶活性（李涛等，2016a），进而增加土壤有机质中碳的分解与释放及土壤氮素的矿化（孙媛等，2015）。而在农业生产中为追求作物高产，氮肥的施用量越来越大，不仅增加了生产成本还会造成土壤污染（李有兵等，2015）。因而如何将氮肥施用和秸秆还田措施有机结合，更好地培肥土壤，提高半旱区土地生产力，是目前旱地农业生产中值得研究的重要课题。

秸秆还田后能供给作物生长所需的养分，提高土壤养分的含量，同时有利于更新和增加土壤有机质（刘世平等，2006），同时粉碎秸秆连续还田后还能显著提高作物的籽粒产量，效果较秸秆覆盖还田措施显著（余坤等，2014）。然而，秸秆还田极易造成土壤碳氮比失调、秸秆分解与苗争氮的现象，对玉米生长和产量不利（顾炽明等，2013）。前人研究结果表明，秸秆还田下作物产量与施氮量呈二次抛物线关系，随施氮量的增加，作物产量逐渐增加，但超过一定施氮量时，产量反而下降（白伟等，2015；张鑫等，2014）。可见，秸秆还田与氮肥合理施用决定于有机肥施用和秸秆还田状况，以维持土壤-作物体系中氮素投入和输出平衡（巨晓棠和谷保静，2014）。秸秆还田配施氮肥还有助于提高氮素的利用效率（霍竹等，2005），然而在秸秆还田条件下合理配施氮肥时才能够提高土壤氮素供应能力(汪军等,2010)。秸秆还田后添加氮肥可促进秸秆降解,提高无机氮含量和土壤微生物生物量,以弥补秸秆降解过程中土壤微生物对氮素的固持,从而保证氮素的供给(Singh and Rengel,2007)。

目前,对于秸秆还田下施用氮肥对作物产量、土壤肥力和微生物等方面的研究已有许多报道(庞党伟等,2016;韩新忠等,2012),然而在不同土壤类型及气候条件下,秸秆还田补施氮肥调节碳氮比对土壤碳氮含量、作物生长和土壤微生物、酶活性的影响并不相同(李涛等,2016b;张雅洁等,2015),对宁夏扬黄灌区秸秆还田后土壤的培肥效应及玉米生长与土壤微生物、酶活性的响应特征研究较少。为此,针对宁夏扬黄灌区土壤瘠薄、肥力低下等问题,在玉米秸秆还田条件下设置了不同施氮水平,研究秸秆还田配施氮肥对土壤有机碳氮含量、微生物生物量碳氮含量和酶活性及玉米生长和产量的影响,旨在为该区推行秸秆还田技术的可行性、合理施氮量和培肥土壤环境提供科学依据。

一、测定指标及方法

(一)土壤有机碳和全氮含量

试验处理前(4 月底)、2016 年和 2017 年玉米收获期(10 月初),每个处理选取 3 点,每 20 cm 采一样,测定 0~40 cm 层平均土壤有机碳和全氮含量。其中,土壤有机碳含量采用重铬酸钾氧化法测定,全氮含量采用凯氏定氮法测定。

(二)土壤微生物生物量碳氮含量及酶活性

试验处理前、2016 年和 2017 年玉米收获期,测定 0~40 cm 层平均土壤微生物生物量碳氮含量和土壤酶活性。测定方法同第二章第一节(略)。

(三)玉米生长指标及产量

在玉米生育前期、中期和后期,测定植株株高、茎粗和地上部生物量。玉米收获期,每个处理进行玉米测产。测定方法同第二章第一节(略)。

(四)数据统计分析

数据统计方法同第二章第一节(略)。

二、土壤有机碳氮含量

秸秆还田增施氮肥可增加耕层土壤有机碳和全氮含量,与处理前相比,玉米收获期施氮各处理耕层土壤有机碳和全氮含量均显著增加，2016 年增幅为 7.2%~13.9%，2017 年增幅为 3.1%~16.7%(表 4-2)。2016 年 N2 处理 0~40 cm 层土壤有机碳含量较 N0(对照)显著增加 12.9%，而 N1、N3 处理与 N0 处理无显著差异；2017 年 N2 和 N3 处理耕层土壤有机碳含量分别较 N0 处理显著增加 13.7%和 15.0%，而 N1 与 N0 处理无显著差异。两年研究期间，秸秆还田下 0~40 cm 层土壤全氮含量均随施氮量增加而增加，以 N3 处理最高，N1、N2 和 N3 处理平均土壤全氮含量分别较 N0 处理显著提高 19.7%、31.3%和 36.0%，但 N2 与 N3 处理间差异不显著。

表 4-2　秸秆还田配施氮肥对耕层(0~40 cm)土壤碳氮比的影响

年份	处理	有机碳/($g \cdot kg^{-1}$)	全氮/($g \cdot kg^{-1}$)	碳氮比
2016 年	处理前	4.54±0.23c	0.403±0.02c	11.26±0.94a
	N0	4.58±0.16c	0.443±0.03c	10.34±0.58b
	N1	4.86±0.45b	0.526±0.06b	9.24±0.67c
	N2	5.17±0.28a	0.583±0.02a	8.86±0.42cd
	N3	4.92±0.42ab	0.595±0.10a	8.27±0.53d
2017 年	N0	4.61±0.20b	0.455±0.06c	10.12±0.35a
	N1	4.98±0.32ab	0.549±0.02b	9.07±0.84b
	N2	5.24±0.16a	0.596±0.12ab	8.79±0.77b
	N3	5.30±0.41a	0.626±0.05a	8.47±0.54b

注：不同小写字母表示处理间差异显著($P<0.05$)。

氮素的矿化和非移动性的转换大部分依赖于碳氮比，秸秆还田条件下配施氮肥可调节土壤碳氮比(C/N)。如表 4-2，与处理前相比，两年玉米收获期各处理耕层土壤碳氮比均显著降低，降幅为 8.1%~26.6%，各施氮处理的土壤碳氮比随施氮量的增加而降低，以 N3 处理最低。2016 年 N3 与 N2 处理差异不显著，N1 和 N2 处理差异不显著，N1、N2 和 N3 处理土壤碳氮比分别较 N0 处理显著降低 10.6%、14.3%和 20.0%；2017 年 N1、N2 和 N3 处理间无差异，均显著低于 N0 处理，降幅为 13.3%~16.5%。

三、土壤微生物生物量碳氮含量及酶活性

从表 4-3 可以看出，2016 年玉米收获期秸秆还田配施氮肥各处理与试验处理前相比，土壤微生物生物量碳氮含量均有不同程度提高，而秸秆还田不施氮肥处理（CK）显著降低。不同氮肥施用量各处理土壤微生物生物量碳氮含量均显著高于 CK，且由大到小表现为 N3、N2、N1、N0（CK）。与 N0 处理相比，N2 处理对微生物生物量碳含量、N3 处理对微生物生物量氮含量的提高作用最佳，分别显著提高 28.6%和 34.2%；N1 和 N3 处理土壤微生物生物量碳含量分别较 N0 处理显著提高 13.0%、19.7%，N1 和 N2 处理土壤微生物生物量氮含量分别显著提高 12.8%、28.5%。经过两季秸秆还田后，2017 年各处理土壤微生物生物量碳氮含量均较 2016 年明显提高，其由大到小次序均表现为 N3、N2、N1、N0。N2 和 N3 处理土壤微生物生物量碳含量分别较 N0 处理显著提高 15.6%和 12.2%，N1 与 N0 处理无显著差异；N1、N2 和 N3 处理土壤微生物生物量氮含量分别较 N0 处理显著提高 13.7%、27.3%和 30.4%。两年研究期间，各处理微生物生物量碳氮比在 7.32~9.05 之间，且不同年份各施氮处理土壤微生物生物量碳氮比均随施氮量和还田年限的增加而降低。秸秆还田配施氮肥各处理的微生物生物量碳氮比无差异，均高于试验处理前，低于 CK。

如表 4-3 所示，经过第 1 年和第 2 年秸秆还田后，两年玉米收获期秸秆还田配施氮肥各处理土壤酶活性均高于 2016 年试验处理前。N2 和 N3 处理土壤酶活性较 N0 处理显著提高，而 N0 处理与试验处理前相比，提高过氧化氢酶活性，降低脲酶活性。N1、N2 和 N3 处理均较 N0 处理显著提高土壤脲酶活性，2016 年分别提高 33.3%、54.8%和 42.9%，2017 年分别提高 25.0%、38.3%和 30.0%；N2 和 N3 处理土壤过氧化氢酶活性 2016 年分别较 N0 处理显著提高 30.1%和 13.7%，2017 年分别较 N0 处理显著提高 27.2%和 13.4%，而 N1 和 N0 处理两年研究期间对土壤过氧化氢酶活性提高作用不显著；与 N0 处理相比，N1、N2 和 N3 处理土壤碱性磷酸酶活性 2016 年分别显著提高 44.2%、73.1%和 65.4%，2017 年分别显著提高 41.4%、62.1%和 51.7%；N1、N2 和 N3 处理土壤蔗糖酶活性 2016 年较 N0 处理分别显著提高 44.1%、67.8%和 54.5%，2017 年分别显著提高 33.6%、57.0%和 44.2%。由此可见，秸秆还田配施氮肥能提高土壤脲酶、过氧化氢酶、磷酸酶和蔗糖酶活性，秸秆还田配施

表 4-3　秸秆还田配施氮肥对耕层(0~40 cm)土壤微生物生物量碳氮及酶活性的影响

年份	处理	微生物生物量碳质量比/(mg·kg^{-1})	微生物生物量氮质量比/(mg·kg^{-1})	微生物生物量碳氮比	脲酶活性/(mg·g^{-1}·d^{-1})	过氧化氢酶活性/(mL·g^{-1}·20 min^{-1})	碱性磷酸酶活性/(mg·g^{-1}·d^{-1})	蔗糖酶活性/(mg·g^{-1}·d^{-1})
2016 年	处理前	148.36±8.75c	20.25±5.32b	7.32±0.86a	0.64±0.05cd	4.36±0.22d	0.63±0.05c	2.30±0.53b
	N0	142.18±12.49c	16.71±3.92c	9.05±0.89a	0.42±0.05d	4.45±0.48c	0.52±0.05c	2.11±0.52b
	N1	160.64±10.23b	18.85±5.45bc	8.52±0.68a	0.56±0.02bc	4.87±0.31bc	0.75±0.06b	3.04±0.38a
	N2	182.83±15.68a	21.47±4.45ab	8.19±1.34a	0.65±0.01a	5.79±0.63a	0.90±0.03a	3.54±0.65a
	N3	170.25±13.68ab	22.42±2.73a	7.59±0.81a	0.60±0.03ab	5.06±0.42b	0.86±0.01ab	3.26±0.49a
2017 年	N0	165.18±14.25b	19.06±3.54c	8.66±0.96a	0.60±0.10c	4.92±0.24c	0.58±0.03c	2.65±0.47b
	N1	175.64±12.57b	21.67±4.62bc	8.11±0.68a	0.75±0.04b	5.24±0.24bc	0.82±0.07b	3.54±0.68a
	N2	190.83±17.42a	24.26±3.78ab	7.87±1.26a	0.83±0.03a	6.26±0.56a	0.94±0.05a	4.16±0.56a
	N3	185.25±15.25ab	24.85±3.64a	7.45±1.11a	0.78±0.12ab	5.58±0.38b	0.88±0.02ab	3.82±0.49a

注:不同小写字母表示处理间差异显著(P<0.05)。

中氮肥处理的土壤酶活性明显高于低氮肥处理,但高氮肥处理的酶活性却低于中氮肥处理。

四、玉米生长

玉米生育期植株株高呈先增高后降低的变化趋势,在玉米生育中后期秸秆还田配施氮肥各处理下玉米株高均显著高于秸秆还田不施氮肥(图 4-2a、d)。玉米生育前期,两年研究期间秸秆还田配施不同氮肥用量各处理间差异不显著,而到玉米生育中后期,秸秆还田配施氮肥各处理间差异显著,N1、N2 和 N3 处理两年平均株高分别较 N0(CK)显著增加 11.1%、13.5%和 10.1%。如

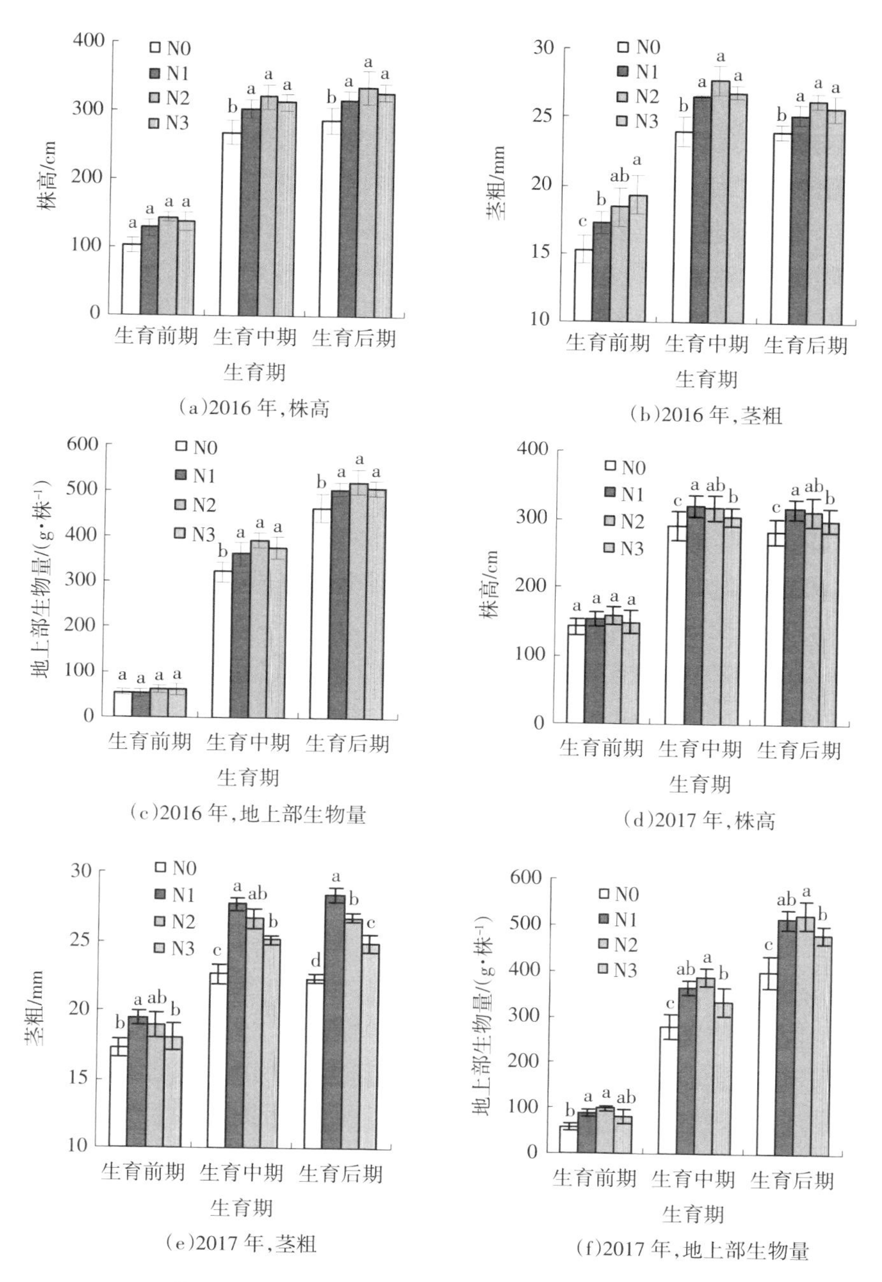

图4-2　秸秆还田配施氮肥对玉米生长指标的影响

注：同一生育期不同小写字母表示处理间差异达显著水平(P<0.05)。

图 4-2b、1e 所示，在玉米生育前期秸秆还田条件下，2016 年植株茎粗随施氮量的增加而增加，2017 年植株茎粗随施氮量的增加而降低。N1、N2 和 N3 处理与 N0 处理差异显著。生育中后期，由于降水较多，秸秆还田配施氮肥处理能保蓄较多的土壤水分，使两年研究期间施氮各处理间玉米茎粗显著高于不施氮处理。N1、N2 和 N3 处理玉米整个生育期平均茎粗分别较 N0 处理显著增加 15.1%、15.4%和 11.5%。

在玉米主要生育时期各处理地上部生物量呈逐渐上升的趋势（图 4-2c、f）。在玉米生育中后期，秸秆还田配施氮肥各处理地上部生物量均高于 CK，尤其以 N2 处理表现最为显著。玉米生育前期，2016 年植株地上部生物量各处理间差异均不显著，2017 年植株地上部生物量 N1 和 N2 显著高于 N0（CK）处理。生育中后期，2016 年各处理地上部生物量由大到小为 N2、N3、N1、N0，N1、N2 和 N3 处理与 N0 处理差异显著，而 N1、N2 和 N3 处理间差异均不显著；2017 年各处理地上部生物量由大到小为 N2、N1、N3、N0，N1、N2 和 N3 处理与 N0 处理差异显著，而 N1 和 N2、N1 和 N3 处理差异不显著。N1、N2 和 N3 处理两年平均植株地上部生物量分别较 N0 处理显著增加 19.3%、24.7%和 16.0%，分析其原因主要是玉米生育前期还田处理秸秆腐解与作物争夺土壤中的氮素，且气候较为干旱，扰动土壤不利于保水所致，中后期生长受秸秆还田、土壤水分和氮肥共同作用，处理间差异显著。施中量氮比施高量氮略大，这主要由于在较干旱条件下，高施氮肥对玉米茎粗的生长起负面影响。

五、玉米产量

秸秆还田配施不同氮肥用量对作物产量的影响不同。由图 4-3 可知，秸秆还田配施氮肥能改善土壤肥力状况，从而提高玉米的籽粒产量。两年各处理玉米产量年际间表现为 2016 年大于 2017 年，这可能与玉米各生育时期降雨分布有关，同时还与当年的灌水方式有关。不同年份各处理玉米籽粒产量存在显著差异，N2 处理两年玉米产量均显著高于 N0 处理。2016 年各处理玉米产量由大到小为 N2、N3、N1、N0，增产效果以 N2 处理最为显著，N3 处理次之，分别较 N0 处理增加 32.1%、23.7%，而 N1 处理玉米籽粒产量与 N0 处理差异不显著；2017 年各处理玉米产量由大到小表现为 N2、N1、N3、N0，增产效

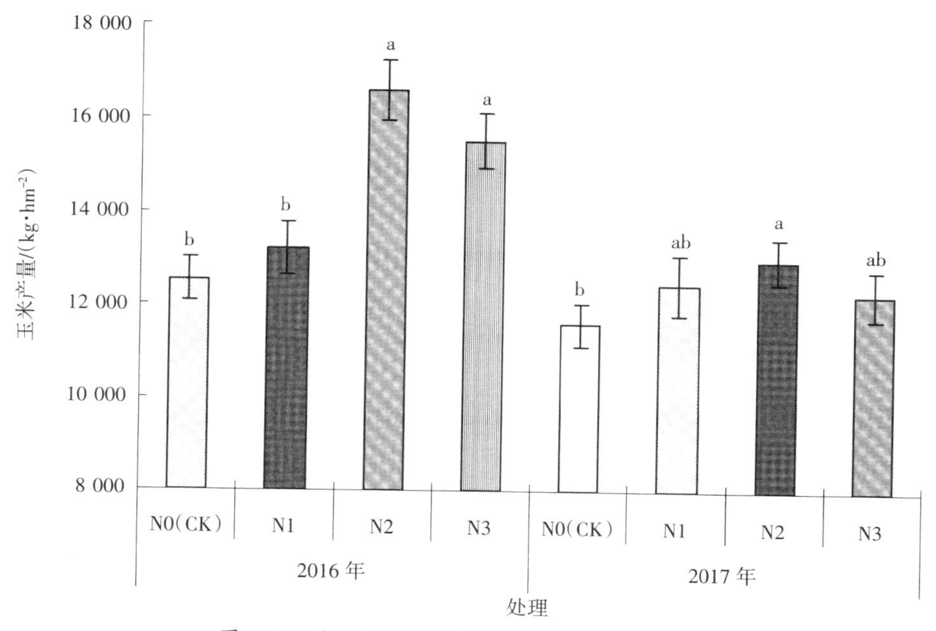

图 4-3　秸秆还田配施氮肥措施下玉米籽粒产量

注:同年不同小写字母表示处理间差异达显著水平($P<0.05$)。

果以 N2 处理最佳,较 N0 处理显著增产 11.8%,而 N1 和 N3 处理玉米籽粒产量与 N0 处理差异不显著。综合两年试验研究结果表明,N2 处理玉米增产效果最高,玉米平均籽粒产量较 N0 处理提高 22.0%。

六、讨论与结论

(一)讨论

1. 土壤有机碳氮含量

秸秆还田配施化肥既有利于土壤有机碳的积累(赵士诚等,2017;路怡青等,2013),还可提高土壤氮素的供应能力(霍竹等,2005)。适宜的秸秆与氮肥配施对土壤碳氮的固持和供给效果较好,有利于增强土壤微生物固定碳氮的能力(张静,2009)。有研究认为,稻麦轮作区秸秆还田能够显著提高土壤有机碳含量(房焕等,2018)。秸秆还田条件下土壤有机质含量随施氮量增加而增加(Singh and Rengel,2007)。秸秆还田配施无机氮调节碳氮比(C/N),C/N 越低土壤无机氮含量越高(李涛等,2016b)。本研究结果表明,秸秆还田配施氮肥能有效提高土壤有机碳、全氮含量，其中以秸秆还田配施 300 kg/hm^2 氮肥处理表现最佳。分析其原因是秸秆还田配施氮肥后可使土壤 C/N 降低，更有利于促进微生物的增殖及分解更多的有机质，进而增加土壤中碳的分解与释放及土壤氮素的供给（李涛等，2016b；孙媛等，2015）。

2. 土壤微生物生物量碳氮含量和酶活性

土壤微生物生物量碳氮能反映土壤有效养分状况和生物活性，在很大程度上反映土壤微生物数量，常受施肥、耕作等技术措施的影响（庞党伟等，2016）。氮肥管理可增加秸秆还田前期无机氮固持，而后期秸秆和微生物氮的矿化可增加无机氮供应（赵士诚等，2017），但秸秆还田补施氮肥虽能增加土壤无机氮含量，但并未导致微生物生物量氮的提高（李涛等，2016b）。本研究结果表明，与不施氮肥处理相比，中量氮肥处理对微生物量碳、高量氮肥处理对微生物量氮的提高作用最明显，这是由于土壤微生物生物量碳氮含量与加入土壤的有机碳源的种类和数量有关，秸秆还田为土壤补充有机质，提高了土壤 C/N，进而增强对氮的固持能力；秸秆还田配施氮肥具有很强的持水能力，可防止土壤氮素的挥发，土壤微生物生物量氮含量进而随之增加（路怡青等，2013）。土壤微生物生物量碳氮比可反映微生物群落结构信息，其显著的变化表明微生物群落结构变化，直接影响微生物生物量的高低（房焕等，2018）。本研究表明，秸秆还田配施氮肥各处理土壤微生物生物量碳氮比无差异，且显著高于处理前和秸秆还田不施氮肥处理。这是由于秸秆还田为微生物提供了充足的碳源，配施中量氮肥调整了微生物生物量碳氮比，且具有较高有效利用性，促进微生物繁殖，从而增加土壤微生物生物量（刘骁蒨等，2013）。

秸秆还田能激发土壤微生物活性，有利于土壤微生物的繁殖，可提高耕层土壤酶活性（韩新忠等，2012；路怡青等，2014）。秸秆还田施用无机氮肥，相比于秸秆还田不施氮肥，玉米收获期显著提高土壤脲酶活性（李涛等，2016b）。本研究结果表明，秸秆还田配施氮肥能提高土壤脲酶、过氧化氢酶、磷酸酶和蔗糖酶活性，秸秆还田配施中量氮肥土壤酶活性更高，但低氮肥和高氮肥处理的土壤酶活性低于中氮肥处理。这是由于在秸秆还田量条件下，碳氮比调控在适宜的范围有利于提高土壤微生物生物量和微生物活性，而土壤微生物生物量的增加又会进一步提高包括土壤酶在内的分泌物数量（路怡青等，2013），从而提高土壤酶活性（李涛等，2016b）。

3. 玉米生长指标及产量

秸秆还田下增施一定量的氮肥对土壤的肥力效应和对作物生长发育的促进效应大于单独秸秆还田措施(赵亚丽等,2014b)。有研究报道,秸秆还田配施氮肥对玉米生育前期和中后期的生长影响差别较大,而对玉米早期生长有一定的负面作用,中后期秸秆还田配施氮肥呈现正效应(高金虎等,2011)。本研究也表明,秸秆还田配施氮肥不同用量对玉米生育中后期的生长促进效果显著,施中量氮肥优于施高量氮肥,这是由于在秸秆还田后,低氮肥施用量时,由于秸秆腐解过程中微生物会和作物发生竞争氮素,而当施氮量达到一定水平时这种争氮现象会减弱,当秸秆腐解后,产生的有机物质使土壤肥力状况得到改善,从而促进作物的生长(顾炽明等,2013)。

秸秆还田配施氮肥可培肥土壤环境,实现作物增产,但配施氮肥用量与研究的区域特征(气候、土壤类型等)、秸秆还田量等有关。高金虎等(2011)研究报道,在辽西风沙半干旱区农业生产中,建议秸秆还田量 6 000~9 000 kg/hm² 配施纯氮 420 kg/hm²,可达到较好效果。张亮(2012)研究认为,在玉米秸秆全量还田(4 500 kg/hm²)条件下,关中平原冬小麦氮肥用量应控制在 175~262.5 kg/hm²。而吕艳杰等(2016)在高纬度黑土区提出,秸秆还田(6 000 kg/hm²)后配合中等用量氮处理(240 kg/hm²)玉米产量最高。本研究结果表明,在宁夏扬黄灌区进行秸秆还田(9 000 kg/hm²)配施中量氮 300 kg/hm² 时能显著提高玉米产量,而配施中量氮(300 kg/hm²)处理增产效果高于配施高量氮(450 kg/hm²)和低量氮处理(150 kg/hm²),这是由于秸秆还田配施一定量氮肥后,可显著增加土壤碳氮含量,从而使土壤酶活性提高,加速土壤矿质养分和有机质养分的分解利用,为玉米生长提供了充足的养分供应,最终使玉米产量增加(张雅洁等,2015),同时中量氮肥能够更好地调节土壤中的碳氮比,使作物充分利用土壤氮素(高飞等,2016)。

(二)结论

(1)秸秆还田配施氮肥能有效提高土壤有机碳、全氮含量,调节土壤碳氮比,随施氮量的增加,土壤碳氮比降低,其中以秸秆还田配施纯氮 300 kg/hm²、450 kg/hm² 处理表现较佳。

(2)秸秆还田配施氮肥能显著提高土壤微生物生物量碳氮含量和酶活性,其中秸秆还田配施纯氮 300 kg/hm² 处理对土壤微生物生物量碳含量、秸秆还田配施纯氮 450 kg/hm² 处理土壤微生物生物量氮含量的提高作用最为显著，秸秆还田配施纯氮 300 kg/hm² 处理的土壤酶活性最高。

(3)秸秆还田配施氮肥不同用量可提高玉米植株株高、茎粗和地上部生物量，尤其秸秆还田配施纯氮 300 kg/hm² 处理对玉米生育中后期的生长促进效果显著。与秸秆还田不施氮肥处理相比，秸秆还田配施纯氮 300 kg/hm² 处理增产效果最佳。

第三节 连续两年秸秆还田配施氮肥用量对土壤性状与水分利用效率的影响

我国秸秆资源丰富，年产量约 8 亿 t，约占世界的 39.5%，但除部分用作燃料、造纸、饲料外，大部分被焚烧(Wei，et al.，2015；Zhang，et al.，2016)。随着化肥用量增长，厩肥、绿肥量大幅降低，秸秆已成为重要的有机肥源之一(Bakht，et al.，2009)，秸秆还田作为农业生产中重要的培肥措施，不仅可杜绝秸秆焚烧，减少环境污染，还可改善土壤孔隙结构和理化性质，达到提高土壤保水保肥性能、增加作物产量的目的(Bhattacharyya，et al.，2009)，其综合利用对稳定农业生态平衡、促进农民增产增收、缓解能源与环境压力具有重要作用(王金武等，2017)。因而，如何利用现有秸秆资源是当前亟待解决的重要问题。

近年来，围绕秸秆还田对农田土壤理化特性及作物响应机理相关研究已成为国内外学者普遍关注的热点问题(刘艳慧等，2016；Wang，et al.，2015；李录久等，2016b；Blanco-canqui and Lal，2007；李涛等，2016a)。秸秆与化肥配施具有培肥改土作用，可改善土壤物理结构，增强土壤蓄水保墒的能力，减少水分蒸发，提高作物的水分利用效率(Wang，et al.，2018；王淑兰等，2016；韩瑞芸等，2016；程东娟等，2018)。白伟等(2017a)研究报道，秸秆还田配施氮肥可显著提高土壤含水率，降低土壤容重，调节土壤三相比。张亮(2012)研究也表明，秸秆还田配施氮肥的作物水分利用效率明显高于不施氮肥处理，秸秆还田配施氮肥量(纯 N)225 kg/hm² 的水分利用效率最高。秸秆还田配施一定量的氮肥常作为耕作管理的一种有效措施，而在现阶段农业生产中为追求作物高产，氮肥的施用量越来越大，这不仅会增加生产成本还会造成土壤污染

（李有兵等，2015）。因而如何将氮肥用量和秸秆还田措施有机结合，更好地促进农业生产的发展，是目前值得研究的重要课题。

在不同土壤类型及气候条件下，不同秸秆还田方式结合施肥措施对土壤物理性质变化及作物产量和水分利用效率的影响并不相同（杨治平等，2001）。宁夏扬黄灌区是宁夏重要的玉米产区，地处中温带干旱区，降水较少，土壤质地黏重、有机质含量偏低、养分匮乏，严重制约了作物的生长，从而导致该地区水分利用效率低下（刘学军等，2018）。该区长期以来一直依赖于化学肥料的使用，盲目施肥导致肥料的大量浪费和土壤质量下降（侯贤清等，2018b）。秸秆还田配施氮肥作为一种有效的土壤快速培肥方式已在该区开始应用（侯贤清等，2018a），然而由于秸秆还田后的氮肥用量及还田周期的不同，其对秸秆还田后土壤物理性质、玉米产量及水分利用效率的影响效果亦不同（李录久等，2016b；程东娟等，2018；白伟等，2017a；杨治平等，2001）。目前，对于秸秆还田配施氮肥对作物产量和土壤肥力等方面的研究已有诸多报道，然而秸秆还田配施氮肥不同用量对宁夏扬黄灌区土壤物理性质、玉米产量及水分利用效率的研究却鲜见报道。为此，本研究针对宁夏扬黄灌区干旱少雨、土壤结构差、水分利用效率低等问题，通过补灌和秸秆还田配施氮肥不同用量，研究其对土壤容重、水分及春玉米产量和水分利用效率的影响，以期为该区筛选出秸秆还田配施氮量适宜用量和玉米高产及水分高效利用提供理论依据。

一、测定指标及方法

（一）基本指标的测定

1. 土壤容重

2016 年 4 月中旬试验处理前及 2017 年 10 月玉米收获后，测定 0~20 cm 和 20~40 cm 各土层土壤容重，并计算土壤总孔隙度。测定及计算方法同第二章第一节（略）。

2. 土壤含水率

在玉米播种期、苗期、拔节期、小喇叭口期、大喇叭口期、抽雄期、灌浆期、成熟期及收获期测定 0~100 cm 层土壤质量含水率。测定及计算方法同第二章第一节（略）。土壤蓄水量、作物耗水量及作物水分利用效率的计算方法同第二章第一节(略)。

3. 土壤养分含量

2016 年 4 月中旬试验处理前及 2016 年和 2017 年玉米收获期后，每个处理选取 3 点，每 20 cm 采 1 个样，测定 0~40 cm 土层平均土壤有机碳、全氮、碱解氮、有效磷和速效钾含量。测定方法同第二章第一节(略)。

4. 玉米产量

玉米收获期进行测产。测定方法同第二章第一节(略)。

(二)数据统计分析

采用 Excel 2003 制图,SAS 8.0 进行方差分析,并用 LSD 法进行多重比较。

二、耕层土壤容重与孔隙性状

土壤容重是反映土壤紧实程度的重要指标之一，秸秆还田配施氮肥对玉米收获期土壤容重有显著影响(图 4-4a)。试验处理前,土壤质地比较黏重(0~40 cm 土层平均土壤容重为 1.56 g/cm^3),经过两年玉米秸秆还田后,各处理耕层(0~40 cm)土壤容重随土壤深度增加而增加,各处理 0~20 cm 和 20~40 cm 土层土壤容重均由大到小依次为 CK、SR+N0、SR+N1、SR+N2、SR+N3。与试验处理前相比,不同氮肥用量均降低了耕层土壤容重,降幅达 1.0%~8.4%,而 CK 略有增加。0~20 cm 土层,SR+N2 和 SR+N3 处理的土壤容重较 CK 分别显著降低 9.8%和 10.4%;20~40 cm 土层,分别显著降低 6.1%和 7.1%。而 SR+N1、SR+N0 处理耕层土壤容重与 CK 无显著差异。这表明,秸秆还田配施氮肥后土壤容重较不施氮肥处理均降低,其中中量和高量氮肥处理降幅最为显著。

秸秆还田可降低土壤容重,增加土壤总孔隙度,各处理耕层土壤总孔隙度与土壤容重变化趋势相反,秸秆还田配施中量与高量氮肥处理显著高于秸秆还田不施氮肥和秸秆不还田处理(图 4-4b)。各处理耕层土壤总孔隙度在 40.1%~48.0%，秸秆还田配施氮肥各处理较试验处理前提高 6.8%~12.0%。SR+N2 和 SR+N3 处理均显著高于 CK，而 SR+N1、SR+N0 处理与 CK 相比差异不显著。随施氮量的增加,不同氮肥用量各处理土壤总孔隙度逐渐增加,其中中量氮肥和高量氮肥处理最为显著,SR+N2 和 SR+N3 处理耕层平均土壤总孔隙度分别较 CK 显著提高 11.4%和 12.5%。可见,秸秆还田配施氮肥能有效改善土壤通气能力,使土壤孔隙状况得到显著改善。

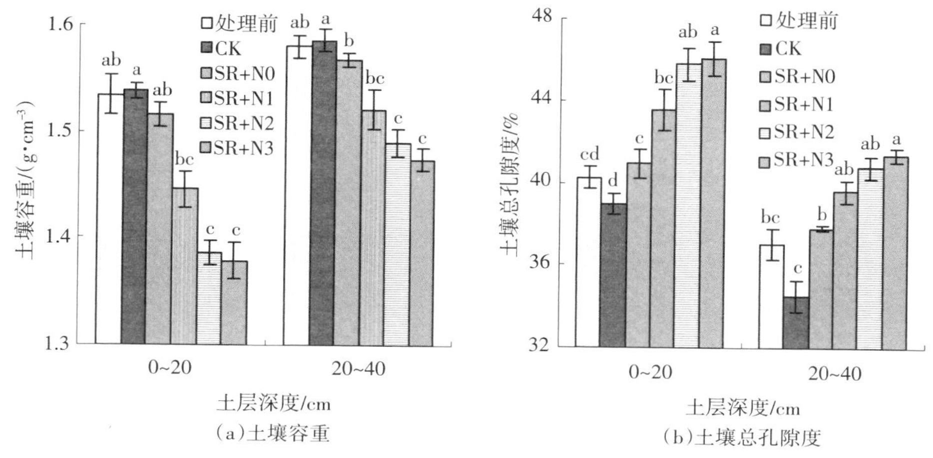

(a)土壤容重　　(b)土壤总孔隙度

图 4-4　秸秆还田配施氮肥下 0~40 cm 土层土壤容重和孔隙度

注:同一土层不同小写字母表示处理间差异达显著水平(P<0.05)。

三、玉米生育期 0~100 cm 层土壤水分

土壤含水率的变化是评价不同处理对土壤物理环境影响的重要指标。玉米主要生育阶段各处理 0~100 cm 层土壤含水率如图 4-5 所示。玉米生育前期(苗期—拔节期),2016 年各处理土壤含水率随土层的加深呈增加趋势,但处理间差异不显著(图 4-5a),而 2017 年各处理土壤含水率随土层的加深有所下降,SR+N1、SR+N2、SR+N3 处理 0~100 cm 层平均土壤含水率高于 CK 6.9%~10.7%(图 4-5d)。生育中期(小喇叭口期—吐丝期),由于玉米生长对土壤水分消耗较大,且该阶段降水量较少,两年研究期间各处理土壤含水率均明显降低(图 4-5b、e)。在 0~100 cm 土层,SR+N2 和 SR+N3 处理平均土壤含水率显著高于 SR+N0、SR+N1 和 CK,其中较 CK 分别提高 25.6%和 20.9%。SR+N1 处理 0~100 cm 土层平均土壤含水率在 2016 年与 CK 无差异,而 2017 年显著高出 CK 25.3%。

玉米生育后期(灌浆期—成熟期),随着作物耗水量的减少,降水量增多,0~100 cm 层土壤含水率得到恢复(图 4-5c、f)。2016 年各处理 0~60 cm 层土壤含水率无明显变化,60~100 cm 层土壤含水率有所回升(图 4-5c)。2017 年各处理 0~40 cm 层土壤含水率无明显变化,40~100 cm 层土壤含水率逐渐下

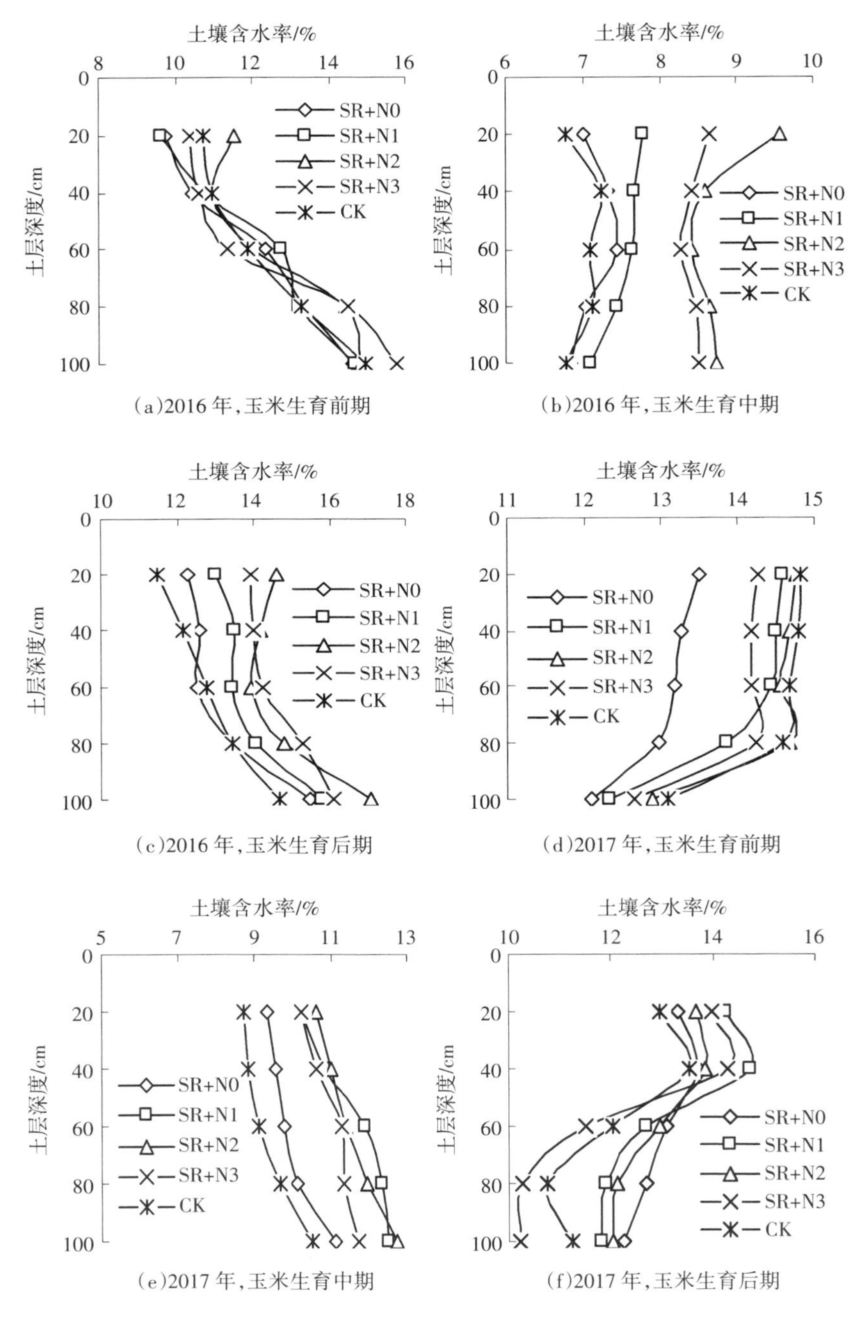

图 4-5　秸秆还田配施氮肥下 0~100 cm 土层剖面土壤含水率变化曲线

降（图 4–5f）。两年秸秆还田配施氮肥处理 0~100 cm 层土壤含水率均高于CK,但处理间无显著差异。可见,在玉米生育前期,秸秆还田配施氮肥处理与CK 相比无显著差异，而在中后期 SR+N2 处理保蓄 0~100 cm 层土壤水分效果最佳,SR+N1 和 SR+N3 处理次之。

四、耕层土壤肥力

秸秆还田增施氮肥可增加耕层(0~40 cm)有机碳和全氮含量,与试验处理前相比,两年玉米收获期各处理土壤有机碳和全氮含量均明显增加,增幅为 3.1%~16.7%(表 4–4)。2016 年 SR+N1、SR+N2 和 SR+N3 处理土壤有机碳含量分别较 CK 显著增加 10.7%、17.8%和 12.1%，而施氮处理间,SR+N0 与CK 无显著差异。2017 年土壤有机碳含量随施氮量的增加而增加,SR+N1、SR+N2 和 SR+N3 处理土壤有机碳含量分别较 CK 显著增加 11.7%、17.5%和18.8%,而 SR+N2 与 SR+N3、SR+N0 与 CK 均无显著差异。两年研究期间,秸秆还田条件下耕层土壤全氮含量均随施氮量的增加而增加，以 SR+N3 处理

表 4–4　秸秆还田配施氮肥对0~40 cm 耕层土壤肥力的影响

年份	处理	有机碳/($g \cdot kg^{-1}$)	全氮/($g \cdot kg^{-1}$)	碳氮比	碱解氮/($mg \cdot kg^{-1}$)	有效磷/($mg \cdot kg^{-1}$)	速效钾/($mg \cdot kg^{-1}$)
2016	处理前	4.54±0.23c	0.403±0.02c	11.26±0.94a	27.13±2.13c	11.45±0.21b	116.67±4.62c
	SR+N0	4.58±0.16c	0.443±0.03c	10.34±0.58b	34.13±1.02bc	12.68±0.30b	138.75±3.88b
	SR+N1	4.86±0.45b	0.526±0.06b	9.24±0.67c	37.63±1.64ab	15.83±0.42a	162.50±5.92a
	SR+N2	5.17±0.28a	0.583±0.02a	8.86±0.42cd	39.20±0.96a	15.29±0.35a	175.12±3.45a
	SR+N3	4.92±0.42ab	0.595±0.10a	8.27±0.53d	37.36±1.35ab	14.21±0.28a	162.50±4.26a
	CK	4.39±0.37c	0.415±0.08c	10.58±0.53ab	30.72±2.71c	10.42±0.29b	100.05±3.74d
2017	SR+N0	4.61±0.20bc	0.455±0.06c	10.12±0.35a	13.83±1.43b	12.97±1.45bc	128.38±3.46b
	SR+N1	4.98±0.32ab	0.549±0.02b	9.07±0.84b	17.50±1.93b	13.59±1.06b	149.45±3.85a
	SR+N2	5.24±0.16a	0.596±0.12ab	8.79±0.77b	21.02±2.47a	15.84±1.31a	127.33±4.03b
	SR+N3	5.30±0.41a	0.626±0.05a	8.47±0.54b	23.98±2.03a	16.71±0.59a	100.99±0.85c
	CK	4.46±0.38c	0.439±0.09c	10.16±0.46a	14.35±1.44b	10.76±1.14c	97.33±5.51c

注:同列不同小写字母表示不同处理下差异达显著水平(P<0.05)。

最高，施氮各处理均显著高于 CK，但 SR+N2 与 SR+N3、SR+N0 与 CK 间差异均不显著。SR+N1、SR+N2 和 SR+N3 处理平均土壤全氮含量分别较 CK 显著提高 25.9%、38.1%和 43.0%。秸秆还田配施氮肥可调节土壤碳氮比（表 4-3）。与处理前相比，两年玉米收获期各处理耕层土壤碳氮比均显著降低，降幅为 8.1%~26.6%。两年玉米收获期土壤碳氮比随施氮量的增加而降低，不同施氮量处理间，SR+N0 与 CK 间差异均不显著，但均显著低于 CK。SR+N1、SR+N2 和 SR+N3 处理 2016 年较 CK 分别显著降低 12.7%、16.3%和 21.8%，2017 年分别显著降低 10.7%、13.5%和 16.6%。

秸秆还田配施氮肥可有效增加 0~40 cm 层土壤碱解氮、有效磷和速效钾含量。两年玉米收获后，秸秆还田配施不同氮肥用量各处理土壤速效养分含量均高于处理前（表 4-3）。玉米收获期土壤碱解氮含量 2016 年以 SR+N2 处理最高，2017 年以 SR+N3 处理最高，SR+N1、SR+N2 和 SR+N3 处理两年平均分别较 CK 显著增加 22.3%、33.6 和 36.1%，而 SR+N0 处理与 CK 差异不显著。2016 年各处理土壤有效磷含量均显著高于 CK，以 SR+N1 处理增幅最大，其次为 SR+N2 和 SR+N3 处理，而 2017 年各处理土壤有效磷含量随施氮量的增加而增加，以 SR+N3 处理增幅最大。SR+N1、SR+N2 和 SR+N3 处理两年平均分别较 CK 显著提高 38.9%、47.0%和 46.0%，但 SR+N0 处理与 CK 差异不显著。2016 年各处理对土壤速效钾含量提升效果显著，SR+N0、SR+N1、SR+N2 和 SR+N3 处理分别较 CK 显著提高 38.7%、62.4%、75.0%和 62.4%。2017 年 SR+N0、SR+N1、SR+N2 处理分别较 CK 显著提高 31.9%、53.5%和 30.8%，而 SR+N3 处理与 CK 差异不显著。由此可见，秸秆还田配施氮肥可显著增加土壤 0~40 cm 耕层土壤养分，从而改善土壤的肥力。

五、玉米籽粒产量和水分利用效率

秸秆还田配施不同氮肥用量对作物产量、耗水量和水分利用效率的影响不同。由表 4-5 可知，秸秆还田配施氮肥能显著提高玉米的籽粒产量。2016 年各处理玉米籽粒产量由高到低依次为 SR+N2、SR+N3、SR+N1、SR+N0、CK，增产效果以 SR+N2 处理最为显著，其次为 SR+N3 处理，分别较 CK（秸秆不还田处理）增加 36.6%、21.8%；2017 年各处理玉米籽粒产量由高到低依次为 SR+N2、SR+N1、SR+N3、SR+N0、CK，增产效果以 SR+N2 处理最为显著，其次为 SR+N1 处理，分别较 CK 显著增加 31.1%、26.8%。研究期间，SR+N2 处理两年平均玉米籽粒产量较 CK 显著增加 33.9%。

表 4-5　秸秆还田配施氮肥措施下玉米籽粒产量和水分利用效率

年份	处理	籽粒产量/（$kg·hm^{-2}$）	耗水量/mm	水分利用效率/（$kg·hm^{-2}·mm^{-1}$）
2016	SR+N0	12546.0±458.6bc	564.7±16.4b	22.2±1.6b
	SR+N1	13230.0±570.2b	567.9±14.8b	23.3±2.2b
	SR+N2	16578.0±642.1a	586.7±18.2a	28.3±3.7a
	SR+N3	15525.0±586.9a	583.9±10.6a	26.6±2.5a
	CK	12136.5±458.6c	530.8±15.2c	22.9±3.0b
2017	SR+N0	11906.3±476.9bc	729.0±26.5a	16.3±3.4bc
	SR+N1	13993.3±418.9ab	723.1±36.1a	19.4±2.0ab
	SR+N2	14461.7±440.5a	727.3±24.8a	19.9±1.5a
	SR+N3	13123.3±525.4ab	721.4±33.6a	18.2±2.2ab
	CK	11031.7±507.9c	719.2±30.9a	15.3±2.8c

注：同列不同小写字母表示不同处理下差异达显著水平（$P<0.05$）。

2016 年灌水量（畦灌方式，4 500 m³/hm²）略高于 2017 年（滴灌方式，4 275 m³/hm²），然而 2017 年玉米生育期降水量（297.2 mm）是 2016 年（146.4 mm）两倍多，2017 年作物耗水量明显高于 2016 年，而两年玉米籽粒产量各处理年际间差异不明显，因而 2016 年玉米水分利用效率明显高于 2017 年（表 4-5）。2016 年秸秆还田配施氮肥各处理下作物耗水量较 CK 显著增加，其中 SR+N1、SR+N2 和 SR+N3 处理作物耗水量分别较 CK 显著增加 7.0%、10.5% 和 10.0%；2017 年各处理间作物耗水量无显著差异。2016 年 SR+N2 处理玉米水分利用效率较 CK 显著提高 23.6%，SR+N3 处理较 CK 显著提高 16.2%，而 SR+N1、SR+N0 处理与 CK 差异不显著；2017 年 SR+N1、SR+N2 和 SR+N3 处理水分利用效率分别较 CK 显著提高 26.8%、30.1%和 19.0%，而 SR+N0 处理与 CK 无显著差异。可见，两年玉米水分利用效率均以 SR+N2 处理最高，平均较 CK 显著增加26.2%。

六、讨论与结论

(一)讨论

1. 土壤容重及孔隙度

众多研究结果表明，秸秆还田与施氮量对土壤容重和孔隙度有显著影响(余坤等,2015;Bai,et al.,2016)。在深翻秸秆还田的基础上,还田量为9 000 kg/hm^{2}和配施氮肥225 kg/hm^{2}可显著降低土壤容重，调节土壤三相比(白伟等,2017a)。稻麦轮作区实施全量秸秆还田配施氮磷钾肥能够降低土壤容重，增大土壤总孔隙度和大孔隙度，改善水稻土的物理结构（房焕等，2018)。本研究也表明,秸秆还田施用氮肥后土壤容重均较不施氮肥和秸秆不还田处理显著降低,改善了土壤总孔隙度,以中高量氮肥处理较秸秆不还田处理最为显著。其主要原因是秸秆深翻还田(深度为20 cm)能有效打破犁底层(Bai,et al.,2016),同时通过配施不同氮肥用量可影响秸秆腐解效果,在微生物和酶的共同作用下持续向土壤中提供大量有机物质,分解物与土壤颗粒结合形成稳定疏松的团粒结构,从而改善土壤的紧实程度,进而使耕层土壤容重降低,改善了土壤孔隙度的空间分布(庞党伟等,2016;张聪等,2018)。然而,中氮肥的基础上增加施氮量不利于土壤物理性质的改善,这是由于高氮肥投入导致土壤环境恶化(丁雪丽等,2008),致使土壤容重增加,孔隙度降低。本研究还发现,秸秆还田不施氮肥会增加土壤容重,分析其原因可能是作物秸秆腐熟过程需要消耗土壤中大量养分(王旭东等,2009),从而导致土壤质地黏重,土壤孔隙度变小,最终使土壤容重增大。

2. 土壤水肥效应

在秸秆还田基础上施肥可增强土壤的蓄水能力,提高土壤含水率(张亚丽等,2012)。在玉米秸秆还田后,玉米生育前期会表现出秸秆与作物争夺水分现象,土壤贮水量低于秸秆不还田处理,而后期则增强土壤的贮水能力(牛芬菊等,2014)。同时,秸秆还田结合施氮具有保水缓温作用(孙媛等,2015)。本研究发现,在玉米生育前期各处理间差异不显著,秸秆还田配施氮肥处理在玉米生育中后期对保蓄土壤水分效果显著,这是由于秸秆还田后对土壤水分的影响具有双重性:初期秸秆腐解过程消耗大量水分,产生与作物争夺水分的现象;中后期腐解过程结束后,秸秆还田配施氮肥改善土壤的物理性状,增强土壤的保蓄水分能力，因而有利于土壤含水率的增加（高飞等，2016）。本研究还发现，玉米生育中后期低氮肥（SR+N1、SR+N2）比高氮肥处理（SR+N3）土壤含水率高，SR+N0 处理保水效果则低于 CK，可能由于生育中期高氮肥处理植株长势较好，植株蒸腾耗水大导致土壤含水率降低（高金虎等，2011），而 SR+N0 处理下秸秆不腐熟或腐熟不完全使土壤保水能力降低。

秸秆还田配施氮肥措施有利于土壤有机碳的积累，同时还可提高土壤氮素的供应能力（侯贤清等，2018a）。张静（2009）研究认为，秸秆还田（9 000 kg/hm²）配施 600 kg/hm² 的氮肥量对土壤碳氮的固持和供给效果较好，且可调控土壤碳氮比，增强土壤微生物固定碳氮的能力。汪军等（2010）还发现，秸秆还田和氮肥配施可显著提高土壤有机质和全氮含量。本研究结果表明，秸秆还田配施氮肥能有效提高土壤有机碳、全氮含量，其中以秸秆还田配施 300 kg/hm² 和 450 kg/hm² 氮肥处理表现最佳。分析其原因是秸秆还田后施入无机氮，会改善土壤氮素的供给水平，使土壤碳氮比降低，更有利于促进微生物的增殖及分解更多的有机质，进而增加土壤有机质中碳的分解与释放及土壤全氮的含量（李涛等，2016）。有研究表明，秸秆还田后配施一定量的氮肥，在保证土壤肥力逐年提升的同时，又可提高土壤速效养分含量（黄容等，2016）。本研究认为，秸秆还田配施氮肥能提高耕层土壤速效养分含量。分析其原因：其一是碳氮比高的秸秆还田后会激发土壤氮的矿化，增加土壤碱解氮的含量（Tosti，et al.，2012）；其二是秸秆还田增施氮肥后由于改善土壤的物理环境，进而促进玉米秸秆的腐解，增加了土壤的有机物质，同时可降低速效养分的淋溶，提高土壤对氮磷钾元素的吸附力，从而弥补秸秆降解过程中土壤微生物对养分的固持（胡宏祥等，2015）。

3. 玉米产量及水分利用效率

由于区域生态环境的不同，关于秸秆还田方式、还田量、还田周期、氮肥配施用量方面的研究，不同学者存在不同的研究结论。高金虎等（2011）在辽西风沙半干旱区的研究发现，秸秆还田配施氮肥对提高玉米水分利用效率以秸秆还田量 6 000~9 000 kg/hm² 配施纯氮 420 kg/hm² 效果最佳。余坤等（2014）研究表明，在关中灌区实施粉碎氨化秸秆连续两年还田后能显著提高冬小麦产量和水分利用效率。张亮（2012）研究认为，玉米秸秆还田能提高关中平原冬小麦产量和水分利用率，秸秆全量还田（4 500 kg/hm²）冬小麦氮肥用量应控制在 175~262.5 kg/hm^2。本研究结果表明，在宁夏扬黄灌区，秸秆粉碎还田（9 000 kg/hm^2），配施中量氮肥（300 kg/hm^2）能显著提高玉米产量和水分利用效率，同时高于低氮肥处理和高氮肥处理。主要原因：①秸秆还田配施纯氮 300 kg/hm^2 后，可改善土壤微环境（土壤孔隙度、土壤水分、养分等），使微生物及酶活性显著提高，从而加速秸秆的腐解和土壤有机质养分的分解利用，改善土壤的水肥状况，促进作物的生长发育，最终使玉米产量和水分利用效率显著提高（高飞等，2016）。②秸秆还田配施纯氮 300 kg/hm^2 能够更好地调节土壤中的碳氮比，使作物充分利用土壤氮素，从而提高作物的水分利用效率（韩瑞芸等，2016）。本研究还发现，2016 年灌水量（450 mm）略高于 2017 年（427.5 mm），但 2017 年玉米生育期降水量（297.2 mm）是 2016 年（146.4 mm）两倍多，致使 2017 年作物耗水量明显高于 2016 年，而两年玉米籽粒产量各处理年际间差异不明显，因而导致 2016 年玉米水分利用效率明显高于 2017 年，这与以往研究（赵亚丽等，2014b；张哲等，2016）结果不一致，还可能与年际降水量在玉米生育期分布、土壤微生物变化规律及作物根系生长发育等有关（白伟等，2017a），这仍需要进一步深入探讨。

（二）结论

（1）秸秆还田配施氮肥能有效降低耕层土壤容重，提高土壤总孔隙度，以秸秆还田配施 300 kg/hm^2、450 kg/hm^2 氮肥处理效果最为显著。秸秆还田配施氮肥处理对提高玉米生育中后期 0~100 cm 层土壤含水率效果显著，以秸秆还田配施纯氮 300 kg/hm^2 土壤蓄水保墒效果较优。

（2）秸秆还田配施氮肥能有效提高土壤有机碳、全氮含量，调节土壤碳氮比，随施氮量的增加，土壤碳氮比降低，其中以秸秆还田配施纯氮 300 kg/hm^2、450 kg/hm^2 处理表现较优。秸秆还田配施氮肥能提高耕层土壤碱解氮、有效磷和速效钾含量，秸秆还田配施纯氮 300 kg/hm^2 处理对土壤培肥效果最优。

（3）秸秆还田配施氮肥可显著提高玉米籽粒产量和水分利用效率。与秸秆不还田处理相比，秸秆还田配施纯氮 300 kg/hm^2 处理的玉米增产和改善作物水分利用效率的效果最优。

第四节　秸秆还田配施不同氮肥用量对秸秆腐解、土壤肥力及玉米产量的影响

我国农作物秸秆资源丰富,但其利用率一直不高,农村作物秸秆直接丢弃或地头集中焚烧,造成大量秸秆资源的浪费和严重环境污染。秸秆还田作为农业生产中一种有效的土壤培肥措施,不仅可杜绝秸秆焚烧污染环境,减少秸秆中养分流失的问题,还可有效增加土壤有机质及养分含量,改善土壤肥力,提高土壤蓄水保墒能力,优化农田生态环境,以维持土地生产力(Bhattacharyya,et al.,2009;李玮等,2015;Eagle,et al.,2000)。

关于秸秆还田方面的研究已有诸多报道。稻麦轮作区秸秆全量还田可降低稻田土壤容重,增大总孔隙度,改善水稻土的物理结构,提高土壤有机碳含量(房焕等,2018)。秸秆还田能显著降低冬小麦总耗水量,且作用效果主要体现在冬小麦生长后期,这有利于提高冬小麦对水分的利用效率(余坤等,2014)。但秸秆中碳氮比较高,在腐解过程中会与土壤微生物间产生严重的争氮现象,从而影响氮素的有效性及作物生长(甄丽莎等,2012),严重制约作物产量的提高(丁文成,2016),而秸秆还田配施氮肥作为一种有效的土壤快速培肥方式。高金虎等(2011)认为,秸秆还田配施氮肥可解决秸秆在玉米生育前期腐熟过程中与微生物和作物的争氮现象。李玮等(2014a)研究指出,秸秆还田结合施氮水平可提高基施和追施氮肥的利用率,提高 0~60 cm 层土壤硝态氮含量。汪军等(2014)指出,秸秆还田条件下合理配施氮肥能够明显改善土壤养分状况,但氮肥用量不宜过高。侯贤清等(2018a,b)认为,秸秆还田配施 300 kg/hm² 氮肥可提高土壤微生物生物量碳氮、土壤矿质态氮、速效磷和速效钾含量,进而改善土壤结构和增加 0~100 cm 层土壤水分,最终提高冬小麦的产量。由以上研究发现,秸秆还田配施一定量的氮肥后,土壤碳氮比降低,有利于促进微生物的增殖及分解更多的有机质及土壤氮素的矿化,在一定程度上提高了土壤养分的供应潜力,改善作物生长农田生态环境,增加了作物产量。秸秆腐解是一个复杂而漫长的过程,不仅与还田方式及秸秆自身特性有关,更与土壤水分、温度、通气性、养分、微生物活动等状况及农田管理

技术密切相关(朱远芃等,2019;张学林等,2019)。刘单卿等(2018)研究结果表明,在秸秆腐解过程中,翻埋还田在秸秆组分降解、养分释放方面均优于覆盖还田。秸秆特性,如碳氮比的差异会显著影响其分解,由于秸秆本身的碳氮比较高,在秸秆还田的同时要配施适量氮肥,可缓解微生物与作物争氮和加快秸秆腐解(郑文魁等,2020)。秸秆还田可通过影响土壤水分、土壤温度、微生物的碳氮比等因素,对秸秆腐解产生影响。李昌明等(2017)研究认为,土壤类型间由于通气性、机械组成、养分状况等差异,显著影响秸秆分解过程中养分的释放。秸秆还田可增强土壤有机养分的矿化,秸秆自身腐解也会释放出丰富的养分元素,但秸秆的分解和养分释放程度与农田管理技术尤其氮肥的施用量有密切联系。相关研究表明,还田后秸秆的分解需配合施用氮肥,能够避免微生物在分解秸秆过程中与作物竞争土壤中的氮素, 促进秸秆分解,提高养分释放量(李涛等,2016a)。因此,在秸秆还田条件下,掌握合理施用氮肥和秸秆腐解规律,对秸秆快速腐解和养分的有效利用有着重要的科学意义。

作物秸秆中含有丰富的养分元素,是农业生产中重要的肥源。秸秆还田可实现培肥土壤,减少秸秆焚烧带来的环境污染(周永进等,2015)。秸秆还田后可在微生物和酶的共同作用下腐解(Becker et al., 2014),释放出氮、磷、钾等营养元素供植物吸收利用,提高土壤肥力(黄婷苗等,2017)。然而,在农业生产中,作物秸秆还田量大,微生物与作物争氮导致作物缺氮,不利于秸秆腐解和养分利用(黄婷苗等,2017)。因此,加速秸秆腐解是秸秆养分循环利用及土壤培肥的关键环节(宋大利等,2018)。目前对秸秆还田配施不同氮量的研究多关注于土壤培肥及作物增产效应,然而关于滴灌条件下秸秆还田配施氮肥用量对秸秆腐解特征及土壤水肥状况和作物产量方面的研究尚鲜见报道。宁夏扬黄灌区地处中温带干旱区,降水较少,有机质含量偏低、养分匮乏,且冬季寒冷而漫长,还田后的秸秆在自然环境下腐解缓慢,在土壤中长期积存滞留,影响作物播种期墒情,使作物出苗率下降,严重影响作物生长发育(庞党伟等,2016)。秸秆还田后配施适量氮肥可促进秸秆腐解,实现土壤培肥和作物增产,已在该区进行推广(吴鹏年等,2019)。目前施氮多关注于秸秆还田后土壤理化性质及作物增产效应,然而关于连续两年秸秆还田条件下施氮对秸秆腐解及养分释放特征、土壤肥力与作物产量的关系研究尚鲜见报道。因此,本研究基于前两年(2016 年 4 月至 2017 年 10 月)秸秆还田配施氮肥定位试验的基础上，在秸秆还田的第 3 年（2017 年 10 月）将尼龙网袋法和田间试验相结合，研究不同施氮量对还田后秸秆腐解及养分释放动态、土壤肥力特征与玉米产量的影响，旨在为宁夏扬黄灌区秸秆还田后土壤快速培肥技术及现代农业的可持续发展提供理论参考和技术支撑。

一、测定指标及方法

（一）网袋试验玉米秸秆腐解特征

秸秆腐解填埋试验于 2017 年 10 月中旬玉米收获后在大田试验田各小区同时进行布设翻埋微区试验，2018 年 10 月初结束。试验设 4 个处理：（1）不施氮肥（CK）；（2）施纯氮 150 kg/hm²（N1）；（3）施纯氮 300 kg/hm²（N2）；（4）施纯氮 450 kg/hm²（N3）。试验供试氮肥为尿素（N 质量分数≥46%），处理 2、3 和 4 根据秸秆还田量 9 000 kg/hm² 与不同纯 N 用量进行折算。秸秆腐解试验采用尼龙网袋法进行填埋。网袋长 40 cm，宽 28 cm，孔径 0.05 mm。供试大田秸秆风干后，剪成 2~3 cm 小段，混匀后装入尼龙网袋，每袋 50 g（仅为粉碎秸秆，不含土），用封口机封好埋入土中，每个处理无间隔埋入 18 包。田间填埋时分别开 4 条沟，一条沟对应一个处理，每条沟宽 25 cm，长 2.7 m。将沟内 25 cm 深的土壤全部取出，破碎土块。不添加氮素处理将一半土样回填至 15 cm 厚，然后水平无间隔铺放尼龙网袋，再将剩余土壤全部填回；施氮各处理先将土壤与供试氮肥充分混匀，再按同样的方法埋入网袋。各处理间用 PVC 板隔开，试验期间灌水及其他管理措施均与玉米大田管理一致。

埋入网袋秸秆养分：于大田玉米播后 20 d、50 d、80 d、110 d、140 d 和 170 d，每处理随机取 3 袋样品，将尼龙袋上土粒清理干净后，将残留秸秆烘干、粉碎，分别测定植株有机碳、全氮、全磷、全钾含量，测定方法同第二章第一节（略）。

秸秆生物失重率：玉米苗期之后，每隔 30 d 每个处理随机取 3 袋样品，将尼龙袋上的土粒清理干净、烘干、称重计算秸秆生物失重率（杨光海等，2013）。

$$Wx=100(N_0-Nx)/N_0$$

式中，Wx 为秸秆失重率，%；N_0 为样品质量，g；Nx 为烘干后每袋重量，g。

秸秆腐解速率（胡宏祥等，2012）：

$$V=Y\times(A-B)/(A\times T)$$

式中，V 为秸秆腐解速率，g/（g·a）；Y 为 365，d/a；A 为阶段初始的秸秆质量，g；B 为阶段结束的秸秆质量，g；T 为腐解时间，d。

秸秆养分释放率（顾炽明，2013）计算：

$$Qx=(M_1\times N_1-M_2\times N_2)\times 100/(M_1\times N_1)$$

式中，Qx 为养分释放率；M_1 为尼龙网袋中秸秆的初始质量，g；M_2 为对应时期秸秆残留量质量，g；N_1 为秸秆的初始养分含量，g/kg；N_2 为对应时期秸秆的养分含量，g/kg。

埋入网袋土壤养分：于 2017 年秸秆还田试验处理前和 2018 年 10 月玉米收获后，采集 0~20 cm、20~40 cm 层土风干、过筛剔除土壤中未腐解的秸秆残留、研磨、过 1 mm 筛，分别测定土壤有机碳、全氮、碱解氮、速效钾、速效磷含量，测定方法同第二章第一节（略）。

（二）田间试验土壤物理性质

土壤容重：在 2017 年 10 月中旬试验处理前和 2018 年 10 月初玉米收获后，利用环刀采集 0~20、20~40 cm 层原状土带回实验室测定 0~40 cm 层土壤容重，并计算土壤总孔隙度。测定及计算方法同第二章第一节（略）。

土壤水分：于 2018 年玉米播后 20 d、50 d、80 d、110 d、140 d 和 170 d 测定 0~100 cm 层土壤含水量，并计算土壤贮水量。测定及计算方法同第二章第一节（略）。

土壤温度：于 2018 年玉米播种后 20 d、50 d、80 d、110 d、140 d 和 170 d，测定玉米种植行 0~25 cm 层土壤温度。测定方法同第二章第一节（略）。

（三）田间试验土壤化学性质

土壤养分：于 2017 年 10 月中旬试验处理前和 2018 年 10 月初玉米收获后，采集 0~20 cm 和 20~40 cm 层土风干、过筛剔除土壤中未腐解的秸秆残留，土样碾磨后过 2 mm 孔径筛，分别测定土壤碱解氮、有效磷、速效钾含量，测定方法同第二章第一节（略）。

（四）玉米产量性状

测定方法同第二章第一节（略）。作物耗水量和水分利用效率的计算方法同第二章第一节（略）。

（五）数据统计分析

数据统计方法同第二章第一节（略）。

二、玉米秸秆腐解及养分释放特征

（一）玉米秸秆腐解特征

随玉米生育期的推移，各处理秸秆腐解率（图 4-6a）呈逐渐增加，且表现为前期快后期慢的特点。在腐解前期（2017 年 10 月中旬秸秆填埋前至 2018 年玉米播后 20 d，DAS），各处理以 N2 处理促进秸秆腐解效果最好，但处理间差异均不显著；腐解中期（50~80 d，DAS），各施氮处理平均秸秆累积腐解率均高于 CK，其中 N2 处理最为显著，较 CK 提高 25.6%，N3 和 N1 处理次之，分别较 CK 显著提高 19.7%和 9.9%；腐解后期（110~170 d，DAS），N1、N2 和 N3 处理平均秸秆累积腐解率分别较 CK 显著增加 9.8%、25.6%和 19.7%。

秸秆还田后的腐解速度是秸秆还田能否发挥重要作用的关键。秸秆累积腐解速率在腐解前期各处理最快，之后随玉米生育期的推进而逐渐降低，其中以 N2 处理促腐效果最佳，秸秆累积腐解速率较 CK 显著提高 6.0%（图 4-6b），N1 和 N3 处理与 CK 差异不显著。腐解中期（50~80 d，DAS），秸秆累积腐解速率明显下降，各施氮量处理均与 CK 差异显著，N1、N2、N3 处理平均分别较 CK 显著提高 10.0%、26.3%、18.8%。腐解后期（110~170 d，DAS），各处理秸

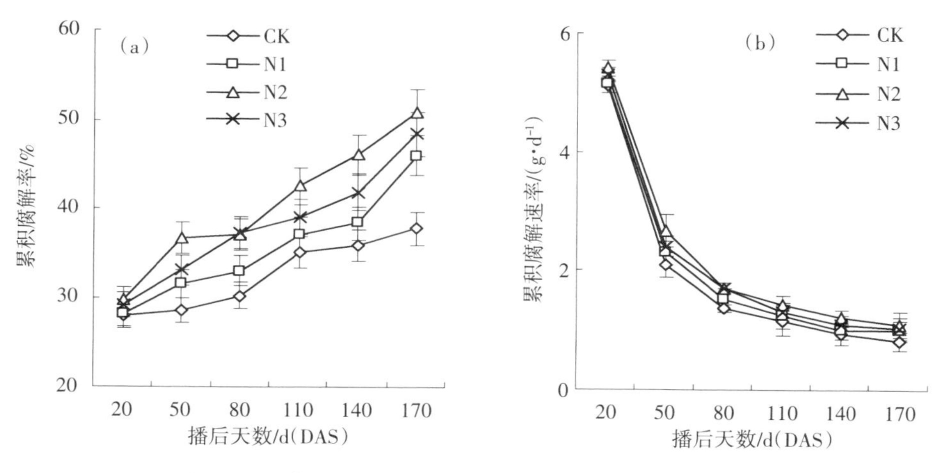

图 4-6 施氮对还田秸秆腐解率(a)和腐解速率(b)的影响

秆累积腐解速率变缓并降至最低。各施氮量处理均与对照差异显著,其中以N2处理促腐效果最佳,N3和N1处理次之,平均分别较CK显著提高27.5%、17.8%和10.8%。

(二)秸秆养分的释放特征

氮肥对还田玉米秸秆中养分元素累积释放率与秸秆累积腐解率变化趋势基本一致,均随玉米生育期的推进而增加(如图4-7)。不同施氮处理对秸秆养分累积释放率均有不同程度的促进作用,且各养分释放率大小为:钾>碳>氮>磷。秸秆中钾素释放率高于碳、氮素和磷素的释放率,这是由于秸秆中的钾主要是以水溶态存在,容易释放;碳、氮、磷是以难腐解的有机态存在,释放速率慢。

玉米秸秆中碳累积释放率变化如图4-7a所示。在秸秆腐解过程中,秸秆中的碳素呈持续释放状态,在玉米秸秆腐解前期,秸秆中碳素释放较快,随腐解时间的延长,碳素释放速度逐渐减缓。在玉米播后20 d,各处理秸秆碳素累积释放率在总释放率的占比均达50%以上,各施氮处理与CK差异均不显著。在秸秆腐解中后期,施氮处理碳累积释放率均显著高于CK,以N2处理最高,N1和N3处理次之;在腐解中期(50~80 d),N1、N2和N3处理碳累积释放率显著高于CK,分别提高15.5%、20.8%和10.2%;在腐解后期(110~170 d),N1、N2和N3处理碳累积释放率分别较CK显著提高10.5%、12.0%和6.8%。这说明在腐解中后期,低施氮肥或高施氮量不利于玉米秸秆碳素的释放,而中施氮量有利于秸秆碳素的释放。由图4-7b所知,玉米秸秆的氮素释放率随腐解时间的延长,表现出前期快、后期慢的规律,且不施氮处理明显低于施氮处理,这与碳素释放规律一致。在20 d,各处理秸秆氮素释放率最快(28.4%~36.3%);在50~80 d,各处理秸秆腐解速率下降使氮素释放变缓,而在80 d后,由于土壤水温条件的改善使氮素累积释放率有所上升。不同腐解阶段各施氮处理平均秸秆氮素累积释放率与CK差异显著,N1、N2、N3处理较CK分别增加16.3%、23.8%、9.6%,说明中量施氮(300 kg/hm^2)更有利于促进秸秆中氮素的释放。

如图4-7c,各施氮处理秸秆腐解过程中磷素的释放与碳、氮素变化趋势相似,在20 d释放最快,50 d施氮处理的磷素释放率减缓,80~170 d呈逐渐上升,而CK磷素释放率在20~80 d呈逐渐减缓,110 d后又快速增加。在50~170 d,各施氮处理的平均磷素累积释放率较CK显著提高17.4%~35.0%,以

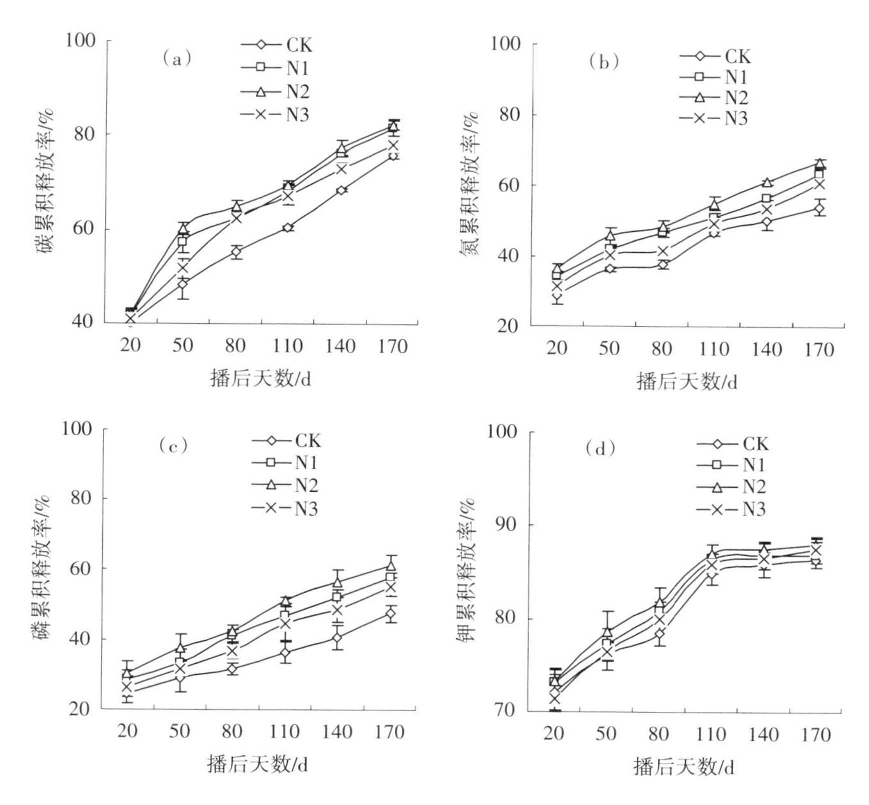

图 4-7　施氮对还田秸秆养分累积释放率的影响

N2 处理增加幅度最大，N1 和 N3 处理次之。如图 4-7d 所示，与碳、氮、磷素释放规律一致，玉米秸秆中钾素的释放也呈前期快、后期慢的特点。在玉米播后 20~80 d，秸秆中钾素快速释放，在 110~140 d 时，玉米正处于雨季和高温期，各施氮处理钾素释放率达到最高(89.4%)，各处理间无显著性差异，其中以 N2 处理对促进秸秆钾素释放率效果较好。可见，施氮对秸秆中钾素的释放有促进作用，但施纯氮量过低(150 kg/hm²)或过高(450 kg/hm²)均不利于秸秆中钾素的释放。

三、土壤物理性质

(一)土壤容重及总孔隙度

不同施氮量可显著降低还田后 0~40 cm 层土壤容重和提高土壤总孔隙

度(图 4–8),较试验处理前(2017 年 10 月中旬 0~40 cm 层平均土壤容重为 1.64 g/cm³、总孔隙度为 38.1%),各处理土壤容重降低 1.8%~8.5%和总孔隙度提高 3.0%~13.9%。0~20 cm 层,土壤容重随施氮量的增加而逐渐降低,总孔隙度逐渐增加,N1、N2、N3 处理土壤容重较 CK 分别显著降低 4.4%、6.3%、8.1%,土壤总孔隙度分别显著增加 6.7%、9.5%、12.4%,且 N2 与 N3 处理间无显著差异;20~40 cm 层,土壤容重随施氮量增加呈先降低后升高,以 N2 和 N3 处理效果较优,分别较 CK 显著降低 6.2%、5.6%,而总孔隙度随施氮量增加呈先升高后降低,各施氮量处理与对照差异显著,N2、N3 处理较 CK 显著提高 9.7%和 8.7%,而 N2 与 N3 处理间无显著差异。可见,施氮能有效降低还田后 0~40 cm 层土壤容重,改善土壤孔隙度,以施中高量氮处理效果较好。

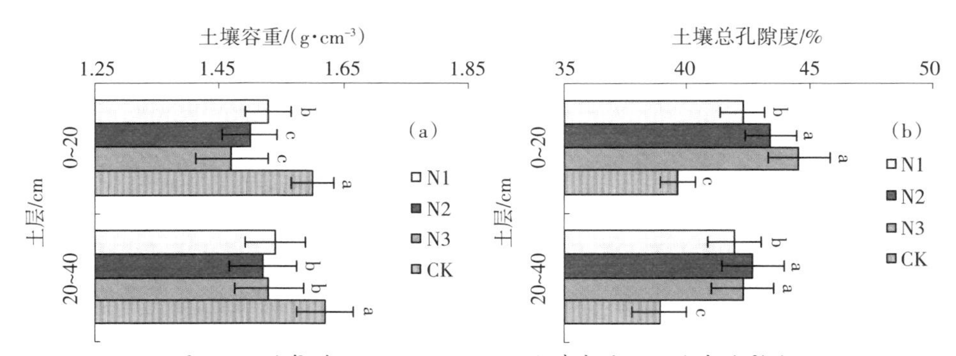

图 4–8 施氮对还田后 0~40 cm 层土壤容重及孔隙度的影响

注:同一土层不同小写字母表示处理间差异达显著水平(P<0.05)。

(二)土壤水分和温度

不同氮肥量下 0~100 cm 层土壤贮水量随玉米生育期的推进呈“W”形的变化趋势,且生育前中期土壤贮水量高于后期(图 4–9)。玉米苗期(20 DAS),各处理土壤贮水量高低次序为 N1、N2、CK、N3,且低氮和中氮处理显著高于高氮和不施氮处理;拔节期(50 DAS),各处理土壤贮水量有所下降。与 CK 相比,N2 处理对提高土壤贮水量效果最佳(21.4%),且不同施氮处理间差异显著;大喇叭口期(80 DAS),各处理土壤贮水量明显上升,N2、N3 处理土壤贮水量分别较 CK 显著增加 16.4%、20.8%;抽雄—灌浆期(110~140 DAS),玉米生长旺盛,作物耗水增加,各处理土壤贮水量降至最低,其中 N2 处理土壤贮水量最高,较 CK 显著增加 20.6%,N1 和 N3 处理与 CK 差异不显著;玉米收获期(170 DAS),各处理土壤贮水量有所提高,N1、N3 处理分别较 CK 显著提高 13.6%、14.4%,而 N2 与 CK 间无显著差异。

各处理下 0~25 cm 层土壤温度与土壤贮水量的变化趋势基本一致,均随玉米生育期的推进呈先增加后降低再增加(图 4–9)。不同氮肥量对玉米生育期土壤温度影响显著,以 N2 处理效果最佳。玉米苗期,不同施氮量处理可促进秸秆腐解放热,显著提高土壤温度,以 N2 处理保温效果最好,较 CK 显著增温 3.2 ℃;玉米拔节期,随着气温回升土壤温度逐渐上升,CK 均高于其他处理,而在大喇叭口期各处理土壤温度达到最高,N1、N2 处理土壤温度较 CK 略有降低,而 N3 处理显著降低 2.1 ℃;在抽雄—灌浆期,各处理土壤温度急剧降低,N2 处理的土壤温度最低,较 CK 显著降低 1.7 ℃;收获期,各处理间无显著差异。表 4–6 为秸秆还田配施氮肥下玉米生育期 0~25 cm 土层土壤温度。整个玉米生育期内不同施氮量下不同土层平均土壤温度的变化规律不同(表 4–6)。5 cm 土层,处理 N1 和 N2 分别较 CK 显著提高温度 0.4 ℃和 0.6 ℃,而 N3 处理与 CK 相比有降温效果但差异不显著;10 和 15 cm 土层的温度,N3 处理较 CK 分别显著降低 1.2 ℃和 1.4 ℃,处理 N1 和 N2 与 CK 相比降温效果不显著;20 cm 土层,处理 N1,N2 和 N3 较 CK 降温效果显著,分别显著降温 0.5 ℃,0.4 ℃和 0.8 ℃,处理 N2 与 N3 间差异显著;25 cm 土层,处理 N1

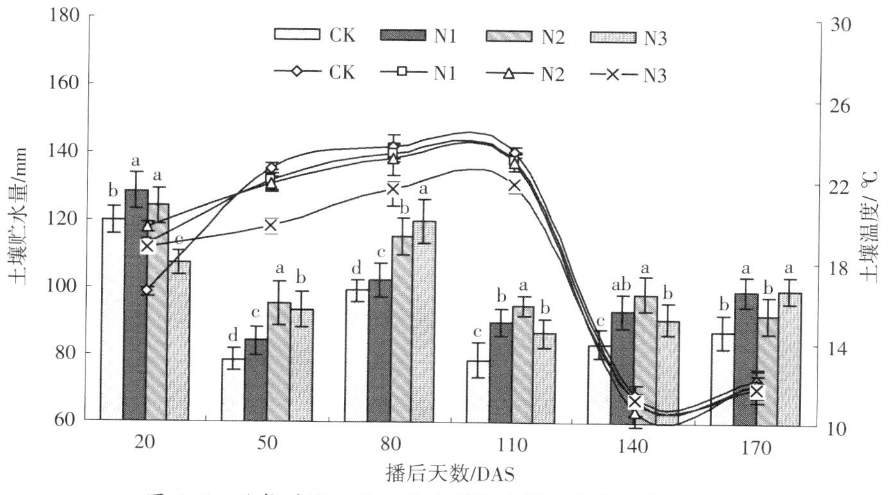

图 4–9　施氮对还田后玉米生育期土壤水分和温度的影响

注:同一生育期不同小写字母表示处理间差异达显著水平(P<0.05)。

较 CK 显著降温 0.4 ℃,处理 N2 和 N3 降温效果不显著;0~25 cm 土层平均土壤温度,较 CK,处理 N3 降温效果最显著,显著降低 0.8 ℃,而处理 N1 和 N2 较 CK 有一定的降温效果但差异不显著。

表 4-6 秸秆还田配施氮肥下玉米生育期 0~25 cm 土层土壤温度

单位:℃

处理	5 cm	10 cm	15 cm	20 cm	25 cm	0~25 cm
CK	18.69±0.11b	18.86±0.15a	19.07±0.20a	17.95±0.11a	17.30±0.12a	18.38±0.12a
N1	19.09±0.25a	18.83±0.20a	18.81±0.09a	17.42±0.10bc	16.90±0.06b	18.21±0.14a
N2	19.30±0.30a	18.59±0.35a	18.86±0.25a	17.60±0.24b	17.29±0.15a	18.33±0.25a
N3	18.42±0.27b	17.71±0.42b	17.69±0.41b	17.16±0.18c	17.18±0.25a	17.55±0.30b

注:同一土层不同小写字母表示处理间差异达显著水平($P<0.05$)。

四、土壤化学性质

由表 4-7 可知,与试验处理前(2017 年 10 月中旬)相比,2018 年玉米收获期各处理 0~40 cm 各层土壤有机碳和全氮含量均明显增加,增幅分别为 13.6%~60.7%、23.1%~74.4%,而土壤碳氮比降低 2.9%~8.4%。在 0~20 cm 层,随施氮量的增加各处理土壤有机碳氮含量均增加,以 N2、N3 处理效果最为显著,土壤有机碳含量分别较 CK 显著提高 44.9%和 47.6%,全氮含量分别显著提高 33.3%和 40.7%,碳氮比分别显著提高 8.6%、5.0%。20~40 cm 层,N1、N2、N3 处理土壤有机碳含量分别较 CK 显著提高 12.1%、36.6%、35.3%,土壤全氮含量 N2、N3 处理分别较 CK 显著提高 33.3%、42.9%。0~40 cm 各层土壤碳氮比均随施氮量呈先增后减,其中以 N2 处理对 0~40 cm 层土壤碳氮比调控效果最佳(碳氮比为 12:1),较 CK 显著提高 7.1%。

施氮对玉米收获期 0~40 cm 各层土壤速效养分含量均有显著提高(表 4-7)。0~20 cm 层,各施氮处理土壤碱解氮和速效钾含量均以 N2 处理最高,较 CK 分别显著提高 60.4%、20.2%,N1 和 N3 处理次之;土壤有效磷含量 N2、N3 处理较 CK 分别显著提高 16.2%和 18.2%。20~40 cm 层,各处理下土壤碱解氮含量以 N2 和 N3 处理提高效果最为显著,较 CK 分别显著提高 73.6%、69.9%。在所有处理中,N2 处理可显著提高 20~40 cm 层土壤有效磷和速效钾

表 4-7　秸秆还田配施氮肥对土壤养分含量的影响

土层	年份	处理	有机碳/($g \cdot kg^{-1}$)	全氮/($g \cdot kg^{-1}$)	碳氮比	碱解氮/($mg \cdot kg^{-1}$)	速效磷/($mg \cdot kg^{-1}$)	速效钾/($mg \cdot kg^{-1}$)
0~20 cm	2017	处理前	4.87±0.16b	0.44±0.27c	11.07±0.26a	25.04±0.20d	17.23±0.29c	150.35±1.19e
	2018	CK	5.44±0.14b	0.54±0.03b	10.07±0.12c	26.58±0.16d	20.76±0.72b	195.59±2.89d
		N1	6.15±0.32b	0.60±0.04b	10.25±0.23c	34.93±0.14c	23.05±0.27a	222.67±1.86b
		N2	7.88±0.34a	0.72±0.03a	10.94±0.29ab	42.63±0.39a	24.13±0.24a	235.17±0.50a
		N3	8.03±0.30a	0.76±0.03a	10.57±0.31b	41.75±0.38b	24.53±0.66a	207.49±0.90c
20~40 cm	2017	处理前	4.64±0.23d	0.34±0.24c	13.65±0.15a	24.76±1.39c	15.57±0.26c	119.85±1.34e
	2018	CK	5.36±0.25c	0.42±0.03b	12.76±0.21b	21.66±0.06bc	18.76±0.67b	179.59±1.26d
		N1	6.01±0.21b	0.44±0.03b	13.66±0.12a	29.97±3.29b	21.05±0.15a	206.67±0.77b
		N2	7.32±0.17a	0.56±0.02a	13.07±0.04ab	37.61±0.47a	22.13±0.24a	219.17±4.95a
		N3	7.25±0.22a	0.60±0.04a	12.08±0.19c	36.81±0.17a	22.03±0.66a	191.49±2.40c

注：同列同一土层不同小写字母表示处理间下差异达显著水平($P<0.05$)。

含量，分别较 CK 显著提高 18.0%和 22.0%。可见，施氮能有效提高还田后土壤有机碳、全氮及速效养分含量，调节土壤碳氮比，以中量施氮处理效果最佳，低量和高量施氮处理次之。

五、玉米产量性状及水分利用效率

由表 4-8 可知，秸秆还田配施不同氮肥量对玉米产量构成因子影响显著。随施氮量的增加，玉米穗数和百粒重均呈先增后减趋势，N1、N2、N3 处理穗数较 CK 分别显著提高 13.0%、39.1%、17.4%；N3 处理玉米籽粒百粒重较

CK 降低 5.0%，而 N1 和 N2 处理分别显著增加 11.7%、24.8%，N1 与 CK 间无显著差异；穗粒数以 N3 处理表现最为显著，较 CK 增加 11.4%，而 N1、N2 处理次之，较 CK 分别显著增加 9.3%和 8.3%，且各施氮处理间无显著差异。同时，随施氮量增大，玉米籽粒产量逐渐增加，但达到一定施氮量后产量不再增加，出现降低趋势，各处理下玉米籽粒产量大小排序为 N2>N1>N3>CK，分别较 CK 显著增产 46.2%、63.7%、23.3%，且各处理间差异显著。因此，秸秆还田配施纯氮量 150~300 kg/hm² 可促进玉米穗数、穗粒数和百粒重的增加，增产效果最佳。

表 4-8　秸秆还田配施氮肥对玉米产量及水分利用效率的影响

处理	穗数/（个·km^{-2}）	穗粒数/个	百粒重/g	籽粒产量/（kg·km^{-2}）	作物耗水量/mm	水分利用效率 /（kg·hm^{-2}·mm^{-1}）
CK	76 666±5 422 d	606.36±32.24 b	32.67±5.45 c	10 466±206.14 d	712.5±23.4b	14.7±1.9c
N1	86 666±2 988 c	662.87±45.34 a	36.48±4.22 b	15 300±164.36 b	753.7±34.1a	20.3±3.1b
N2	106 667±3 679 a	656.53±52.33 a	40.78±2.22 a	17 133±121.94 a	708.9±29.4b	24.2±3.2a
N3	90 000±5 210 b	675.39±29.84 a	31.05±1.98 c	12 900±224.66 c	658.2±31.7c	19.6±2.6b

注：同列不同小写字母表示处理间差异达显著水平（$P<0.05$）。

秸秆还田配施氮肥可通过降低作物耗水，从而提高作物水分利用效率（表 4-8）。不同施氮量处理下作物耗水量较 CK 以 N3 降低幅度最大，显著降低 8.2%，而 N1 处理的作物耗水量显著提高 5.8%。各处理下作物水分利用效率高低按处理排序依次为 N2、N3、N1、CK。N1、N2 和 N3 处理的水分利用效率分别较 CK显著提高 18.4%、36.1%和 21.1%。对玉米产量和水分利用效率结合分析可知，秸秆还田配施纯氮 300 kg/hm² 对提高玉米籽粒产量和水分利用效率效果最佳。

六、讨论与结论

（一）讨论

1. 玉米秸秆腐解特征

秸秆配施氮肥可促进秸秆快速腐解，是合理利用农业废弃物和促进农业可持续发展的有效途径(张刚等,2016)。还田后秸秆的腐解与土壤温度、水分及还田深度等密切相关,秸秆还田前施用氮肥在改善土壤水肥状况(侯贤清等,2018)、增加碳投入量的同时,可将土壤中碳氮比调节至适合土壤微生物繁殖的范围内,能有效加速秸秆分解和腐熟(钱海燕等,2012)。伍玉鹏等(2014)认为,秸秆还田配施一定量的氮肥,可将土壤中碳氮比调节至适合范围内,促进土壤微生物繁殖,有效加速秸秆分解和腐熟。胡宏祥等(2012)研究发现,玉米秸秆腐解速率随还田时间的增加而降低,在还田后前 15 d 最快,15 d 后趋于平缓。黄婷苗等(2017)研究认为,在越冬前还田后秸秆腐解较快,冬季变慢,进入分蘖期后腐解速度加快。本研究结果也表明,各处理秸秆腐解率和腐解速率均表现为腐解前期(秸秆填埋前–20 d)快于 50~170 d(腐解中后期),究其原因:玉米秸秆中大量的易于分解的物质在腐解前期被微生物利用,腐解中后期随着易分解性有机物的逐渐减少,剩余部分为较难分解的有机物,且腐解后期土壤温度下降,微生物活性降低,不利于秸秆分解(龚振平等 2018)。宫秀杰等(2020)研究认为,施氮处理在玉米整个生育期秸秆腐解率均高于不施氮处理,150 d 后秸秆腐解率差异显著。本研究中,秸秆腐解率和腐解速率均以中量施氮(施氮 300 kg/hm²)处理最高,并未表现出施氮量越高(施氮 450 kg/hm²)秸秆腐解速率越高的趋势,这与 Rezig, et al.,(2014)研究结论相似,这是因为适量施氮能够调节还田秸秆的碳氮比(李涛等,2016a),改善土壤的水温状况,促进腐解微生物的生长,而施氮肥量低时不能满足土壤微生物分解秸秆所需的氮源,且与作物争夺土壤氮(徐欣等,2018),氮素施入过量时会抑制微生物的活性,减弱其腐解能力(陈建英等,2020)。

2. 秸秆养分释放特征

匡恩俊等(2010)研究发现,秸秆还田配施氮肥可促进含有大量有机物质的秸秆矿化,使秸秆养分得到释放,且其释放速率在秸秆腐解前期表现为快速,在中后期释放速率减缓,但施氮处理显著高于不施氮处理。幕平等(2012)认为,秸秆还田配施适量氮肥可调节土壤碳氮比,加速微生物活动分解秸秆并及时释放出养分补充到土壤中,供作物生长利用。陈建英等(2020)研究表明,施氮可显著促进还田前期玉米秸秆中碳、氮的释放,但对秸秆中磷、钾的释放无明显影响。王麒等(2017)研究也表明,施入氮肥对寒地粳稻秸秆中碳、磷、钾素释放的影响不显著。而黄婷苗等(2017)研究认为,施氮对秸秆中碳、磷、钾素含量在某个时期影响差异显著。本研究通过秸秆腐解填埋试验发现，在腐解前期，秸秆内碳、氮、磷及钾养分快速释放于土壤中，而在中后期，秸秆养分释放量减少。各处理下秸秆碳氮磷钾的释放率均表现为钾高于碳、氮、磷，这与已有研究结果一致（刘单卿等，2018；陈建英等，2020；胡宏祥等2012）。本研究还发现，施氮量 300 kg/hm^2 处理下各养分释放率均高于其他处理，与 CK 差异显著，这是因为秸秆还田配施一定量氮肥，可显著增加土壤碳氮含量，进而使土壤酶活性提高（Rezig，et al.，2014；侯贤清等，2018），加速秸秆分解与养分释放（甄丽莎等，2012；康慧玲，2016）。另外，秸秆还田后补施氮肥还可提高土壤对氮、磷、钾素的吸附力，弥补秸秆降解过程中土壤微生物对养分的固持，进而促进玉米秸秆的腐解，且秸秆养分释放率随施氮肥量增加先变快后变慢，使土壤中的有机质增加（胡宏祥等，2012）。适量施氮可弥补秸秆降解过程中因土壤氮素不足或过剩而造成土壤微生物对土壤氮素或碳素的固持（张经廷等，2018），进而利于促进玉米秸秆的腐解和养分元素的释放（胡宏祥等，2012）。

张经廷等（2018）研究发现，秸秆中养分释放速率表现为钾>磷>氮，钾在秸秆还田后的几天内释放率可达到 90%以上，而氮、磷的释放均表现“前快后慢”。闫超（2015）研究也报道，还田秸秆中养分释放率依次是钾>磷>碳>氮。本研究表明，各施氮处理下还田后秸秆中养分元素释放率大小次序为钾>碳>氮>磷，这是由于施氮有利于还田后土壤的保水调温（孙媛等，2015），可提高微生物活动及酶活性有益于秸秆中钾素释放、而抑制氮、磷元素的释放（侯贤清等，2018a；郑丹 2012；慕平，2012）。本研究还发现，秸秆中碳、氮、磷、钾养分的累积释放速率均随施氮量的增加先增加后减小，这与陈建英等（2020）和张珊等（2015）部分研究结果一致。分析其原因，适量施入氮肥通过改善土壤理化性质，进一步平衡农田土壤碳氮比，从而影响到秸秆腐解；同时施氮对秸秆腐解过程中养分的释放有一定的激发效应，可促进秸秆中养分的释放（顾炽明，2013）。已有学者证实，秸秆还田配施氮肥可明显增强土壤矿质养分及有机质养分的矿化与释放，并且氮肥的施用量影响着秸秆养分的释放（白伟等，2015）。Chen，et al.，（2006）和 Limon-Ortega，et al.，（2008）研究表明，秸秆还田配施氮肥可有效提高土壤有机碳和土壤速效养分含量。在本研究中，秸秆还田配施氮肥可有效增加 0~40 cm 耕层土壤速效养分和有机质含量，且以施纯氮量 300 kg/hm^2 对耕层养分提升效果最佳，这与张亮（2012）研究结论“玉米秸秆全量还田条件下，氮肥用量应控制在 175~262.5 kg/hm^2”相似，分析其原因：一是秸秆自身 C/N 为 65~85:1，而适宜土壤微生物生物量碳氮比为 25:1（李春杰等，2015），外源施氮量低于或高于最适施氮量 300 kg/hm^2，均会抑制土壤微生物的繁殖及土壤酶活性，进而抑制秸秆腐解及养分释放对土壤养分的补充（房焕等，2018），二是秸秆还田合理配施氮肥可改善耕层土壤性质，减少土壤养分流失（庞党伟等，2016）。然而，秸秆腐解及养分释放常受其自身特性、翻埋深度、土壤环境、质地及农田管理技术等因素的影响，规律较为复杂，且秸秆腐解及养分释放与土壤环境和农田管理的协同机制尚不明确，仍需进一步定位深入研究。

3. 土壤理化性质

秸秆还田配施氮肥是改善耕层土壤物理性状的有效措施（李春杰等，2015）。白伟等（2017a）研究发现，施氮可显著降低还田后土壤容重，改善土壤孔隙状况。房焕等（2018）研究表明，稻麦轮作区在全量秸秆还田条件下施氮磷钾肥能够降低土壤容重，增大总孔隙度，改善水稻土的物理结构。本研究结果表明，不同量氮肥均可有效降低还田后 0~40 cm 层土壤容重，增加总孔隙度，且效果随施氮量增加更明显。这是因为在外源氮作用下土壤碳氮比降低，促进秸秆腐解（张亮，2012），在微生物和酶的共同作用下向土壤提供大量有机物质，分解物与土壤颗粒结合形成稳定的团粒结构，从而使土壤容重降低，土壤孔隙度变大（庞党伟等，2106；张聪等，2018；吴鹏年等，2019）。秸秆还田配施不同比例化肥对合理调节土壤温度、提高根际土壤微生物数量及秸秆腐解有较好的促进作用（Blanco-Canqui and Lal，2006）。秸秆还田结合施氮具有保水缓温作用（张经廷等，2012）。陈浩等（2018）研究认为，在秸秆还田的同时配施不同比例的化肥，能够有效调节土壤温度，显著提高土壤微生物的数量与活性，改善土壤微环境。高金虎等（2011）研究发现，施氮肥对秸秆还田前期不利于保水，中后期保水效果较好。本研究结果表明，施氮肥能在秸秆腐解中后期增强土壤蓄水保墒能力，以施氮 300 kg/hm^2 处理效果最显著，分析其原因：秸秆腐解过程中能将秸秆中纤维素彻底分解为 CO_2 和 H_2O，可有效补充土壤水分（余坤等，2014）。秸秆还田配施不同比例化肥有保水调温作用（陈浩等，2018），能降低土壤碳氮比，促进微生物的活动和生长繁殖，增强土壤酶的活性，改善土壤微环境（孙媛等，2015）。本研究结果表明，施氮肥处理对生育前期 0~25 cm 层土壤温度有保温效果，而在中后期均低于不施氮肥处理，分析原因：土壤温度主要受秸秆还田的影响（孙媛等，2015），而大量秸秆腐解主要集中还田初期（余坤等，2014；闫超，2015），且秸秆配施氮肥可在生育前期促进秸秆快速腐解（钱海燕等，2012；张刚等，2016），腐解过程会放出大量热量使地温增加（谭凯敏等，2015）。

秸秆还田配施适量氮肥既影响秸秆腐解和养分矿化释放，又改善了土壤的理化性质，增强土壤的蓄水能力（张亚丽等，2012）。张哲等（2015）研究报道，秸秆还田与氮肥配施处理，在干旱年份对提高土壤含水率效果明显，高金虎等（2011）研究发现，秸秆还田配施氮肥对玉米生长前期和中后期的影响差别较大，主要表现为秸秆还田前期不利于保水，中后期保水效果较好。本研究结果表明，较秸秆还田不施氮肥处理，秸秆还田配施不同氮肥用量在秸秆腐解中后期能有效增强土壤蓄水保墒能力，以 N2 处理保水效果最显著，这与余坤等（2014）研究结果“秸秆喷施氮肥经氨化后施入土壤能有效提升秸秆还田前期 0~100 cm 层土壤含水量”不一致，分析其原因：秸秆腐解过程中能将秸秆中纤维素彻底分解为 CO_2 和 H_2O，可有效补充土壤水分（余坤等，2014），同时秸秆腐解利于减少土壤表层结皮或结构致密现象（左玉萍和贾志宽，2004），在雨季增加了土壤透水透气性，减少土壤水分流失（Ruan，et al.，2001），而适宜的土壤碳氮比（25:1）最利于秸秆腐解（顾炽明，2013），秸秆还田配施纯氮 300 kg/hm^2 后土壤碳氮比最接近 25:1。

吴立鹏等（2019）研究认为，施氮肥有效提高滨海盐碱地还田稻田土壤有机碳氮含量，调控土壤碳氮比。王学敏等（2020）研究表明，氮肥减施在当年能显著提高还田后土壤有机碳和全氮含量。在本研究中，施氮可增加还田后 0~40 cm 土壤有机碳和全氮含量，且以施中高量氮肥处理提升效果最佳，分析其原因：一方面，秸秆还田可补充土壤有机碳，提高土壤碳氮比，增强对氮的固持能力，同时配施适量氮肥具有较强的持水能力，防止土壤氮素挥发（李涛等，2016a）；另一方面，适量施氮可显著影响土壤酶活性，有利于微生物生长，从而加快秸秆腐解（康慧玲，2016）。侯贤清等（2018）研究表明，施氮肥可提高还田后土壤速效养分含量。张娟琴等（2019）研究发现，秸秆还田条件下土壤速效养分含量随氮肥施用量的增加呈显著上升。在本研究中，施氮肥处理下 0~40 cm 层土壤速效养分以施中量氮肥效果最佳，分析其原因：土壤碳氮比过高或偏低均会抑制土壤微生物的繁殖及土壤酶活性，进而抑制秸秆腐解及养分释放（张娟琴等，2019），300 kg/hm² 氮肥施用量处理下适宜的土壤水温环境可在微生物活动及酶的作用加快秸秆腐解和养分释放，进而提高土壤速效养分含量（张亚丽等，2012）。

4. 玉米产量及水分利用效率

白伟等（2017a）研究发现，秸秆还田配施氮肥可提高春玉米的产量，增产效果主要表现在百粒重和行粒数的显著增加，且相同施氮量下，较秸秆不还田玉米增产 11.1%~11.6%，水稻增产 9.6%~23.0%，庞党伟等（2016）研究认为，配施氮肥秸秆还田主要通过改善耕层土壤理化性质，增加单位面积的穗数和穗粒数使得产量增加。本研究结果也表明，秸秆还田配施不同氮肥量可显著增加玉米产量，而玉米增产效果受到其产量构成因素的影响，分析其原因：一方面，秸秆还田后土壤速效养分的提高对玉米产量构成因素有一定促进作用，而充足的氮肥供应又有利于玉米籽粒的形成和发育（房焕等，2018）；另一方面，秸秆还田配施氮肥利于土壤微环境的改善，促进作物产量的提高（李玮等，2015；侯贤清等，2018）。高金虎等（2011）在辽西风沙半干旱区通过秸秆还田配施氮肥研究发现，以秸秆还田量 6 000~9 000 kg/hm² 配施纯氮 420 kg/hm² 对提高玉米产量和水分利用效率效果最佳。在本研究中，秸秆全量还田配施 300 kg/hm² 纯氮可显著提高滴灌玉米产量，但施氮量达到一定量后，再增加施氮量，玉米产量会降低，这是因为秸秆还田配施适量氮肥可改善土壤微环境，调节土壤碳氮比，从而加速秸秆腐解及养分释放，为玉米生长提供充足的养分供应，最终使玉米产量增加（慕平，2012；李涛等，2016a）。本研究还发现，与秸秆还田不施氮处理相比，配施纯氮 150~300 kg/hm² 处理可使玉米显著增产 46.2%~63.7%，远高于配施纯氮 450 kg/hm² 处理（23.3%），究其原因可能由于秸秆还田后不施氮肥会导致土壤供氮不足，造成作物群体小、有效穗数低，穗粒数少，进而影响玉米产量构成（宫明波等，2018；孟祥宇等，2021），且氮肥过量会导致作物贪青晚熟和籽粒充实度降低，造成玉米减产（王宁等，2012；陈金等，2015）。秸秆还田配施氮肥试验受大田环境影响较大，其适宜施氮量一方面与研究区土壤类型、气候特征、土壤环境、秸秆腐解及养分释放特征、土壤微生物活动及作物根系生长发育等有关；另一方面，本试验为秸秆还田的第 3 年数据结果，长期秸秆还田的土壤培肥及作物增产效应尚未完全体现,还有待多年的定位试验结果进行验证。

张亮等(2013)研究认为,秸秆全量还田配施氮肥可提高关中平原冬小麦产量和水分利用效率。本研究结果表明,在宁夏扬黄灌区秸秆还田配施氮肥可显著提高玉米产量和水分利用效率，以 300 kg/hm^2 施氮处理效果最佳,分析其原因：秸秆还田后土壤养分提高对玉米产量构成因素有一定促进作用,且适量氮肥(300 kg/hm^2)可显著改善土壤水温环境,从而加速秸秆腐解及养分释放,调节土壤碳氮比,为玉米生长提供充足的养分供应,最终使玉米产量和水分利用效率显著增加(慕平,2012)。

(二)结论

(1)施氮能显著提高还田后秸秆累积腐解率和腐解速率,且随施氮量的增加呈先增加后降低,以施氮 300 kg/hm^2 处理效果最佳;施氮处理能促进秸秆养分的释放,其养分累积释放率表现为钾>碳>氮>磷,以施氮 300 kg/hm^2 处理最高。

(2)施氮可降低 0~40 cm 层土壤容重,改善土壤孔隙状况,增强土壤的保水调温能力,其中以施氮 300 kg/hm^2 处理效果最佳;施氮能增加还田后 0~40 cm 层土壤有机碳氮含量,调节土壤碳氮比,显著提高土壤速效养分含量,均以施氮 300 kg/hm^2 处理效果较好。

(3)施氮可通过影响玉米产量构成,从而提高籽粒产量和水分利用效率,且随施氮量的增加呈先增加后降低,以施氮 300 kg/hm^2 处理增产和提高玉米水分利用效率效果最为显著。

综上所述,在宁夏扬黄灌区秸秆还田配施氮肥可促进秸秆腐解,增加土壤有机碳氮及速效养分含量,调节土壤碳氮比,改善土壤的物理性状,增强其蓄水调温能力,从而显著提高玉米的产量。施氮 300 kg/hm^2 可显著改善土壤肥力,进而影响秸秆的腐解和养分元素的释放,对玉米产量的形成有促进作用,是本试验条件下对土壤培肥和作物增产效果更显著的一种有效措施。

第五节　连续三年秸秆还田配施氮肥对土壤性状与玉米水肥利用效率的影响

自化肥应用于农业生产，为农作物产量的提高起到了巨大推动作用,其中氮肥的作用最为显著(刘敏,2014;侯贤清等,2018b;胡田田等,2021)。但是,长期施用氮肥,随之也带来一系列问题,如氮肥利用率降低、持续增产效果不明显以及过量氮肥施用而造成环境污染等 (Stanger and Lauer,2008;Yang et al.,2017)。作物秸秆既含有作物生长所必需的碳、氮、磷、钾等营养元素,又可有效改善土壤理化性质和生物学性状(王士超等,2020),而作物秸秆直接还田势必会导致土壤碳氮比上升(李涛等,2016a),不利于作物的生长。因此,秸秆还田配施适量氮肥可作为提高土壤肥力和实现农业可持续发展的一种重要措施已被广泛认可(吴鹏年等,2020)。

关于秸秆还田配施氮肥对土壤理化性质方面的研究已有诸多报道。吴鹏年等(2020)认为,秸秆还田配施氮肥能增加土壤孔隙度,增强土壤保蓄水分的能力。高金虎等(2011)认为,秸秆还田配施氮肥可解决因秸秆腐熟过程耗氮量较大,秸秆在玉米生育前期与作物生长和土壤微生物活动的争氮现象。朱兴娟等(2018)指出,秸秆还田配施氮肥可显著提高土壤肥力,为作物养分吸收提供了肥力基础,但氮肥用量不宜过高。张亮(2012)研究表明,在秸秆还田条件下施氮肥的作物水分利用效率明显高于不施氮肥处理,以施氮肥量 225 kg/hm^2 的水分利用效率最高。李春喜等(2019)认为,有机物料还田和减施氮肥可提高氮素利用率和小麦产量和经济效益。然而,在实际生产过程中,秸秆还田配施氮肥的培肥效果因土壤质地类型、耕作措施和当地气候等因素的不同而存在差异,且作物生长与施氮量关系密切(高丽秀等,2015)。

在不同土壤类型、气候及秸秆还田方式条件下,施氮对土壤理化性质及作物产量和水肥利用效率的影响并不相同(张鑫等,2014)。宁夏扬黄灌区光热资源丰富,玉米单产水平高,发展潜力大,是宁夏重要的粮食产区(李骏奇,2018)。但该区存在降水较少、灰钙土耕层土壤结构不良和养分匮乏、水肥利用效率低等问题,秸秆还田措施已成为该区一种有效的土壤培肥措施,但秸秆在腐解过程中需要消耗一定量的氮,出现微生物与作物争氮的现象(吴鹏年等,2020)。为防止秸秆还田前期与作物争氮,在当地推荐施肥量的基础上增施一定量的氮肥做基肥(侯贤清等,2018;李荣等,2019),但过量施氮会对土壤环境造成一定的污染。因此,研究秸秆还田配施不同氮肥用量对改善宁夏扬黄灌区灰钙土肥力、提高玉米水肥利用效率具有重要意义 (白伟等,2018)。针对该区降水较少、土壤结构不良和养分匮乏等问题,秸秆还田配施化学氮肥已成为该区一种有效的土壤快速培肥措施，但目前该区关于滴灌条件下秸秆还田配施氮肥对土壤结构和养分含量、作物产量及水肥利用效率影响方面的研究报道较少。因此，本研究通过滴灌结合秸秆全量还田条件下配施不同氮肥用量，连续三年定点试验，研究其对土壤容重、肥力、玉米产量构成因素及水肥利用效率的影响，以期为宁夏扬黄灌区秸秆还田配施合理氮肥用量，实施土壤快速培肥提供一定的理论依据。

一、测定指标及方法

土壤养分：于 2016 年秸秆还田试验处理前和 2016 年、2017 年及 2018 年玉米收获后，采集 0~20 cm、20~40 cm 层土壤，分别测定土壤有机碳、全氮、碱解氮、速效钾、有效磷含量，样品采集与测定方法同第二章第一节(略)。

土壤容重：在 2016 年秸秆还田处理前和 2018 年玉米收获后，测定 0~20 cm、20~40 cm 层土壤容重，并计算土壤总孔隙度。测定与计算方法同第二章第一节(略)。

土壤水分：在玉米播种期、拔节、大喇叭口、抽雄、灌浆和收获期分别测定 0~100 cm 土层土壤质量含水量(每 20 cm 取 1 个土样)，并计算土壤贮水量和玉米生育期耗水量及水分利用效率。测定与计算方法同第二章第一节(略)。

玉米产量性状：收获后进行玉米考种和测产。测定方法同第二章第一节(略)。

氮肥利用率(%)=(施氮处理总吸氮量-不施氮处理总吸氮量)/施氮量×100

氮肥农学效率(白伟等，2018)=(施氮处理-不施氮处理)产量/施氮量

数据统计及分析方法同第二章第一节(略)。

二、土壤容重及孔隙度

秸秆还田配施氮肥对玉米收获期耕层（0~40 cm）土壤容重有显著影响(图 4-10a)。试验处理前(2016 年 4 月中旬，BF)，土壤质地比较黏重(0~40 cm 土层平均土壤容重为 1.56 g/cm^3)，不同年份玉米收获期各处理耕层平均土壤容重均随秸秆还田年限和施氮量的增加而降低，各处理土壤容重均由大到小依次为 CK、N1、N2、N3。2016 年，N2 和 N3 处理的土壤容重较 CK 分别显著降低 2.7%和 7.2%，而 N1 处理与 CK 无显著差异；2017 和 2018 年，N1、N2、N3

处理平均土壤容重较 CK 分别显著降低 4.0%、6.4%和 7.4%，而 N2、N3 处理间无显著差异。可见，在连续 3 年秸秆还田条件下各施氮处理 0~40 cm 层土壤容重较不施氮肥处理（CK）均大幅度降低，其中以中量（N2）和高量（N3）氮肥处理降幅最为显著。

秸秆还田条件下施氮肥各处理耕层（0~40 cm）土壤总孔隙度与土壤容重变化趋势相反，均随秸秆还田年限和施氮量的增加而增加，且中量与高量氮肥处理显著高于不施氮肥处理（图 4–10b）。各处理耕层土壤总孔隙度在 41.6%~47.5%，施氮肥各处理较试验处理前（41.1%）提高 6.9%~13.0%。2016 年，N2 和 N3 处理土壤总孔隙度较 CK 分别显著提高 3.8%和 10.2%，而 N1 处理与 CK 无显著差异；2017 和 2018 年，N1、N2、N3 处理平均土壤总孔隙度分别较 CK 显著提高 5.4%、8.6%和 9.9%，而 N2、N3 处理间无显著差异。这说明施中高量氮肥可显著改善还田后耕层土壤孔隙度，增加土壤透气性和贮水能力。

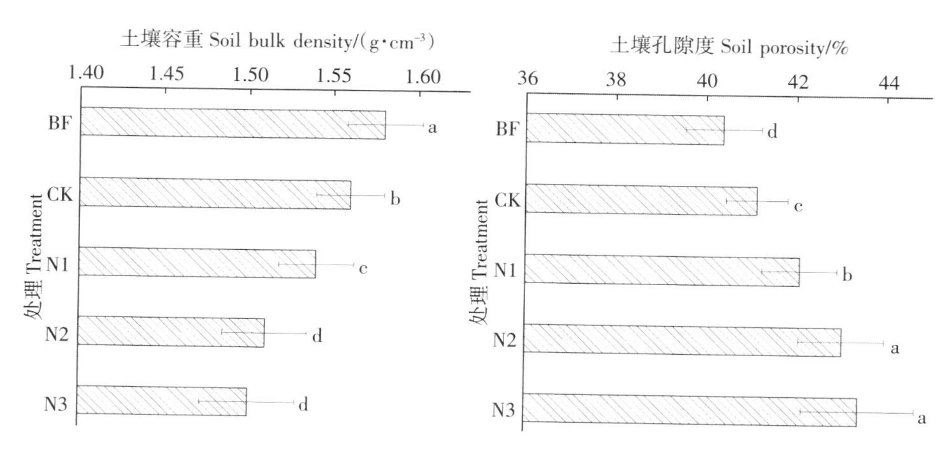

图 4–10　秸秆还田配施氮肥对 0~40 cm 层土壤容重和孔隙度的影响

注：柱上不同小写字母表示不同处理间差异达显著水平（$P<0.05$）。

三、玉米生育期土壤水分

由图 4–11 可知，由于不同生育期降水量、灌水量及玉米耗水强度的不同，2016 年、2017 年各处理 0~100 cm 层土壤贮水量呈先降低后升高，而 2018 年则呈升高—降低—升高的变化趋势。玉米生育前期（拔节期）植株较小，地面裸露面积大，氮肥施用量与 CK 均存在一定差异。2016 年，各处理由于4月中旬施入秸秆后耕层土壤比较疏松，土壤水分散失快，施氮肥各处理土壤贮水量均高于对照，但差异不显著。2017年，各处理土壤贮水量均随施氮肥的增加而增加，且N1、N2和N3处理土壤贮水量分别较CK显著提高7.5%、10.9%和12.0%；2018年，N1、N2处理分别较CK显著提高7.2%、10.7%，而N3处理与CK差异不显著。

在生育中期（大喇叭口期—抽雄期），作物耗水量增加，各处理土壤贮水量降至最低。2016年，随氮肥施用量的增加，各处理土壤贮水量升高，其保墒效果逐渐增强。N2、N3处理玉米大喇叭口期土壤贮水量分别较CK显著提高6.1%、8.5%，抽雄期土壤贮水量分别显著提高10.9%、9.0%，而N1处理土壤贮水量均与CK差异不显著。2017年大喇叭口—抽雄期，施用氮肥各处理土壤贮水量均显著高于对照，N1、N2和N3处理平均分别较CK显著提高13.2%、11.7%和6.9%。2018年，施氮各处理土壤贮水量同2016、2017年变化基本一致，在大喇叭口期土壤贮水量均随施氮量的增加而升高（2016年），而在抽雄期土壤贮水量随施氮量的增加呈先升高后降低（2017年）。N1、N2和N3处理平均土壤贮水量分别较CK显著提高8.1%、18.2%和16.1%。

玉米生育后期（灌浆—收获期）以后处于雨季，各处理土壤贮水量有所提高。2016年灌浆期N2和N3处理土壤贮水量分别提高14.4%和11.4%，收获期分别提高9.1%和7.2%，而N1处理与CK差异不显著。2017年，N1和N2

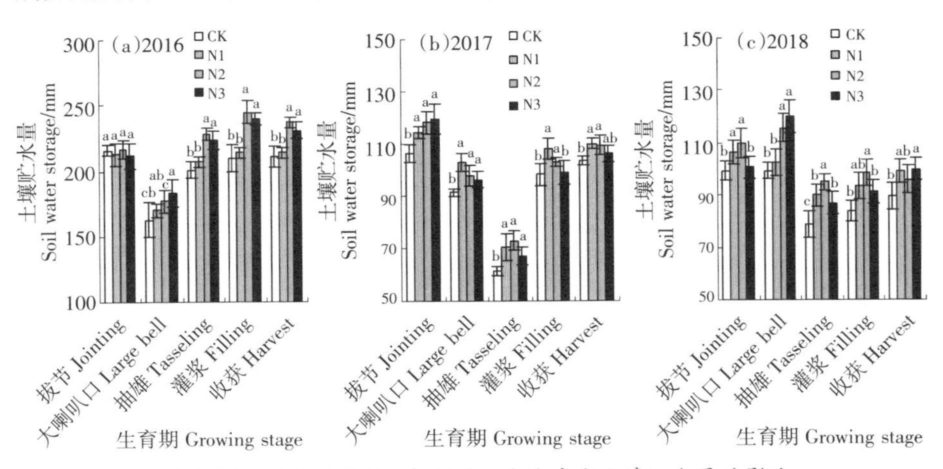

图4-11 秸秆还田配施氮肥对玉米生育期土壤贮水量的影响

注：同一生育期不同小写字母表示处理间差异达显著水平（$P<0.05$）。

处理土壤贮水量较高，平均分别较 CK 显著提高 8.0%、5.4%，而 N3 处理与 CK 差异不显著。2018 年，N1、N2 和 N3 处理平均土壤贮水量分别较 CK 显著提高 11.5%、12.5%和 10.5%。综合 3 年研究结果发现，在秸秆还田条件下不同氮肥用量，与不施氮肥处理相比，可有效保蓄玉米整个生育期土壤贮水量，其中以 N2 处理效果最为显著，N3 处理次之，平均分别显著提高 10.9%和 8.6%。

四、0~40 cm 层土壤养分状况

（一）土壤有机碳及全氮

试验处理前（BF）和每年收获期 0~40 cm 层土壤有机碳氮含量如图 4-12。与 BF 相比，2016 年、2017 年和 2018 年各处理的土壤有机碳含量均得到有效增加，增幅分别为 0.8%~13.9%、1.5%~16.7%和 2.6%~24.2%（图 4-12a）。2016 年，N1、N2 和 N3 较 CK 的土壤有机碳含量分别显著提高 6.1%、12.9%和 7.4%，N1 与 N3 处理间无显著差异。2017 和 2018 年土壤有机碳含量均随氮肥施用量增加而逐渐增加，其中 N3 处理增幅最高，较 CK 分别显著提高 15.0%和 21.0%。

与 BF 相比，收获期各氮肥处理 0~40 cm 层土壤全氮含量均显著增加，且随氮肥施用量增加而逐渐递增（图 4-12b）。2016 年，各处理土壤全氮含量较 CK 显著提高 18.7%~34.3%，N2 与 N3 处理间无显著差异；2017 年，N1、N2 和 N3 较 CK 的土壤全氮含量分别显著提高 20.7%、31.0%和 37.6%，而 N1 与

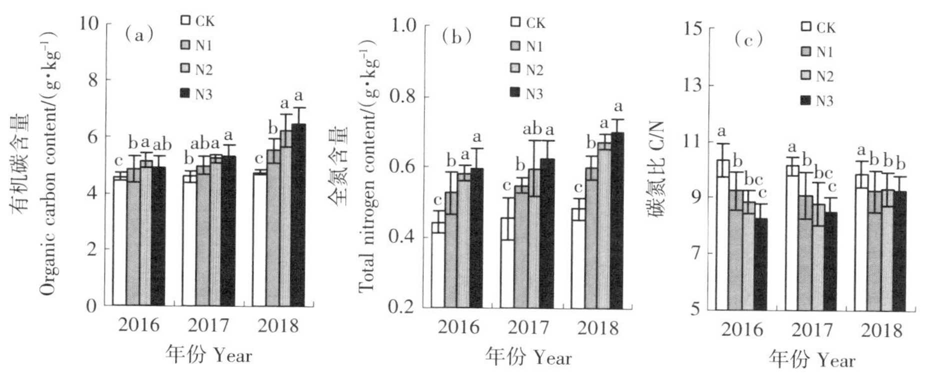

图 4-12　秸秆还田配施氮肥对 0~40 cm 层土壤碳氮含量的影响

注：同年不同小写字母表示处理间差异达显著水平（P<0.05）。

N2、N2 与 N3 处理间差异均不显著；2018 年，以 N2 和 N3 处理土壤全氮含量最高，较 CK 分别显著提高 33.3%和 37.5%，N1 处理次之，显著提高 27.1%，N2 与 N3 处理间无显著差异。

秸秆还田配施氮肥不同用量各处理与 BF 相比，0~40 cm 层土壤碳氮比均表现为不同程度的降低（图 4-12c）。2016 年，N1、N2 和 N3 处理与 CK 相比，土壤碳氮比分别显著降低 10.6%、14.3%和 20.0%，N1 与 N3 处理间差异显著。2017 年，N1、N2、N3 较 CK 的土壤碳氮比分别显著降低 10.4%、13.1%和 16.3%。2018 年，与 CK 相比，各氮肥处理的土壤碳氮比降幅为 N1>N3>N2，分别显著降低 16.6%、13.6%和 13.0%。

（二）土壤速效养分

如图 4-13 所示，不同秸秆还田年限下玉米收获期各处理 0~40 cm 层土壤速效养分含量 2018 年均高于 2016 年和 2017 年。施氮肥可显著增加 0~40 cm 层土壤碱解氮含量，2016 和 2018 年均以 N2 处理最高，而 2017 年以 N3 处理最高，N1、N2 和 N3 处理 3 年平均分别较 CK 显著增加 11.8%、18.8%和 17.0%。2016 年各处理土壤有效磷含量以 N1 处理最高，其次为 N2 和 N3 处理，分别较 CK 显著增加 24.8%、20.6%和 12.1%；2017 和 2018 年各处理土壤有效磷含量均随施氮量的增加而增加，以 N3 处理增幅最大，N2 处理次之，两年平均分别较 CK 显著提高 18.2%和 22.7%，但 N1 处理与 CK 差异不显著。2016 年施氮肥各处理对土壤速效钾含量提升均有显著效果，N1、N2 和 N3 处理分别较 CK 显著提高 17.1%、26.2%和 17.1%。2017 年 N1 处理分别较 CK

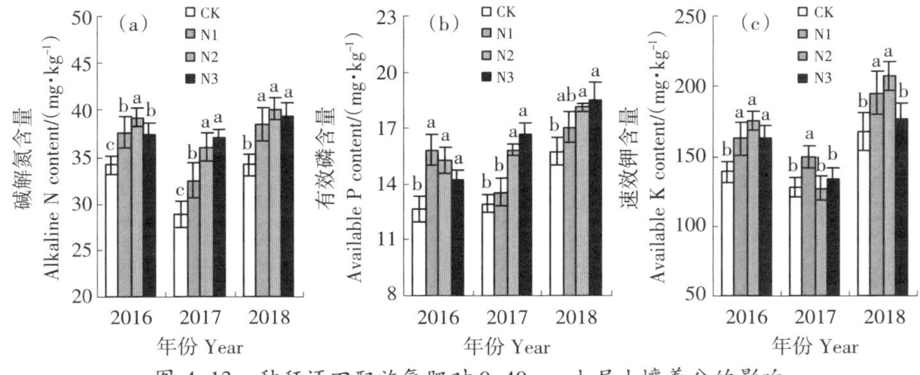

图 4-13 秸秆还田配施氮肥对 0~40 cm 土层土壤养分的影响

注：同年不同小写字母表示处理间差异达显著水平（P<0.05）。

显著提高 16.4%，而 N2、N3 处理与 CK 差异不显著。2018 年 N1、N2 处理分别较 CK 显著提高 16.2%和 23.6%，而 N3 处理与 CK 差异不显著。可见，秸秆还田配施氮肥能有效增加土壤有机碳氮和速效养分含量，调控土壤碳氮比，对提高土壤保肥供肥能力效果显著，以 N2 和 N3 处理土壤培肥效果较佳。

五、玉米产量、水肥利用效率

（一）玉米产量性状

如图 4-14 所示，秸秆还田配施氮肥对玉米产量构成因子和产量均产生一定的影响。2016 年，不同氮肥用量处理较 CK 的穗数显著提高 6.0%~20.1%，其中 N1、N2 处理分别显著降低 10.7%、20.1%；N2、N3 较 CK 的穗粒数分别显著提高 13.4%和 8.4%，N1 较 CK 促进穗粒数增加效果不显著；与 CK 相比，百粒重以 N1、N2 处理较高，分别显著提高 2.5%、2.8%。2017 年，与 CK 相比，N1 和 N2 处理的穗数分别显著提高 8.8%和 3.7%，N3 处理不利于穗数提高；促进穗粒数增加以 N2 处理最为显著，N1 和 N3 处理次之，较 CK 分别显著增加 28.2%、45.8%、27.3%；不同氮肥施用量以 N1 和 N2 处理对提高百粒重效果显著，较 CK 分别提高 2.4%、5.0%。2018 年，穗数和百粒重以 N2 处理最优，较 CK 分别显著提高 39.1%、24.8%；与 CK 相比，N1、N2 和 N3 的穗粒数分别显著增加 9.4%、8.4%和 11.4%。

连续 3 年秸秆还田条件下玉米籽粒产量、生物产量和收获指数均随氮肥施用量的增加呈先增加后降低的变化趋势（图 4-14）。2016 年，与 CK 相比，N2、N3 处理玉米籽粒产量分别显著提高 32.1%和 23.7%，生物产量分别显著提高 13.4%和 12.9%，收获指数别显著提高 16.5%和 9.8%，而 N1 与 CK 间均无显著差异。2017 年，玉米籽粒产量以 N2 处理最高，较 CK 显著增产 21.5%，N1 和 N3 处理次之，较 CK 分别显著增产 17.5%和 10.2%；生物产量以 N1 处理最高，较CK 显著提高 17.0%，N2 处理次之，较 CK 显著提高 10.1%，而 N3 与 CK 间无显著差异；收获指数 N2 处理分别较 CK 显著提高 10.2%，而 N1 和 N3 处理与 CK 无显著差异。2018 年，各处理间玉米籽粒产量差异显著，N1、N2 和 N3 处理分别较 CK 显著增产 36.6%、63.7%和 23.2%；生物产量 N2 处理较 CK 显著提高 39.5%，N1 和 N3 处理次之，较 CK 分别显著提高 26.3%和 9.2%；收获指数 N1、N2 和 N3 处理分别较 CK 显著提高 15.9%、17.4%和 13.0%。

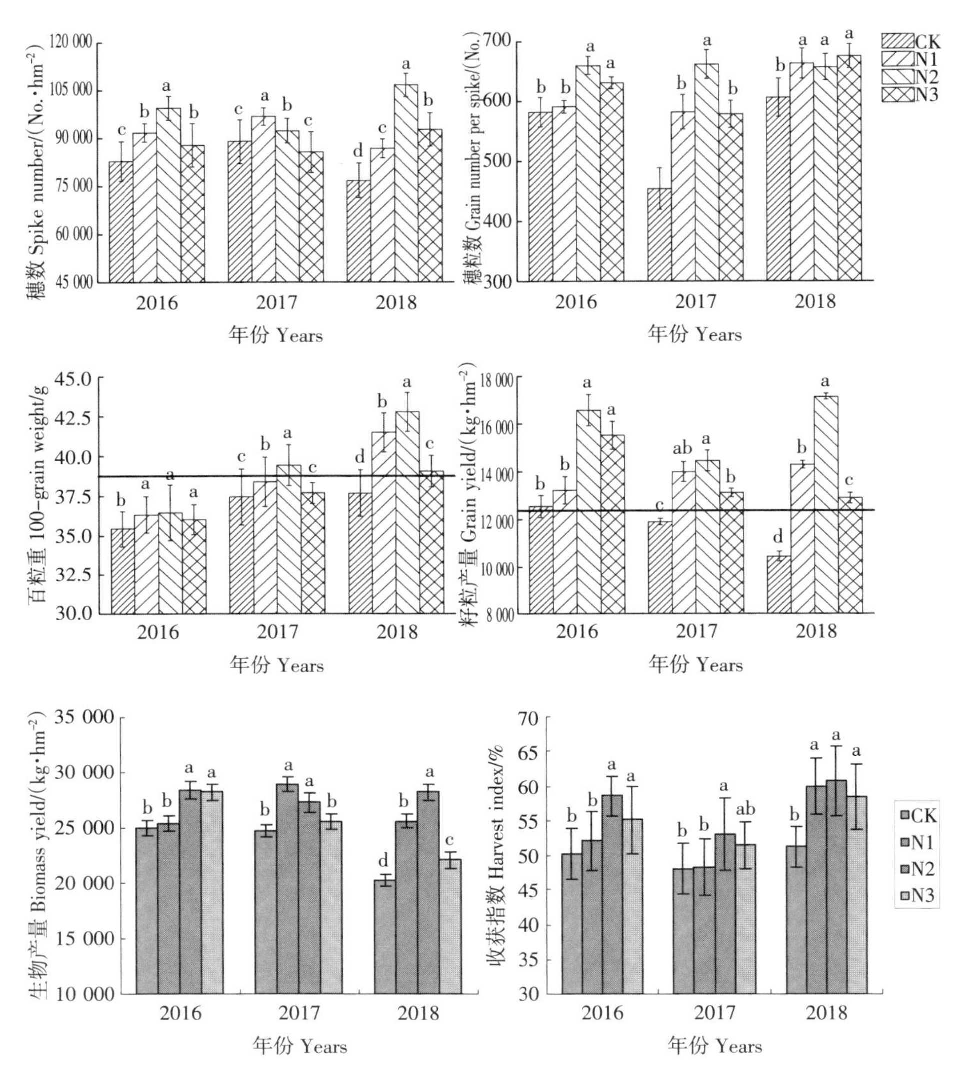

图 4-14 秸秆还田配施氮肥对玉米产量的影响

注:同年不同小写字母表示处理间差异达显著水平($P<0.05$)。

(二)玉米产量与施氮量的关系

通过对 3 年玉米籽粒产量与氮肥施用量进行曲线拟合发现，秸秆还田配施氮肥不同用量对玉米籽粒产量的影响均呈二次函数，且秸秆还田配施氮肥有助于玉米增产，但是，当氮肥施用量超过一定量后反而会造成玉米产量下降(图 4-15)。2016 年氮肥施用量(X)同玉米籽粒产量(Y)的回归方程为:$Y=-0.029\ 3X^2+16.875X+12\ 193$ ($R^2=0.768\ 8$),函数求导得出当 $Y'=0$ 时,$X=288.0$ kg/hm² 可获得最高玉米籽粒产量 13 988 kg/hm²。2017 年氮肥施用量(X)同玉米籽粒产量(Y)的回归方程为:$Y=-0.038\ 1X^2+19.873X+11\ 897$($R^2=0.999\ 5$),函数求导得出当 $Y'=0$ 时,$X=260.8$ kg/hm² 可获得最高玉米籽粒产量 14 489 kg/hm²。2018 年氮肥施用量(X)同玉米籽粒产量(Y)的回归方程为:$Y=-0.103\ 5X^2+52.75X+10\ 179$($R^2=0.994\ 1$),函数求导得出当 $Y'=0$ 时,$X=254.8$ kg/hm² 可获得最高玉米籽粒产量 16 900 kg/hm²。

通过对 3 年玉米籽粒产量与氮肥施用量进行曲线拟合发现,氮肥不同施用量对玉米籽粒产量的影响均呈二次函数,且施适量氮肥有助于还田后玉米

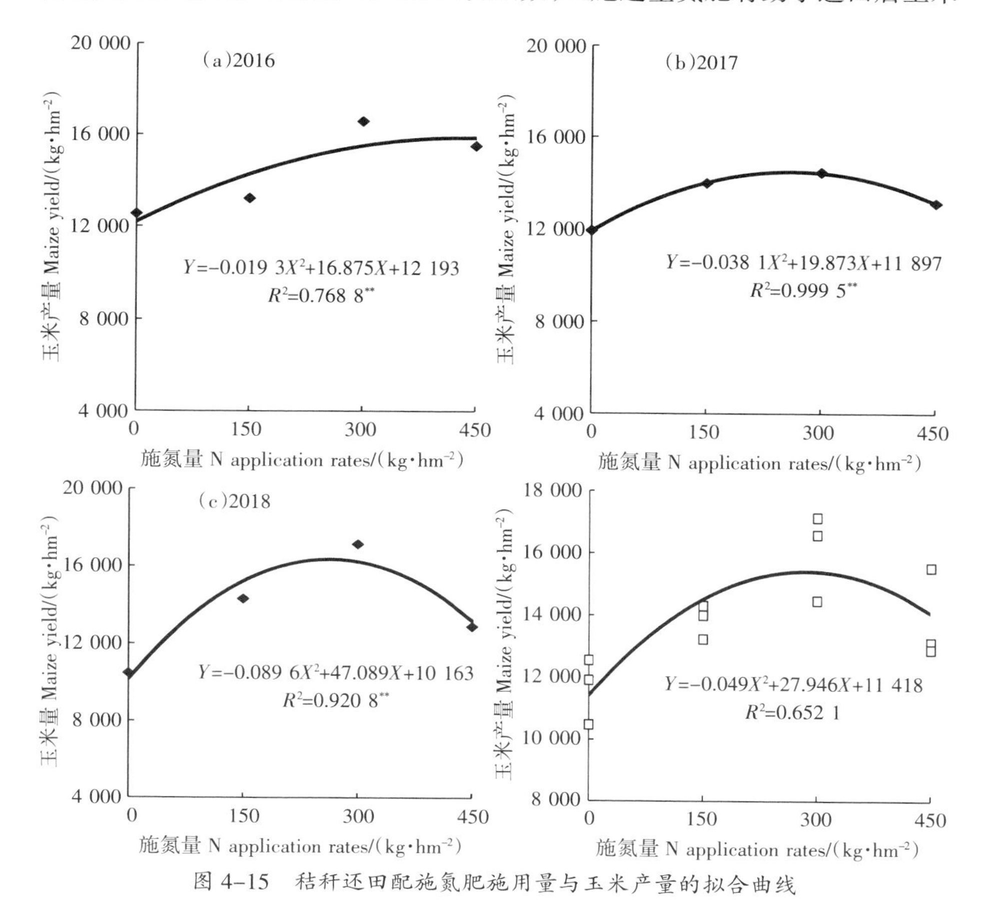

图 4-15　秸秆还田配施氮肥施用量与玉米产量的拟合曲线

增产，但是，当氮肥施用量超过一定量后反而会造成玉米籽粒产量下降（图4-15）。3 年氮肥施用量（X）与玉米籽粒产量（Y）的回归方程为：$Y=-0.049X^2+27.946X+11\ 418$（$R^2=0.652\ 1$），当 $Y'=0$（函数求导）时，$X=285.2$ kg/hm² 可获得最高玉米籽粒产量 15 402.6 kg/hm²。可见，当氮肥施用量为 285.2 kg/hm² 可使玉米籽粒产量达到最高，如继续加大氮肥配施量会抑制玉米籽粒产量的增加。结合 3 年秸秆还田配施氮肥实际用量可知，建议氮肥施用量为 250~300 kg/hm² 时可实现玉米增产效果最优。

（三）玉米水肥利用效率

如表 4-9 所示，秸秆还田配施氮肥可通过调控作物耗水量，从而提高作物水分利用效率。2016 年灌水量（畦灌方式，4 500 m³/hm²）略高于 2017 年和 2018 年（滴灌方式，4 275 m³/hm² 和 4 200 m³/hm²），然而 2017 年和 2018 年玉米生育期降水量（297.2 mm、274.4 mm）是 2016 年（146.4 mm）两倍左右，2017 年和 2018 年作物耗水量明显高于 2016 年，而 3 年玉米籽粒产量各处理年际间差异不明显，因而 2016 年玉米水分利用效率明显高于 2017 年和 2018 年。2016 年施氮肥各处理下作物耗水量较 CK 增加，其中 N2 和 N3 处理分别较 CK 显著增加 3.9%和 3.4%，而 N1 处理与 CK 差异不显著；2017 年各处理间作物耗水量无显著差异；2018 年各处理下作物耗水量随施氮量的增加呈先增加后降低，N1 处理较 CK 显著提高 5.8%，而 N3 处理较 CK 显著降低 7.6%。2016 年 N2 处理水分利用效率较 CK 显著提高 27.5%，N3 处理较 CK 显著提高 19.8%，而 N1 处理与 CK 差异不显著；2017 年 N1、N2 和 N3 处理水分利用效率分别较 CK 显著提高 19.0%、22.1%和 11.7%。2018 年，各施氮处理水分利用效率均显著高于 CK，N1、N2 和 N3 处理分别提高 29.3%、64.6%和 33.3%。

随施氮量的增加，各处理的氮肥农学效率 2016 年和 2017 年呈先增加后降低，而 2018 年呈下降趋势。2016 年 N2 处理氮肥农学效率最高，均显著高于 N1 和 N3 处理；2017 年 N2 处理氮肥农学效率最高，均显著高于 N1 和 N3 处理；2018 年 N1 处理氮肥农学效率最高，N2 处理次之，均显著高于 N3 处理。秸秆还田条件下各处理的氮肥利用率随施氮量的增加而降低。2016 年和 2017 年 N1 和 N2 处理氮肥利用率均显著高于 N3 处理，而 N1、N2 处理间差异不显著；2018 年各处理氮肥利用率高低次序依次为 N1、N2、N3，且处理间差异显著，分析其原因可能由于秸秆还田后，高氮肥处理现出抑制作物秸秆中氮的积累，降低氮素在作物茎和叶中的累积和分配，促进氮素向玉米籽粒转移。综合 3 年秸秆还田试验研究结果发现，施低量和中量氮肥对提高玉米氮肥农学效率和氮肥利用率效果显著。

表 4-9 秸秆还田配施氮肥对水肥利用效率的影响

年份	处理	耗水量/mm	水分利用效率/($kg·hm^{-2}·mm^{-1}$)	氮肥农学效率/($kg·kg^{-1}$)	氮肥利用率/($kg·kg^{-1}$)
2016	CK	564.7±16.4 b	22.2±1.6 b	—	—
	N1	567.9±14.8 b	23.3±2.2 b	4.6±1.0 b	40.6±5.2 a
	N2	586.7±18.2 a	28.3±3.7 a	13.4±3.3 a	38.4±4.4 a
	N3	583.9±10.6 a	26.6±2.5 a	6.6±0.9 b	30.7±3.9 b
2017	CK	729.0 ±26.5 a	16.3 ±3.4 b	—	—
	N1	723.1 ±36.1 a	19.4±2.0 a	7.0±0.4 a	34.6±6.4 a
	N2	727.3 ±24.8 a	19.9±1.5 a	8.5±2.6 a	30.4±3.8 a
	N3	721.4±33.6 a	18.2 ±2.2 ab	2.7±1.5 b	23.0±2.7 b
2018	CK	712.5±23.4 b	14.7±1.9 c	—	—
	N1	753.7±34.1 a	19.0±3.1 b	25.6±0.8 a	42.3±4.3 a
	N2	708.9±29.4 b	24.2±3.2 a	14.8±0.6 b	34.6±6.1 b
	N3	658.2±31.7 c	19.6±2.6 b	5.4±1.6 c	22.2±3.9 c

注：同年同列不同小写字母表示处理间差异达显著水平($P<0.05$)。

六、讨论与结论

(一)讨论

1. 土壤物理性状

土壤容重直接影响土壤水、肥、气、热的变化，是衡量土壤物理性状的重要指标之一(张珍明，2017)，而秸秆还田配施氮肥是改善耕层土壤物理性状的有效措施(López-Fando，et al.，2007；孟祥宇等，2021)。秸秆还田配施氮肥可调节土壤三相比，显著改善土壤结构，降低土壤容重(白伟等，2015，2017a)。

若稻麦轮作区实施全量秸秆还田配施氮磷钾肥能够降低水稻土的土壤容重，提高土壤总孔隙度（房焕等，2018）。庞党伟等（2016）研究结果表明，秸秆还田条件下施用氮肥通过影响秸秆腐解对土壤物理性质产生影响，总体上表现为增施氮肥有增加孔隙度的趋势。本研究结果表明，连续3年秸秆还田配施氮肥不同量，各氮肥处理均能有效降低0~40 cm层土壤容重，增加土壤孔隙度，且氮肥施用量越高，改善效果越明显，这与庞党伟等（2016）的研究结果一致。分析其原因，首先深翻秸秆还田能有效打破犁底层，会增加地下根系和土壤生物的活动，促进孔隙的形成，改善了土壤孔隙度的空间分布，降低耕层土壤容重（Naveed et al.，2014）；其次，在添加外源氮肥作用下可促进秸秆腐解，向土壤提供大量分解物与土壤颗粒结合形成稳定的团粒结构，从而使土壤容重降低，总孔隙度增加（庞党伟等，2016；张聪等，2018）。但李荣等（2019）研究表明，秸秆还田条件下施用氮肥对土壤容重的降低效果随氮肥施用量增加呈先促进后抑制的变化趋势，这与本试验研究结果不一致，分析其原因，短期还田秸秆腐熟过程需要消耗土壤中大量养分，进而导致土壤质地黏重，土壤容重增大，孔隙度变小（吴鹏年等，2020）。

秸秆还田结合施肥既有培肥改土的作用（张亚丽等，2012），又有增强土壤蓄水保墒的能力（高飞等，2016），且作物不同生育时期的土壤蓄水效果与秸秆还田量、氮素水平有密切关系（张哲等，2016）。王金金等（2020）研究表明，秸秆还田配施适量氮肥有利于作物充分吸收利用土壤水分。本研究结果表明，秸秆全量还田配施氮肥对玉米生育中后期的土壤保水效果明显高于生育初期。这是由于秸秆还田后对土壤水分的影响具有双重性：初期秸秆腐解过程消耗大量水分，产生与作物争夺水分的现象；中后期腐解过程结束后，施氮肥改善土壤的物理性状，增强土壤的保蓄水分能力（高飞等，2016）。有研究认为，秸秆还田条件下土壤贮水量随施氮量的增加呈先增后减，在施氮262.5 kg/hm^{2}时达到最高，而施氮量达350 kg/hm^{2}时出现明显下降（张亮等，2013）。本研究发现，秸秆还田配施氮肥可有效保蓄玉米生育期土壤贮水量，且中低氮肥（N1、N2）处理高于高氮肥处理（N3）。究其原因，其一秸秆还田条件下土壤无效蒸发减少，水分条件得到改善，同时对氮肥的投入需适当减少（高飞等，2016），既能调节土壤养分供应状况、也影响秸秆的分解矿化速率，具有明显的保墒效应。其二，玉米生育期高氮肥处理植株长势较好，植株蒸腾耗水大导致土壤贮水量降低(吴鹏年等,2020)。

2. 土壤养分

土壤有机质是衡量土壤肥力的重要指标之一,秸秆还田配施氮肥可有效提高土壤有机碳含量,平衡土壤养分(Whitbread,et al.,2003),且秸秆配施适量氮肥还田可有效调节土壤碳氮比,加速土壤微生物分解秸秆并释放营养元素补充到土壤中,有效提升土壤有机碳和全氮含量(侯贤清等,2018a;吴鹏年等,2019)。张愉飞等(2020)研究认为,秸秆还田配施氮肥可增加土壤有机质和土壤全氮含量,施氮量为 225 kg/hm² 时土壤有机碳和土壤全氮含量最高。王学敏等(2020)研究结果表明,在秸秆还田条件下氮肥减量施用处理当年就显著提高土壤有机碳含量,不同程度提高全氮含量。在本研究中,秸秆还田条件下,0~40 cm 层土壤总有机碳和全氮含量随配施氮肥用量的增加呈逐渐上升趋势,这与 Wang,et al.,(2014)研究结果一致,秸秆还田配施氮肥能提高耕层(0~40 cm)土壤有机碳、全氮含量,其中以施 300 kg/hm² 和 450 kg/hm² 氮肥处理表现最佳。究其原因:秸秆还田具有较强的持水能力,有助于秸秆腐解,在微生物和酶的作用下使土壤有机质含量增加,同时施入无机氮,会改善土壤氮素的供给水平,使土壤碳氮比降低,更有利于促进微生物的增殖及分解更多的有机质,进而增加土壤有机质中碳的分解与释放及土壤全氮的含量(李涛等,2016a)。大量施用氮肥造成土壤中氮素过量,秸秆还田可有效补充土壤有机碳(朱文玲等,2018),提高土壤碳氮比,增强对氮固持能力,防止土壤氮素挥发,改善土壤全氮含量(侯贤清等,2018a)。

秸秆还田能直接改善土壤养分供应情况,且与作物生长密切相关的速效氮、磷、钾含量随氮肥施用量的增加呈显著上升(张娟琴等,2019)。侯贤清等(2018a)研究表明,秸秆还田配施氮肥可有效提高土壤速效养分含量。吴鹏年(2019)和李荣等(2019)通过两年大田试验发现,秸秆与化肥配施还田能显著改善土壤的物理性状,增加土壤速效养分含量。本研究中,秸秆还田配施氮肥可有效增加 0~40 cm 层土壤速效养分含量,以氮肥施用量 300 kg/hm² 对提升土壤速效养分效果最佳,一方面可能是土壤碳氮比偏高或偏低均会抑制土壤微生物的繁殖及土壤酶活性,进而抑制秸秆腐解及养分释放对土壤养分的补充(吴鹏年等,2019),而 300 kg/hm² 氮肥施用量处理下土壤碳氮比较其他处理最接近土壤微生物活动的最适宜碳氮比(25:1)(侯贤清等,2018b),而适宜的土壤碳氮比最利于秸秆腐解，以补充土壤的养分含量(勉有明等，2021)；另一方面由于秸秆还田使土壤中有机物质增加，直接或间接地刺激了微生物的活动，加速有机质分解为土壤有效养分，秸秆还田配施合理的氮肥用量可改善耕层土壤性质，减少土壤速效养分流失(胡宏祥等，2015；庞党伟等，2016)，促进土壤中可溶性物质的转化，增强土壤中养分的可利用性，提升土壤中速效养分的含量(侯贤清等，2018a)。本研究结果还显示，2017 年的土壤速效氮、钾养分含量低于 2016 年和 2018 年，这可能是 2016 年播前基施有机肥，有机肥恰好在秸秆还田第二年发挥其最佳作用，促进玉米营养生长，进而从土壤吸取大量养分，同时秸秆腐熟过程也需要消耗土壤中大量养分，进而导致 2017 年土壤速效养分含量下降(吴鹏年，2019)。此外，可能与当年气候特征等因素影响也有关(李鹏程等，2017)。

3. 玉米产量与水肥利用效率

秸秆还田条件下，施用氮肥促进玉米籽粒产量增加是主要通过改善耕层土壤理化性质，增加单位面积玉米穗粒数和百粒重，进而达到籽粒产量增加(庞党伟等，2016)。而白伟等(2017b)研究认为，秸秆还田条件下氮肥处理下春玉米增产的主要原因是百粒重和行粒数的显著提高。本研究结果表明，秸秆还田配施氮肥 450 kg/hm^2 对促进玉米穗粒数增加效果最佳，但玉米穗数和百粒重分别低于配施氮肥 150 kg/hm^2 和 300 kg/hm^2 处理，究其原因：第一，过量施氮会导致群体过大，不利于穗部发育，从而导致穗粒数减少，粒重下降，影响最终籽粒产量(王金金等，2020)；其二，氮肥过量产生高氮胁迫，对玉米生长发育产生抑制作用，导致作物贪青晚熟，使玉米有效穗数及籽粒充实度降低(宫明波等，2018；王宁等，2012)。前人研究(李涛等，2016a；王金金等，2020)指出，施氮量和作物籽粒产量呈二次曲线关系，在一定阈值范围内，施氮能增加产量；当施氮量超过临界值，产量有所下降。白伟等(2017a)研究报道，秸秆还田条件下，随着施氮量的增加玉米籽粒产量也在增加，但增加到一定程度后，产量不再增加。本研究也表明，在秸秆还田的基础上配施氮肥对玉米籽粒产量的影响呈二次函数，随着施氮量的增加，玉米籽粒产量呈先增加后降低的趋势，说明秸秆还田配施适量氮肥可以实现玉米增产，若继续加大氮肥配施量会抑制玉米籽粒产量的增加，分析其原因可能是氮利用存在拐点或者阈值，故施氮量达到一定水平后，玉米籽粒物产量会表现为下降(焦晓光等,2018)。

张亮(2012)研究认为,秸秆全量还田配施氮肥可提高关中平原冬小麦产量和水分利用效率。高金虎等(2011)在辽西风沙半干旱区通过秸秆还田配施氮肥研究发现,以秸秆还田量 6 000~9 000 kg/hm² 配施纯氮 420 kg/hm² 对提高玉米产量和水分利用率效果最佳。李荣等(2019)在宁夏扬黄灌区通过秸秆还田配施氮肥研究发现,以秸秆全量还田(9 000 kg/hm²)配施纯氮 300 kg/hm² 对提高玉米水分利用率效果最佳。勉有明等(2021)研究也认为,秸秆还田条件下适量氮肥可显著提高宁夏扬黄灌区玉米水分生产率。本文通过对宁夏引黄灌区连续 3 年研究显示,秸秆还田配施不同量氮肥可显著提高玉米产量和水分利用效率,以 300 kg/hm² 氮肥施用处理效果最佳,这是因为连续秸秆还田能增加土壤孔隙度,增强对作物生育中后期土壤水分的保蓄能力,对土壤养分有一定提高效果,进而对玉米产量构成因素产生促进作用(吴鹏年等,2019),且适量氮肥(300 kg/hm²)可调控土壤碳氮比接近土壤微生物活动最适碳氮比(25:1),从而加速秸秆腐解及养分释放,为玉米生长提供充足养分供应,最终促进玉米产量和水分利用效率显著增加(侯贤清等,2018a)。

氮肥农学效率指施氮后粮食产量净增加量与施氮量的比值(Hirel,et al.,2007),且随施氮量增加而逐渐增加,当施氮量高于 225 kg/hm² 时,又呈降低变化趋势(曹哲等,2017)。而秸秆还田条件下,配施氮肥可有效提高氮肥农学效率,氮肥农学效率也遵循随施氮量增加呈先增加后降低的变化趋势。有研究结果表明,秸秆还田条件下施氮肥可提高氮肥农学利用效率、氮肥利用率,配施氮量为 180 kg/hm² 时,氮肥农学利用效率和氮肥利用率最高(张愉飞等,2021)。张鑫等(2014)研究表明,秸秆全量还田条件下,施氮 200 kg/hm² 可获得较高的氮肥利用率。但白伟等(2018)研究表明,秸秆还田配施氮肥条件下氮肥农学效率随施氮量增加而逐渐降低。本研究发现,秸秆还田条件下,氮肥农学率随施氮用量增加呈先增加后降低的变化趋势,但 2017 年和 2018 年氮肥农学效率随氮肥施用量增加而逐渐降低,这可能与当年气候特征、土壤肥力及环境等因素差异影响有关(李鹏程等,2017)。分析其原因:一是秸秆直接还田后施氮肥可弥补秸秆降解过程中土壤微生物对氮素的固持,从而保证氮素的供应(张鑫等,2014),而过量施氮造成土壤中氮素的过量,直接导致氮肥利用率随施氮量增加而降低(李伶俐等,2010),这与赵鹏等(赵鹏和陈阜,

2008)在冬小麦上的研究结果一致。秸秆还田条件下而氮肥利用率随施氮量的增加而降低,这与顾炽明等(2013)和陈金等(2015)研究结果一致。究其原因,一方面秸秆还田能促进土壤中有机氮的矿化,加速土壤氮循环,增大土壤通透性从而促进硝化作用,提高氮肥的利用率(王学敏等,2020);另一方面秸秆还田条件下施氮肥可激发土壤氮素的矿化,增加土壤碱解氮含量,提高土壤氮库的累积和活性成分含量,改善土壤的供氮能力,这有利于玉米对氮素的吸收利用(赵亚丽等,2016)。

(二)结论

(1)秸秆还田配施氮肥能有效降低 0~40 cm 耕层土壤容重,显著改善土壤孔隙状况,以秸秆还田配施氮肥 300 kg/hm^2 和 450 kg/hm^2 处理效果最为显著。

(2)秸秆还田配施氮肥能有效增加 0~40 cm 层土壤有机碳和全氮含量,调节土壤碳氮比,显著提高耕层土壤速效养分含量,以配施氮肥 450 kg/hm^2 处理对提高土壤有机碳及全氮含量效果最佳,而配施氮肥 300 kg/hm^2 处理对提高土壤碱解氮、速效磷和速效钾含量及调控土壤碳氮比效果最优。

(3)秸秆还田配施不同氮肥用量均可显著影响玉米穗数、穗粒数和百粒重,最终实现玉米籽粒产量、生物产量和收获指数增加,以秸秆还田配施氮肥 300 kg/hm^2 增产效果最优。

(4)玉米水分利用效率和氮肥农学效率随氮肥施用量的增加而先增加后降低,但氮肥利用率随施氮量的增加而降低,以配施氮肥 300 kg/hm^2 对提高玉米水分利用效率和氮肥农学效率效果最佳,较对照处理的水分利用效率显著提高 36.1%。通过 3 年数据拟合函数发现,秸秆还田条件下配施氮肥用量在 254.8~288.0 kg/hm^2 可使玉米增产效果达到最高。

综上所述,秸秆还田配施氮肥可有效改善土壤物理性状,增加土壤养分含量,调节土壤碳氮比,进而显著提高玉米产量和水肥利用效率。因此,从农业氮肥用量减施、玉米丰产和水氮高效利用角度考虑,施纯氮量 250~300 kg/hm^2 可改善宁夏扬黄灌区灰钙土理化性状,显著提高玉米产量和水氮利用效率,建议在秸秆还田过程中配合应用。

第六节　连续三年秸秆还田配施氮肥用量对土壤有机碳库和玉米产量的影响

土壤有机碳含量是判断土壤肥力、影响土壤稳定性和生产力的重要指标与因素，不合理的土地利用管理措施易引起土壤有机碳含量变化，导致土壤碳库损失和质量下降（Wiseman and Püttmann，2004；De，et al.，2015）。秸秆还田具有促进土壤碳积累等培肥效应，是农田土壤有机碳的重要来源（Wang，et al.，2010）。秸秆还田作为农田培肥的有效措施，不仅减少资源浪费和温室气体排放（甄丽莎等，2012），还为耕层土壤微生物提供了丰富碳源，提高微生物活性改善土壤肥力（Tanaka，et al.，2006；Lazarev and Abrashin，2000）。但是，秸秆中纤维素、半纤维素和木质素等主要成分在自然状态下难以被微生物分解（闫德智和王德建，2012），且秸秆被分解时，微生物需吸收一定量的氮素，从而与作物发生争氮现象，造成对土壤氮素的固持（李涛等，2016b；刘益仁等，2009）。秸秆还田后添加氮肥可促进秸秆降解，提高无机氮含量以弥补秸秆降解过程中土壤微生物对氮素的固持，从而保证对作物生长氮素的供给（Monaco，et al.，2011）。

碳库管理指数结合在人为作用下土壤碳库指标和碳库活度，能有效反映外界条件对土壤有机碳和活性有机碳含量变化的影响，因而能够较系统和敏感地反映农作措施等外界条件对土壤有机碳的影响，并全面和动态地监测土壤质量下降或更新的程度（Whitbread，et al.，1998；Loginow，et al.，1987）。碳库管理指数值下降表明土壤肥力下降，管理措施不合理，反之则表明土壤发展良好（徐明岗等. 2006）。不同农作措施在增加土壤有机碳含量的同时也有利于分解土壤有机碳，即土壤碳活性增强（龙攀等，2019；张霞等，2018；蔺芳等，2018）。龙攀等（2019）研究发现，以旱作为对照，早稻与晚稻秸秆还田后较对照（不还田）土壤有机碳含量和碳库管理指数均有不同程度增加。Chen，et al.，（2018）研究也表明，秸秆还田有效提高耕层有机质含量，可使 0~10 cm 层碳库管理指数提高 1.4~1.6 倍。

目前，在土壤有机碳组分和碳库管理指数方面已进行了大量研究（Vincent，

et al.,2019;Sushanta,et al.,2017)。近年来众多学者从不同角度对秸秆还田配施氮肥条件下对土壤结构、养分、酶活性和水分进行了一系列的研究(Huang et al. 2018;Kashif et al. 2019;Akhtar et al. 2019;侯贤清等. 2018),国内的研究主要侧重于不同耕作制度、有机物料添加和施肥制度下的变化规律,宁夏扬黄灌区土壤贫瘠,有机碳含量较低,有关秸秆全量还田条件下耦合不同施氮水平对耕层土壤有机碳组分和碳库管理指数方面的研究尚鲜见报道。因此,本研究通过滴灌和秸秆全量还田条件下配施不同用量氮肥,连续3年定点研究其对0~40 cm土壤有机碳组分、碳库管理指数和玉米产量的影响,以期为推动宁夏半干旱区秸秆还田和土壤培肥提供理论依据。

一、测定指标及方法

土壤总有机碳和活性有机碳含量测定：于2016年秸秆还田试验处理前和2018年10月玉米收获后,采集0~40 cm层土样,每个样品均为多点采集混合而成,然后用四分法取出足够的样品风干、过筛剔除土壤中未腐解的秸秆残留、研磨、过1 mm筛备用,分别测定土壤总有机碳和土壤活性有机碳含量。测定方法分别为：高温外加热重铬酸钾氧化-容量法、$KMnO_4$氧化法(Loginow,et al.,1987)。

采用Blair,et al.,(1995)方法,计算土壤碳库管理指数。

碳库指数(CPI)=样品土壤全碳含量/CK土壤全碳含量;碳库活度(L)=土壤活性有机碳含量/土壤非活性有机碳含量;碳库活度指数(LI)=样品土壤碳库活度/CK土壤碳库活度;碳库管理指数(CPMI)=CPI × LI×100。

玉米产量:收获后进行玉米考种和测产。测定方法同第二章第一节(略)。

数据统计及分析方法同第二章第一节(略)。

二、土壤有机碳及活性有机碳含量

处理前及2016年、2017年和2018年收获后0~40 cm层土壤总有机碳含量、碳氮比和活性有机碳均受秸秆还田和施氮的影响较为明显(图4-16)。与试验处理前相比,秸秆还田配施氮肥处理下土壤总有机碳含量随还田年限的增加而增加(图4-14a)。2016年,SR+N1、SR+N2和SR+N3处理较CK分别显著提高总有机碳含量6.1%、12.9%和7.4%，但SR+N1和SR+N3处理间无显著差异。2017 年和 2018 年土壤总有机碳含量均随施氮量增加而增加，其中 SR+N2 和 SR+N3 处理增幅最高。SR+N2 和 SR+N3 处理 SOC 较 CK 2017 年分别显著提高 15.4%、16.7%；2018 年分别显著提高 65.2%、68.3%。

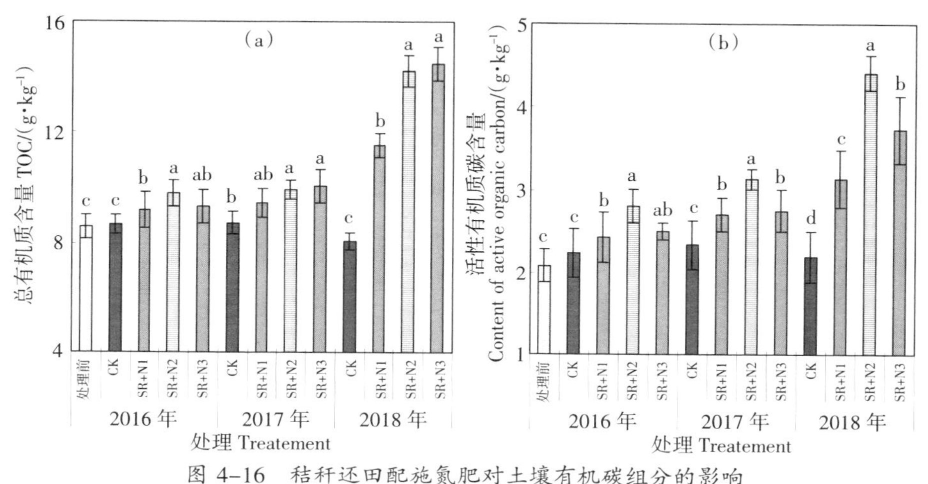

图 4-16　秸秆还田配施氮肥对土壤有机碳组分的影响

注：同年不同小写字母表示处理间差异达显著水平（$P<0.05$）。

连续 3 年秸秆还田配施氮肥处理下，土壤活性有机碳含量均显著高于处理前和 CK，其中以 SR+N2 和 SR+N3 处理活性有机碳含量较高（图 4-14b）。与处理前相比，2016 年、2017 年及 2018 年 SR+N1、SR+N2 和 SR+N3 处理下活性有机碳含量分别显著提高 26.0%~45.4%、42.1%~66.2% 和 104.0%~146.9%；SR+N1、SR+N2 和 SR+N3 处理 3 年活性有机碳含量较 CK 分别显著增加 10.9%~32.6%、19.9%~43.4% 和 55.6%~130.5%，其中 SR+N2 处理对提高活性有机碳含量效果最佳。表明秸秆还田配施氮肥能提高 0~40 cm 层土壤有机碳质量，但其效果与配施的氮肥量有关。

三、土壤碳库管理指数

秸秆还田配施不同量氮肥对碳库活度、碳库活度指数、碳库指数和碳库管理指数均影响显著（表 4-10）。与 CK 相比，连续 3 年秸秆还田配施氮肥对 0~40 cm 层土壤碳库活度、碳库活度指数、碳库指数和碳库管理指数分别平均提高 17.6%、125.3%、29.0% 和 52.7%，其中 SR+N1 和 SR+N2 处理对提高土壤碳库活度和碳库活度指数效果最好，分别平均显著提高土壤碳库活度10.7%、34.0%和碳库活度指数111.3%、155.5%，而SR+N2和SR+N3处理对提高土壤碳库指数和碳库管理指数效果最佳，分别显著提高土壤碳库指数34.2%、33.9%和碳库管理指数82.2%、45.7%。

表4-10 秸秆还田配施氮肥对碳库管理指数的影响

年份	处理	碳库活度	碳库活度指数	碳库指数	碳库管理指数/%
2016	CK	0.25b	0.55c	1.00c	25.00b
	SR+N1	0.26b	1.06b	1.06b	28.04b
	SR+N2	0.31a	1.23a	1.13a	34.68a
	SR+N3	0.27b	1.09b	1.07b	29.25b
2017	CK	0.27c	0.52c	1.00c	26.58c
	SR+N1	0.30b	1.14b	1.08b	32.82b
	SR+N2	0.36a	1.36a	1.14a	40.98a
	SR+N3	0.29bc	1.09b	1.15a	33.19b
2018	CK	0.27c	0.50c	1.00b	26.58d
	SR+N1	0.30b	1.12b	1.43b	42.39c
	SR+N2	0.38a	1.43a	1.76a	66.78a
	SR+N3	0.29bc	1.08b	1.79a	51.47b

注：同年同列不同小写字母表示处理间差异达显著水平（P<0.05）。

四、玉米产量与土壤有机碳的关系特征

由图4-17可知，秸秆还田配施氮肥对玉米籽粒产量影响显著。2016年各处理随施氮量增加呈逐渐先增后减趋势，SR+N2和SR+N3处理分别较CK显著增产32.1%和23.7%，SR+N1处理则与CK间无显著差异。2017年各处理也是随施氮量增加呈逐渐先增后减趋势，较CK，SR+N2处理促进籽粒产量增加效果最好，显著增产21.5%，其次是SR+N1和SR+N3处理，分别显著增产17.5%和10.2%。2018年玉米籽粒产量随施氮量增加，变化趋势同前两年一致，且各处理间差异显著，与CK相比，SR+N1、SR+N2和SR+

N3 处理分别显著提高籽粒产量 36.6%、63.7%和 23.2%。综上所述，秸秆还田条件下配施一定量的氮肥均有助于玉米增产，而超过一定量后反而会造成减产。

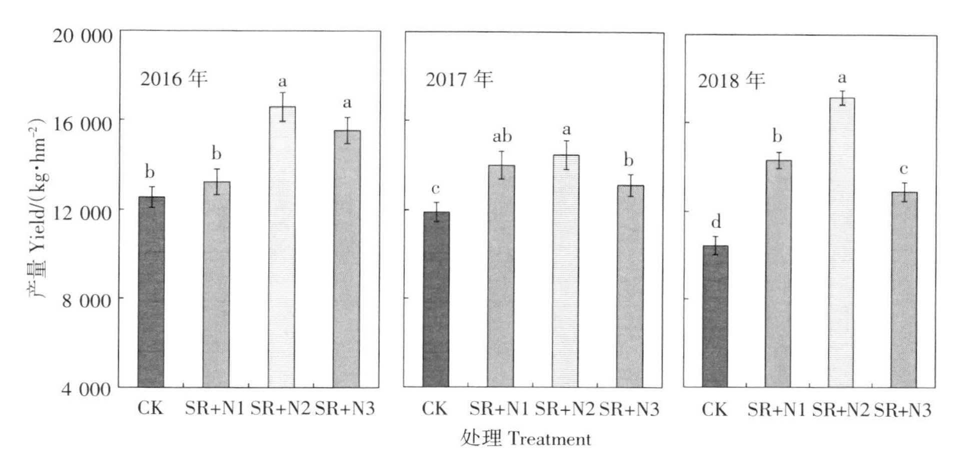

图 4-17 秸秆还田配施氮肥对玉米产量的影响

注：不同小写字母表示处理间差异达显著水平（$P<0.05$）。

通过玉米籽粒产量和总有机碳含量、活性有机碳含量及碳库管理指数的相关性分析表明，对照（CK）处理与土壤总有机碳和活性有机碳含量呈正相关关系，但与碳库管理指数间呈负相关关系，且均不显著；SR+N1 与 SR+N2 处理土壤总有机碳、活性有机碳含量和土壤碳库管理指数间均呈正相关关系，但均未达到显著水平；处理 SR+N3 与土壤总有机碳含量、活性有机碳含量和土壤碳库管理指数间相关性与处理 SR+N1 和 SR+N2 相反，呈负相关关系，但也未达到显著水平。

秸秆还田增施氮肥下玉米产量与活性有机碳含量、碳库管理指数的相关系数分别为 0.59^{*} 和 0.57^{*}，达到显著水平。结合表 4-11 和表 4-12 结果分析说明，秸秆还田配施氮肥主要通过提高耕层活性有机碳含量和碳库管理指数，来实现玉米增产，以处理 SR+N1 和 SR+N2 效果最佳。

表 4-11　秸秆还田配施氮肥条件下各土壤有机碳含量与玉米产量间的相关系数

指标	处理	总有机碳	活性有机碳	碳库管理指数
活性有机碳	CK	0.77	—	—
	SR+N1	0.96*	—	—
	SR+N2	0.99*	—	—
	SR+N3	1.00**	—	—
碳库管理指数	CK	–0.44	0.24	—
	SR+N1	0.97*	1.00**	—
	SR+N2	0.99*	1.00**	—
	SR+N3	1.00**	1.00**	—
产量	CK	0.93	0.48	–0.74
	SR+N1	0.78	0.93	0.91
	SR+N2	0.64	0.5	0.51
	SR+N3	–0.67	–0.71	–0.69

注:*表示在 $\alpha = 0.05$ 水平上相关显著;**表示在 $\alpha = 0.01$ 水平上相关显著。

表 4-12　各土壤有机质组分及玉米产量间的相关分析

相关系数	总有机质含量	活性有机质含量	碳库管理指数
活性有机质含量	0.95**	—	—
碳库管理指数	0.99**	0.93**	—
产量	0.45	0.59*	0.57*

注:*表示在 $\alpha = 0.05$ 水平上相关显著;**表示在 $\alpha = 0.01$ 水平上相关显著。

五、讨论与结论

(一)讨论

1. 土壤有机碳及活性有机碳含量

秸秆还田施用氮肥后能够显著增加土壤有机碳含量。Reid,et al.,(2017)研究认为,施用氮肥可提高土壤微生物活性,促进作物根系生长,但同时也加速了使土壤中残茬和有机碳的分解矿化,使土壤有机碳总量下降。但有研究认为,长期秸秆或有机残落物还田配施氮肥能有效提高土壤有机碳含量,降低碳氮比,促进作物生长(Christopher and Lal,2007;Singh,et al.,2007)。Zeng,et al.,(2018)研究也发现,秸秆管理与施氮量对华北平原土壤有较好的改善功能,能有效提高耕层土壤有机碳含量。本研究中,较秸秆还田不施氮肥,连续 3 年秸秆还田配施氮肥均对 0~40 cm 层土壤总有机碳含量有显著提高作用,且效果逐年增强,这与前人(Reid,et al.,2017)研究结果一致。这是因为秸秆自身碳氮比为 65:1~85:1,而适宜土壤微生物活动的碳氮比为 25:1(李春杰等,2015),适量外源施氮量有利于土壤碳氮比降低,提高土壤微生物的繁殖及土壤酶活性,使得秸秆腐解和土壤中有机质含量增加(Singh,et al.,2007)。

农作措施下土壤活性有机对引起土壤碳库的变化较为敏感,且与养分供给和作物生长密切相关(Blair,et al.,1995;Dalal and Mayer,1986;Zhou,et al.,2012)。Chaudhary,et al.,(2017)研究认为,施氮处理对有机碳中活性组分含量总体较对照有显著的影响,但效果低于有机肥的施入。李玮等(2014b)研究人为秸秆还田配施氮 540 kg/hm² 氮肥时,土壤活性有机碳含量最高,继续增加不利于活性有机碳的积累。本研究结果也表明,较试验处理前和对照处理,配施氮肥对活性有机碳含量影响显著,其中以 SR+N2 处理提高效果最佳。分析其原因,可能是由于该氮肥施用水平一方面改变了土壤供氮水平(Bhupinderpal and Rengel,2007),另一方面改变了土壤的水温等环境因子,进而提高土壤微生物活性,提高了有机物料的分解速率,分解了一部分结构较为复杂的有机组分,进而提高土壤中活性有机碳的含量(Kirschbaum,1995;Taylor,1994)。

2. 土壤碳库管理指数

Blair,et al.,(2006)研究发现,无机氮肥与有机物结合还田可显著提高耕层土壤碳库管理指数。吴建富等(2013)研究发现,全量秸秆还田配施化肥提高了土壤不同形态碳素含量和碳库管理指数,总有机碳、活性有机碳含量和碳库管理指数分别提高 1.8%~2.0%、5.9%~6.5%和 7.3%~7.8%,这与本研究结果相似:连续 3 年秸秆还田配施氮肥均对碳库管理指数有促进作用,但施氮量 150 kg/hm² 和 450 kg/hm² 较 300 kg/hm²,碳库管理指数均较低,这是因为在滴灌条件下施用无机氮肥和秸秆还田增加了外源有机物的投入,改善了土壤微环境,而施氮量 300 kg/hm^2 为耕层土壤微生物活动提供了更充足的碳源(Roper,et al.,2010),进而土壤酶活性和微生物生物量提高,加快了有机碳腐解速率,提高了活性有机碳组分含量和碳库活度,进而碳库管理指数提高(Blair,et al.,1995)。

3. 玉米产量与土壤有机碳库的关系

白伟等(2017b)研究发现,秸秆还田配施氮肥可提高春玉米的产量,增产效果主要表现在百粒重和行粒数的显著增加,且相同施氮量下,较秸秆不还田玉米增产 11.1%~11.6%,水稻增产 9.6%~23.0%。较单施氮肥,秸秆覆盖配施不同氮肥水平(90 kg/hm^2、180 kg/hm^2、270 kg/hm^2 和 360 kg/hm^2)玉米籽粒产量分别增加 5.8%、9.5%、10.1%和 9.0%(赵鹏和陈阜,2009)。本研究还发现,秸秆全量还田配施 300 kg/hm^2 纯氮可显著提高滴灌玉米产量,且通过 3 年玉米籽粒产量与施氮量进行曲线拟合发现,秸秆还田配施不同量氮肥对玉米籽粒产量的影响均呈二次函数,施氮量达到一定量后,再增加施氮量,玉米产量会降低,究其原因是氮肥过量会导致作物贪青晚熟和籽粒充实度降低,造成玉米减产(Su,et al.,2014)。同时,通过相关性分析表明,秸秆还田条件下玉米籽粒产量与活性有机碳含量和碳库管理指数均呈显著相关,与总有机碳含量呈无显著相关。这与徐明岗等(2006)研究结论:"有机物料和化肥的施入条件下,作物产量与土壤总有机碳含量没有显著相关性,与活性有机碳含量显著相关"相似。不同年份间同一处理下玉米产量出现的差异则与年际间降水与温度有关,这需要做进一步深入研究。

(二)结论

秸秆与氮肥结合还田对 0~40 cm 层土壤碳库有明显改善。秸秆还田配施氮素可提高土壤总有机碳和活性有机碳含量、碳库管理指数及玉米籽粒产量。土壤活性有机碳含量、碳库管理指数和作物产量随施氮量增加呈先增后减趋势。可见,在宁夏扬黄灌区,除土壤总有机碳含量外,其余指标与施氮量间均表现二次函数正抛物线变化,以施氮量 300 kg/hm^2 对提高土壤碳库组分和玉米产量最佳。

第五章　秸秆还田量 12 000 kg/hm^2 下配施氮肥用量对土壤性状及玉米生长的影响

玉米是中国的三大粮食作物之首，其生产潜力巨大，种植面积和单产水平连年持续增加（曹凤格等，2003）。但玉米是一种对土壤养分消耗较大的作物，而化肥的使用可快速补充作物所需的养分（马强等，2011）。近年来，我国玉米产量的提升幅度很大，同时对化肥的用量也随之增加，长此以往，不仅使土壤肥力下降，而且还造成了地下水污染、土壤板结、土壤养分平衡失调等一系列环境问题的发生（曹彩云等，2009）。玉米秸秆作为一种具有再生能力的有机能源，如何对其进行有效利用、维持玉米产业的可持续发展、建立良好的农田立体生态都具有重要意义（潘玉荣，2012）。

玉米秸秆在我国的年生产总量很大，但利用率不高（李宝玉，2014）。过去玉米秸秆以作为生活燃料为主，少量用于饲养家畜，随着农村生活质量的提高，秸秆作为生活燃料的情况已不多见，但为了解决大量秸秆过剩的问题，多数农户选择了直接焚烧，不仅浪费了资源，更加污染了环境。近年来，随着科学技术的发展，玉米秸秆的利用逐步向肥料、饲料、食用菌基料、工业原料和燃料等多个领域延伸（米志峰，2000），尤其是随着我国耕地土壤养分含量下降、理化指标变差及地下水污染等问题的出现，秸秆作为绿肥在农田培肥中的利用已逐渐被人们所重视（张静等，2010）。秸秆直接还田作为秸秆利用的一种方式因其操作方便、成本低、对环境友好等特点而被广泛认可（靳海洋等，2016）。一方面秸秆还田可有效利用作物秸秆，减少因焚烧、堆弃等带来的环境污染和资源浪费问题；另一方面，秸秆还田可培肥地力，改善土壤理化性状，进而促进作物增产增收（王静等，2010）。近年来，关于秸秆还田各方面研究已有诸多报道，认为作物秸秆直接还田会导致土壤碳氮比上升(李涛等,2016a;赵鹏等,2010),而不利于作物生长。因此秸秆还田配施一定量的氮肥可作为一种有效的土壤培肥的措施。

宁夏扬黄灌区是宁夏重要的粮食产区,但该区土壤质地黏重、有机质含量偏低、养分匮乏,严重制约了作物的正常生长,从而导致该地区土壤生产效率低下(侯贤清等,2018b)。该区秸秆资源丰富,每年大量秸秆资源被焚烧或被堆弃,造成了资源的浪费,同时也污染了环境。由于该区长期以来一直依赖于化学肥料的使用,盲目施肥导致大量肥料的浪费和土地地力的持续下滑。秸秆还田配施氮肥作为一种有效的土壤快速培肥方式已在该区展开推广,但是目前对该区秸秆还田配施氮肥的研究相对较少,加之鲜有关于滴灌条件下秸秆还田配施氮肥方面的研究。因此,连续3年在宁夏扬黄灌区,设置秸秆还田配施氮肥的田间定位试验,探究其对土壤理化性状及玉米生长的影响,以期为该地区乃至整个宁夏扬黄灌区秸秆还田配施氮肥大田生产提供理论依据。

第一节　试验设计与测定方法

一、试验区概况

试验点概况与第二章第一节相同(略)。试验于2016年10月至2018年10月在宁夏同心县王团镇旱作节水高效农业科技园区进行。2017年降水总量为286.1 mm,其中玉米生育期(4—9月)降水量为231.4 mm,占全年的80.9%,有效降水量为167.5 mm。2018年降水总量为302.2 mm,其中玉米生育期(4—9月)降水量为274.4mm,占全年的90.8%,其中有效降水为224.5 mm。该园区土壤类型为灰钙土,2017年试验地土壤0~40 cm层基础肥力:有机质含量6.8 g/kg、全氮0.37 g/kg、碱解氮12.4 mg/kg、速效磷9.26 mg/kg、速效钾84.66 mg/kg,属低等肥力水平。试验区2017—2018年玉米生育期日均气温、降水量如图5-1。

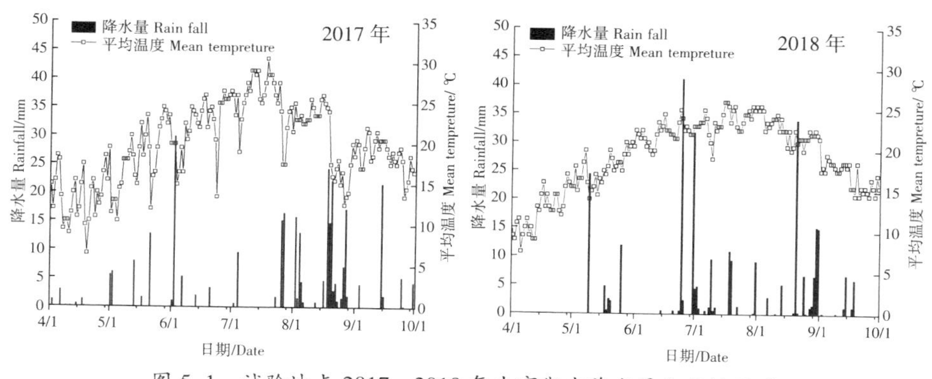

图 5-1　试验地点 2017—2018 年生育期内降水量和平均温度

二、试验设计及田间管理

在玉米秸秆粉碎还田量 12 000 kg/hm² 措施下，采用随机区组设计，设置 4 个纯氮施用水平：SR+N0（秸秆还田不配施氮肥）、SR+N1（秸秆还田配施氮肥 150 kg/hm²）、SR+N2（秸秆还田配施氮肥 300 kg/hm²）、SR+N3（秸秆还田配施氮肥 450 kg/hm²），对照（CK）：秸秆不还田常规施氮（225 kg/hm²）处理。共 5 个处理，4 次重复，共 20 个小区。小区面积 15 m×5 m =75 m²。

具体操作方式：秸秆还田方式采用玉米秸秆粉碎还田，分别于 2016 年 10 月、2017 年 10 月在上一季玉米收获后，将玉米秸秆粉碎后均匀撒入小区，同时，分别在各小区撒入设计量的氮肥，用旋耕机将秸秆和氮肥旋入土壤；秸秆不还田处理为将玉米秸秆移出田块。玉米分别于 2017 年 4 月 20 日、2018 年 4 月 25 日播种。

供试玉米品种为先玉 335，宽窄行种植，宽行 70 cm，窄行 40 cm，株距为 20 cm，种植密度为 9 万株/hm²；播种同时于窄行铺设滴灌带。追肥方式：基施磷酸二铵（N-P-K：15-46-0）300 kg/hm²、复合肥料（硫酸钾型 N-P-K：15-15-15）495 kg/hm²，于播种前一天按小区面积称好各处理所需的量，在玉米播种前结合整地撒施后深翻入土（深翻深度 20 cm）；在玉米各关键生育时期结合滴灌水肥一体化追施氮肥 150 kg/hm²。两年田间管理措施一致，玉米关键生育时期灌水、追肥方案如表 5-1。玉米生育期灌水总量 420 mm，追氮肥量 750 kg/hm²，追钾肥量 300 kg/hm²。

表 5-1　玉米关键生育时期追肥灌水分配方案

灌水及追肥量	播种	苗期			拔节			小喇叭口	大喇叭口	抽穗	开花	灌浆	
		1	2	3	1	2	3					1	2
灌水量/mm	30	22.5	30	37.5	37.5	37.5	37.5	37.5	37.5	37.5	37.5	22.5	15
尿素/($kg \cdot hm^{-2}$)	—	—	150	—	150	—	150	—	150	—	150	—	—
硫酸钾/($kg \cdot hm^{-2}$)	—	—	60	—	60	—	60	—	60	—	60	—	—

三、测定指标与方法

(一)土壤样品采集及测定项目

1. 基础土样的测定

混合土壤样品:分别在 2017 年、2018 年秸秆还田处理后,采集 0~20 cm、20~40 cm 混合样,待测相关土壤理化指标。测定方法同第二章第一节(略)。

2. 土壤物理性状的测定

(1)土壤容重和孔隙度:按照 0~20 cm、20~40 cm 采集土壤原状样品,测定土壤容重,并计算土壤总孔隙度%。测定时间分别在 2017 年 4 月中旬试验处理前及 2018 年 10 月初玉米收获后。测定及计算方法同第二章第一节(略)。

(2)土壤团聚体:按照 0~20 cm、20~40 cm 采集土壤原状样品,分别测定土壤团聚体稳定性(机械稳定性和水稳定性),并计算对应粒径的团聚体质量分数($DR_{0.25}$,%)。测定时间为 2017 年和 2018 年作物播种前及收获后。测定及计算方法同第二章第一节(略)。

(3)土壤含水量:按照 0~20 cm、20~40 cm、40~60 cm,60~80 cm,80~100 cm 分别采集,测定土壤含水量,并计算土壤贮水量。测定时间为玉米不同生育时期(出苗后每隔 20 d)。测定及计算方法同第二章第一节(略)。

3. 土壤化学性状的测定

在玉米出苗后每隔 20 d,按照 0~20 cm、20~40 cm 层采集土样,测定土壤有机质、全氮、碱解氮、有效磷、速效钾。在播种前和收获后,按照 0~20 cm、20~40 cm 层采样,测定土壤全磷、全钾含量。测定及计算方法同第二章第一节(略)。

(二)植株样品采集及测定项目

1. 生育期植株样品采集与测定

(1)农艺性状:在每一个小区内随机选择 5 株用红线绳做标记,各生育时期均进行测量记录,全生育期测量植株不变,分别测定玉米株高、茎粗及叶面积,并计算叶面积指数(LAI),叶片 SPAD 值测定方法同第二章第一节(略)。

荧光:分别在玉米各关键生育时期,将各小区已标记的植株,采用 PEA Plus V1.10 定株测定穗位叶片荧光。

(2)植株样品采集:当田间幼苗出齐时(出苗 90%以上)第 1 次采样,之后每隔 20 天取样 1 次。将一个区组作为采样测定区组,按照小区随机采集,每个小区随机采集植株样品(完整植株,包括根系)5 株,分小区包装标记后,送回实验室,用于测定不同器官鲜重、干重。于玉米收获期测定植株各器官氮、磷、钾(N、P、K)含量。

(3)植株干物质测定:测定及计算方法同第二章第一节(略)。

(4)植株 N、P、K 含量(根、茎叶、籽粒及穗轴)测定:经 75 ℃烘干的植株不同器官样品,分别粉碎,全部通过 1 mm 筛,测定 N、P、K 含量。植株样品采用 H_2SO_4-H_2O_2 消煮,半微量凯氏定氮法测定全氮含量,钒钼黄比色法测定全磷含量,火焰光度计法测定全钾含量,以烘干质量计算 N、P、K 养分含量。测定时间:出苗后每隔 20 d。

2. 玉米产量性状的测定

玉米收获前进行考种和小区测产,测定及计算方法同第二章第一节(略)。

3. 玉米耗水量、水分利用效率和氮肥利用率:玉米耗水量与水分利用效率测定及计算方法同第二章第一节(略);氮肥利用率(%)=(施氮处理总吸氮量-不施氮处理总吸氮量)/施氮量×100。

(三)数据统计分析及方法

采用 MS Office 2016 进行数据统计,采用 SPSS 22.0、DPS7.05、R 等软件进行数据分析,采用 LSD 法对数据进行方差分析,$P<0.05$。采用 Excel 2016、Origin 9.5、R 软件进行制图。

第二节　秸秆还田配施氮肥对土壤理化性状的影响

一、土壤容重和土壤孔隙度

秸秆还田配施氮肥能显著改善 0~20 cm 和 20~40 cm 土层土壤容重和土壤孔隙度（如图 5-2），且年际之间差异显著。2017 年收获后，秸秆还田配施高量氮肥处理可显著降低土壤容重，0~20 cm 土层土壤容重随配施氮肥量的增加而呈下降趋势，SR+N2 和 SR+N3 处理土壤容重分别较对照处理降低 1.94%和 3.55%，而 SR+N1 较秸秆还田不配施氮肥处理（SR+N1）较秸秆不还田处理 CK 无明显差异。秸秆还田配施氮肥处理下各处理 20~40 cm 土层土壤容重较处理前和 CK 降幅明显，尤以 SR+N3 处理表现最为显著，较 CK 降低 5.77%，其他处理之间则无明显差异。2018 年为秸秆还田配施氮肥处理第二年，秸秆还田配施一定量氮肥处理下 0~20 cm、20~40 cm 层土壤容重较 2017 年处理前有大幅降低；0~20 cm 层土壤容重随施氮量的增加逐渐降低，

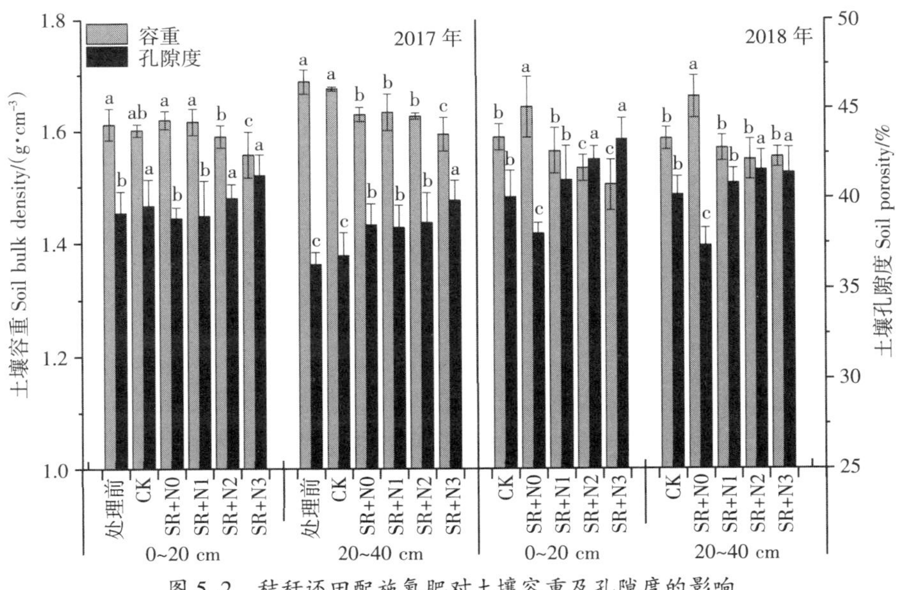

图 5-2　秸秆还田配施氮肥对土壤容重及孔隙度的影响

注：不同小写字母表示处理间差异达显著水平（$P<0.05$）。

SR+N1、SR+N2、SR+N3 处理分别较处理前显著降低 3.08%、4.52%和 7.25%。而单纯秸秆还田处理(SR+N0)则较 2017 年处理前及 CK 显著提升 1.87%和 3.36%;20~40 cm 层土壤容重同 0~20 cm 变化趋势一致,SR+N2、SR+N3 处理分别较 CK 降低 2.11%,而 SR+N0 则较 CK 增加 4.69%。可见,秸秆还田配施氮肥相对于秸秆不还田施氮肥可降低土壤容重。

秸秆还田配施一定量的氮肥可增加 0~40 cm 土壤孔隙度,2018 年较 2017 年增效显著(图 5-2)。2017 年收获后,0~20 cm 土层土壤孔隙度随施氮量的增加呈逐渐上升趋势,SR+N2、SR+N3 处理分别较处理前增加 2.12% 和 5.31%,其他各处理则较处理前无显著差异。秸秆还田配施氮肥各处理 20~40 cm 土层土壤孔隙度较处理前增加显著;尤以 SR+N3 处理表现最为显著,较处理前和 CK 分别增加 9.72%和 8.26%。2018 年收获后,秸秆还田配施氮肥各处理 0~40 cm 土壤孔隙度较 CK 增效显著,且随施氮量的增加而呈逐渐上升趋势。0~20 cm 土层土壤中,SR+N2、SR+N3 处理分别较 CK 增加 5.25%和 8.07%,而 SR+N0 处理则较 CK 显著降低 5.30%。20~40 cm 土层土壤孔隙度变化趋势同 0~20 cm,SR+N2、SR+N3 处理分别较 CK 增加 3.50%和 3.8%,SR+N0 处理则较 CK 降低 7.51。这说明在秸秆还田基础上配施氮肥可有效改善耕层土壤的孔隙度,从而增加土壤透气性和贮水能力。

二、土壤贮水量

图 5-3 为两个试验年份秸秆还田配施氮肥不同处理对玉米不同关键生育时期 0~100 cm 土层土壤贮水量的影响。秸秆还田配施氮肥不同处理对土壤贮水量的影响不同,整体来看,2017 年土壤贮水量呈先上升后下降的趋势,而 2018 年则表现为玉米生育前中期土壤贮水量高于生育后期。与秸秆不还田(CK)相比,秸秆还田配施氮肥处理可显著增加土壤贮水量,2017 年增幅为 1.66%~6.38%,2018 年为 3.41%~18.87%。而与秸秆还田不施氮肥处理(SR+N0)相比,秸秆还田配施氮肥各处理土壤贮水量均有一定程度的增加,2017 年提高 7.29%(抽雄期)~13.64%(拔节期),2018 年提高 7.58%(成熟期)~22.07%(拔节期);同比之下,两年均以 SR+N2 处理最为显著,SR+N3 处理较 SR+N2 处理较低,但无显著差异。可能是由于 SR+N0 处理秸秆没有腐

熟，导致土壤容重增大，土壤孔隙度减小，因而较秸秆还田配施氮肥其他处理降低了土壤贮水量。因此，在关键生育时期，秸秆还田配施氮肥处理较秸秆不还田处理可显著增加土壤贮水量。

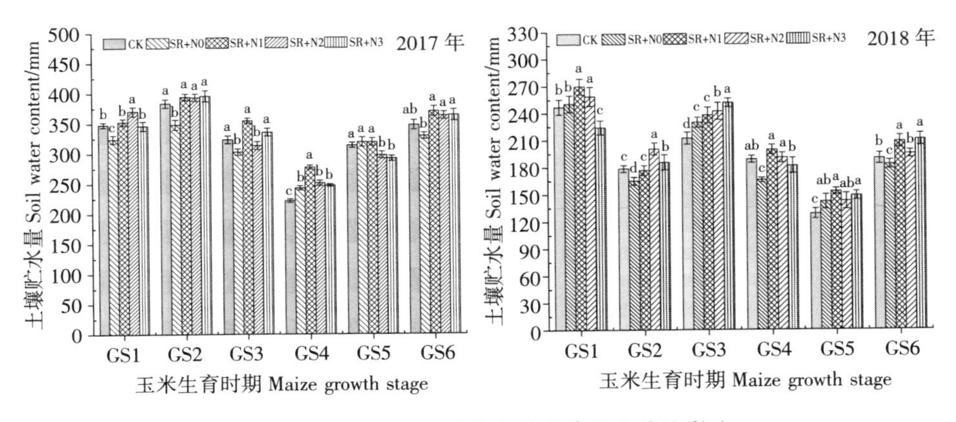

图 5-3　秸秆还田配施氮肥对土壤贮水量的影响

注：图中 GS1、GS2、GS3、GS4、GS5、GS6 分别代表玉米苗期、拔节期、大喇叭口期、抽雄期、灌浆期、成熟期。不同小写字母表示处理间差异达显著水平（$P<0.05$）。

三、土壤水稳性团聚体

由表 5-2 可知，经过一年的秸秆还田配施氮肥处理，2017 年收获期 0~20 cm 和 20~40 cm 土层土壤 >0.25 mm 水稳定性团粒质量分数（$DR_{0.25}$）较 CK 均显著增加，且随着施氮量的增加而呈增加趋势；而<0.25 mm 水稳定性团粒质量分数则相对于 CK 显著降低。0~20 cm 土层中 >5 mm 和 <0.25 mm 水稳定性团粒质量分数显著大于其他粒径。SR+N2 和 SR+N3 处理下 0~20 cm 土层 >5 mm 水稳定性团粒质量分数较 CK 分别显著增加 24.71%和 29.05%，2~5 mm 和 1~2 mm 粒径团粒质量分数增幅介于 11.28% 和 36.05%之间，而 0.5~1.0 mm 和 0.25~0.50 mm 粒径团粒质量分数增幅分别为 29.96% 和 24.24%。20~40 cm 土层中各粒径水稳定性团粒质量分数均小于 0~20 cm 土层，秸秆还田配施氮肥处理下，>5 mm 粒径团粒质量分数随施氮量的增加而增加，增幅达 2.27%~28.23%，而 2~5 mm，1~2 mm，0.5~1.0 mm，0.25~0.50 mm 级粒径团粒质量分数均较 CK 有所增加，增幅分别为 14.8%、36.05%、26.23%、18.41%。

2018 年为秸秆还田处理第二年，经过两年的处理，收获期 0~20 cm 和 20~40 cm 土层土壤 >0.25 mm 水稳定性团粒质量分数($DR_{0.25}$)较 CK 均显著提升，各处理间差异显著，且随施氮量的增加呈逐渐增加的趋势，<0.25 mm 水稳定性团粒质量分数则较 CK 显著降低，这说明连续的秸秆还田配施氮肥

表 5-2　秸秆还田配施氮肥对土壤 0~40 cm 土层水稳性团聚体分布的影响

年份	土层/cm	处理	水稳性团聚体粒级分布/%						
			>5 mm	2~5 mm	1~2 mm	0.5~1 mm	0.25~0.5 mm	$DR_{0.25}$	<0.25 mm
2017	0~20	CK	16.02	12.03	8.46	10.12	8.42	55.05	44.95
		SR+N0	18.42	13.59	8.68	11.27	8.22	60.18	39.82
		SR+N1	20.52	15.82	9.68	12.34	10.28	68.64	31.36
		SR+N2	21.28	13.56	11.24	14.45	10.85	71.38	28.62
		SR+N3	22.58	14.12	13.23	13.72	10.32	73.97	26.03
	20~40	CK	12.43	10.02	8.24	9.92	7.92	48.53	51.47
		SR+N0	12.72	11.45	9.34	9.23	8.03	50.77	49.23
		SR+N1	14.59	12.08	9.28	11.45	9.52	56.92	43.08
		SR+N2	15.25	13.84	10.25	12.56	9.96	61.86	38.14
		SR+N3	17.32	13.56	11.56	13.78	10.67	66.89	33.11
2018	0~20	CK	17.52	14.34	6.52	12.23	10.28	60.89	39.11
		SR+N0	16.45	13.42	10.46	13.45	11.32	65.1	34.9
		SR+N1	23.56	17.82	9.69	13.44	12.56	77.07	22.93
		SR+N2	25.28	12.66	13.45	15.23	13.44	80.06	19.94
		SR+N3	27.45	16.12	13.32	12.28	13.52	82.69	17.31
	20~40	CK	14.89	12.02	10.86	12.34	8.45	58.56	41.44
		SR+N0	13.45	10.23	8.45	12.07	10.28	54.48	45.52
		SR+N1	14.82	15.08	12.32	14.56	9.04	65.82	34.18
		SR+N2	16.58	14.42	14.34	15.34	10.23	70.91	29.09
		SR+N3	19.45	15.52	16.56	14.72	9.82	76.07	23.93

可提升土壤水稳定性团粒结构。0~20 cm 土层土壤中，>5 mm 和 >2.5 mm 粒径团粒质量分数均显著大于其他各粒径的质量分数，尤以 SR+N2 和 SR+N3 处理表现最为显著，>5 mm 粒径下两处理分别较 CK 显著增加 44.29% 和 56.68%，而 SR+N0 处理则较 CK 降低 6.5%。20~40 cm 土层土壤水稳定性团粒结构变化趋势同 0~20 cm 土层。

四、土壤有机质及全氮含量

土壤有机质是反映土壤肥力值的一个重要指标。秸秆还田不同施氮条件下处理前及 2017 年、2018 年收获后 0~40 cm 土层土壤有机质含量状况如图 5-4。总体来看，0~40 cm 土层土壤有机质呈逐年上升的趋势。2017 年和 2018 年秸秆还田配施不同量氮肥处理下土壤有机质含量均显著高于处理前。两个处理年间土壤有机质含量均随施氮量的增加呈上升趋势。2017 年土壤有机质含量较处理前增幅为 12.35%~36.91%，2018 年为 36.91%~102%。2017 年以 SR+N2、SR+N3 表现最佳，分别处理有机质分别较 CK 增加 25.53%、32.81%；2018 年 SR+N2、SR+N3 处理分别较 CK 54.85%、57.72%。而秸秆还田条件下不配施氮肥处理（SR+N0）较 CK 增幅较小，2017 年、2018 年 SR+N0 处理分别较 CK 增加 8.99% 和 11.49%。秸秆还田配施氮肥处理第二年，高施氮量下有机质含量的增幅降低，SR+N3 处理较 SR+N2 处理增加 2.87%，无显著差

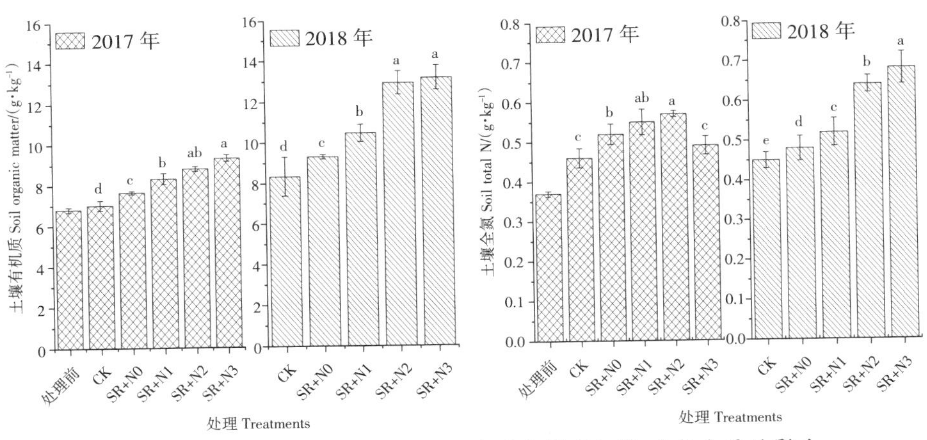

图 5-4　秸秆还田处理对 0~40 cm 土层土壤有机质、全氮含量的影响

注：不同小写字母表示处理间差异达显著水平（$P<0.05$）。

异，由此说明，秸秆还田配施氮肥对土壤有机质的提升效果在一定的施氮量条件下随施氮量的增加而呈上升趋势，但当施氮量大于某一值时，土壤有机质将不会增加。

图 5-4 为两年秸秆还田不同处理下 0~40 cm 土壤全氮含量变化情况，2017 年土壤全氮含量随施氮量的增加呈逐渐上升趋势，以 SR+N2 表现最佳，SR+N1 和 SR+N2 处理土壤全氮分别较对照增加 17.59%、33.06%。而 SR+N3 处理则较 CK 无显著差异，可能是因为秸秆腐熟过程中吸收了大量氮素导致的。2018 年为秸秆还田处理第二年，大部分秸秆已经腐熟，释放出大量全效养分及速效养分，因而在前一年的基础上秸秆还田配施氮肥各处理下土壤全氮又有一定幅度的提升，且各处理间差异显著：SR+N2 处理和 SR+N3 处理分别较 CK 增加 42.22%和 51.11%，增幅显著。而 SR+N0 和 SR+N1 处理则分别较 CK 增加 6.67%和 15.56%，但较第一年及处理前有很大的增加幅度。因此秸秆还田与氮肥配施可显著增加土壤全氮含量，进而增加土壤养分，为玉米生长所需的养分提供保障。

表 5-3 为秸秆还田配施氮肥各处理土壤碳氮比（C/N）的变化情况，总体

表 5-3　秸秆还田配施氮肥对 0~40 cm 土层土壤 C/N 的影响

年份	处理	有机碳/(g·kg^{-1})	全氮/(g·kg^{-1})	C/N
2016	处理前	3.94±0.12	0.37±0.007	10.66
2017	CK	4.07±0.24 d	0.46±0.024 c	8.84 b
	SR+N0	4.43±0.08 c	0.42±0.026 b	10.55 a
	SR+N1	4.83±0.27 b	0.55±0.032 ab	8.77 b
	SR+N2	5.10±0.12 ab	0.57±0.008 a	8.96 b
	SR+N3	5.40±0.16 a	0.62±0.023 a	8.71 b
2018	CK	4.84±0.96 c	0.48±0.02 d	10.09 b
	SR+N0	4.26±0.11 c	0.38±0.031 e	11.22 a
	SR+N1	6.08±0.43 b	0.64±0.035 c	9.49 c
	SR+N2	7.50±0.57 a	0.74±0.021 a	10.14 b
	SR+N3	7.64±0.59a	0.76±0.04 a	10.05 b

注：同年同列不同小写字母表示处理间差异达显著水平（P<0.05）。

来看，耕层土壤 C/N 2018 年高于 2017 年。2017 年土壤 C/N 随施氮量的增加而呈下降的趋势，尤以 SR+N3 处理表现最低，较处理前显著降低 22.38%，与秸秆还田不施氮肥处理（SR+N0 ）相比，三个施肥（SR+N1、SR+N2、SR+N3）处理分别降低土壤 C/N 20.29%、17.87%和 21.13%；2018 年各处理土壤 C/N 均较高于 2017 年，整体来看，各处理土壤 C/N 随施氮量的增加而呈下降的趋势，尤以 SR+N1 处理表现最为显著，分别较 CK 和 SR+N0 处理降低 6.32%和 18.22%，而 SR+N2 和 SR+N3 处理分别较 SR+N0 处理降低 10.66%和 11.64%，而与 CK 间则无显著差异，由此说明秸秆还田条件下施用氮肥有助于调节土壤 C/N。

五、土壤速效养分含量

秸秆还田配施氮肥不同处理对土壤 0~40 cm 土层土壤速效钾、速效磷、碱解氮含量的影响如表 5-4，秸秆还田配施氮肥处理可显著增加土壤 0~40 cm 土层速效钾、速效磷和碱解氮含量；2017 年 SR+N1、SR+N2 处理土

表 5-4　秸秆还田配施氮肥对 0~40 cm 土壤速效养分含量的影响

年份	处理	速效钾/($mg \cdot kg^{-1}$)	速效磷/($mg \cdot kg^{-1}$)	碱解氮/($mg \cdot kg^{-1}$)
2016	处理前	84.66±3.22	9.26±1.56	12.34±1.12
2017	CK	97.33±5.51c	10.76±1.14c	14.35±1.44c
	SR+N0	128.38±3.46b	12.97±1.45b	13.83±1.43c
	SR+N1	149.45±3.85a	13.59±1.06b	17.50±1.93b
	SR+N2	127.33±4.03b	15.84±1.31a	21.02±2.47a
	SR+N3	100.99±0.85c	16.71±0.59a	23.98±2.03a
2018	CK	111.90±13.20d	10.27±1.61c	16.62±1.65d
	SR+N0	187.59±14.02c	19.76±0.93b	24.12±2.12c
	SR+N1	214.67 ±1 5.28a	22.05±1.01ab	32.45±1.78b
	SR+N2	227.17±21.52a	23.13±1.62a	40.12±2.89a
	SR+N3	199.49±16.22ab	23.5 3± 1.73a	39.28±1.53a

注：同年同列不同小写字母表示处理间差异达显著水平（P<0.05）。

壤速效钾含量分别较CK增加30.82%、53.55%，而SR+N3处理则较CK无显著差异；2018年SR+N1、SR+N2、SR+N3处理分别较CK显著增加102.85%、103.01和78.27%。土壤速效磷变化幅度跟速效钾类似，2017年SR+N2、SR+N3处理分别较对照处理提升47.21%，55.29%，而SR+N0、SR+N1处理间无显著差异，分别较CK增加20.53%和26.3%，2018年0~40 cm土层土壤速效磷在前一年的基础上继续增加，SR+N2、SR+N3处理则较CK分别增加125.22%和129.11%，而SR+N0处理则较CK增加92.41%。土壤碱解氮含量则以SR+N2、SR+N3处理增加最为显著，2017年两者分别较CK显著增加46.48%和67.10%。而SR+N0处理则较CK无显著差异，2018年SR+N2、SR+N3处理分别较CK显著增加141.39%和136.34%，增幅显著，而另外两处理较CK也有一定程度的增加。由此可见，秸秆还田配施氮肥对土壤速效养分含量的影响效果极其显著；秸秆还田后配施一定量的化学氮肥可显著增加0~40 cm土层土壤的养分，从而改善土壤的肥力效果，促进作物的生长。

六、土壤理化指标相关分析

（一）土壤理化性状的相关分析

土壤各理化性状的相关性分析如表5-5，相关性高低决定各影响因素秸秆还田配施氮肥处理后，各因素对土壤理化性质的影响表现不同。在土壤物理性状方面，土壤孔隙度和土壤含水量之间相关系数达到0.71，而容重与含水量之间相关系数为-0.71，说明土壤容重对含水量为负效应，因此土壤物理指标中对土壤理化性质起积极作用的因素包括土壤孔隙度、土壤含水量、土壤团聚体；而对土壤理化性质起负面影响的是土壤容重，即容重越小，土壤理化性质越好，因此土壤培肥的目的是降低土壤容重，增加土壤孔隙度和含水量。土壤化学指标对土壤理化性质的影响为正效应，包括土壤有机质含量、土壤全效养分（土壤全氮等）、土壤速效养分（速效钾、速效磷、碱解氮等）；其中，土壤有机质和其余各指标之间相关性均达到正相关，有机质与碱解氮相关系数为0.96，与速效磷相关系数为0.90，与速效钾相关系数为0.81，与全氮相关系数为0.82。因此，秸秆还田配施氮肥可改善土壤物理性状（如降低土壤容重，改善土壤含水量）以及调节土壤化学性状（如增加土壤有机质、全氮、速效养分等含量)来改善土壤理化性质,进而提高作物的产量。

表 5-5 秸秆还田配施氮肥下土壤理化性状相关性分析

项目	孔隙度	贮水量	团聚体	有机质	全氮	速效钾	速效磷	碱解氮
容重	−1**	−0.71	−0.29	−0.07	−0.025	0.24	−0.17	−0.20
孔隙度		0.71	0.29	0.07	0.25	−0.24	0.17	0.20
贮水量			0.003	0.32	0.002	−0.48	−0.29	−0.22
团聚体				0.90*	0.79	0.70	0.87*	0.91**
有机质					0.82*	0.81	0.90**	0.96**
全氮						0.63	0.70	0.78
速效钾							0.88*	0.84*
速效磷								0.97**

注:图中 * 表示在 0.05($P<0.05$)水平上显著,** 表示在 0.01($P<0.01$)水平上显著,下同 ,样本容量 $n=9$。

(二)土壤理化性质的主成分分析

影响土壤理化性质的各个指标所代表的含义不同,因而存在数量级和量纲上的差异,因此需对原始矩阵进行标准化处理,保证其客观性和科学性。采用 Z-score 方法对原始数据进行标准化。对标准化的数据计算特征值及其贡献率和累计方差贡献率,如表 5-6,依据特征值>1 的原则选取主成分,并依此提取 2 个主成分, 第一特征值和第二特征值的贡献率分别为 58.50%和 31.57%,而两者的累计贡献率分别达到 58.50%和 90.05%,因此前两个主成分可代表土壤全部指标所代表信息的 90.05%。

主成分因子载荷是主成分因子与原始变量因子之间的相关系数,因子负荷越大,变量在相应主成分中的权重就越大(吕真真等,2017),由土壤性质在第一和第二主成分(PC1 和 PC2)上的因子载荷 (图 5-5) 可以看出:有机质、全氮、速钾、速磷、碱解氮、土壤团聚体均在 PC1 上有较高的载荷值,且载荷值均为正值,由此说明以上 6 个土壤指标对土壤理化性质的提升有显著的影响效应;而土壤含水量和土壤孔隙度则在 PC2 上有很高的载荷值,载荷值均为正值且均大于 0.5,由于 PC2 的贡献率为 31.56%。因此,说明土壤含水量和土

表 5-6　土壤理化性质主成分特征值和贡献率

因子	特征值	贡献率/%	累计贡献率/%
*X*1	5.264 8	58.497 7	58.497 7
*X*2	2.840 1	31.556 7	90.054 3
*X*3	0.454 9	5.054 0	95.108 4
*X*4	0.232 0	2.578 1	97.686 5
*X*5	0.166 6	1.851 5	99.538 0
*X*6	0.035 4	0.393 9	99.931 8
*X*7	0.004 7	0.052 0	99.983 8
*X*8	0.001 5	0.016 2	100.000 0

壤孔隙度也是影响土壤理化性质的重要影响因子，且对土壤理化性质影响为正效应。而土壤容重则在 PC2 上有很高的负载荷，由此说明土壤容重在影响土壤理化性质上表现为很强的负效应。因此就秸秆还田配施氮肥条件下土壤理化性质这一系统中来讲，本研究中选取的 9 个指标能很强地代表该系统中的土壤理化性质，在主成分分析中，除土壤容重外的 8 个指标在两个主成分上均占有很高的载荷值，这说明，8 个值可反映土壤物理、化学现状，进而评价土壤理化性质的高低。

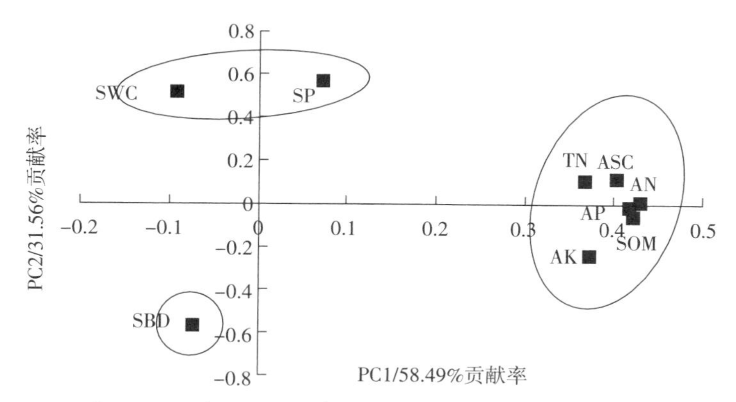

图 5-5　土壤理化性质在 PC1 和 PC2 的因子负荷分布图

注：图中 SBD 表示土壤容重，SP 表示孔隙度，SWC 表示含水量，ASC 表示团聚体，SOM 表示有机质，TN 表示全氮，AK 表示速效钾，AP 表示速效磷，AN 表示碱解氮。

第三节　秸秆还田配施氮肥对玉米生长的影响

一、玉米株高、茎粗

图 5-6 为秸秆还田配施氮肥不同处理对玉米株高的影响,玉米株高随生育时期的变化呈逐渐上升的趋势,2017 年玉米抽雄期,玉米的株高达到最大,尤以 SR+N1、SR+N2 处理表现最为显著,分别较 CK 增加 11.83%和 4.84%,而灌浆期和收获期这一规律基本保持不变;拔节期秸秆还田配施氮肥条件下各处理玉米株高无显著差异,但较 CK 平均增加 31.68%,大喇叭口期玉米株高表现为 SR+N1> SR+N2> SR+N3> SR+N0>CK,其中,SR+N1 和 SR+N2 处理分别较对照处理显著增加 13.98%和 14.91%。2018 年玉米不同生育时期株高变化规律同 2017 年类似,但总体来看,2018 年玉米株高在每一个生育时期均远大于 2017 年。大喇叭口期,玉米株高随施氮量的增加而呈上升的趋势:SR+N2 和 SR+N3 处理分别较 CK 增加 23.59%、18.97%。而在抽雄期以后,秸秆配施氮肥作用逐渐明显,SR+N1、SR+N2、SR+N3 处理之间无显著差异,平均较秸秆还田不施氮肥处理(SR+N0)显著增加 9.97%,较对照(CK)处理增加 6.3%,这一规律同抽雄期基本保持一致;收获期各处理玉米株高表现为 SR+N2>SR+N1>CK>SR+N3>SR+N0,其中 SR+N2 处理较 SR+N0 处理显著增加 11.33%,而 SR+N0 和 SR+N3 处理间无显著差异。

玉米茎粗随生育期的变化而呈逐渐增大的趋势,各生育时期株高差异显著,如图 5-6。2017 年,玉米茎粗在大喇叭口期达到最大,以 SR+N1 处理表现最佳,SR+N2 处理次之,二者分别较 CK 增加 17.53%和 14.91%,而 SR+N0 处理则较 CK 显著降低 10.97%,抽雄期与灌浆期玉米茎粗变化同大喇叭口期基本保持一致;在玉米收获期,玉米茎粗则随施氮量的增加呈逐渐上升的趋势,尤以 SR+N2 处理表现最佳,分别较 CK 和 SR+N0 处理增加 17.25%和 24.24%。2018 年玉米茎粗随生育期的推进而呈先上升后保持不变的趋势,并在玉米抽雄期达到最大;在抽雄期,玉米茎粗以 SR+N1 和 SR+N3 表现最佳,分别较 CK 增加 8.48%和 4.77%,而 SR+N0 处理则较对照显著降低 10.03%。在玉米灌浆期,SR+N2 和 SR+N3 处理分别较 SR+N0 处理显著增加 18.08%

和 21.14%。成熟期，除 SR+N0 处理外，其余 4 个处理间无显著差异。较 SR+N0 处理平均增加 8.85%~13.99%。

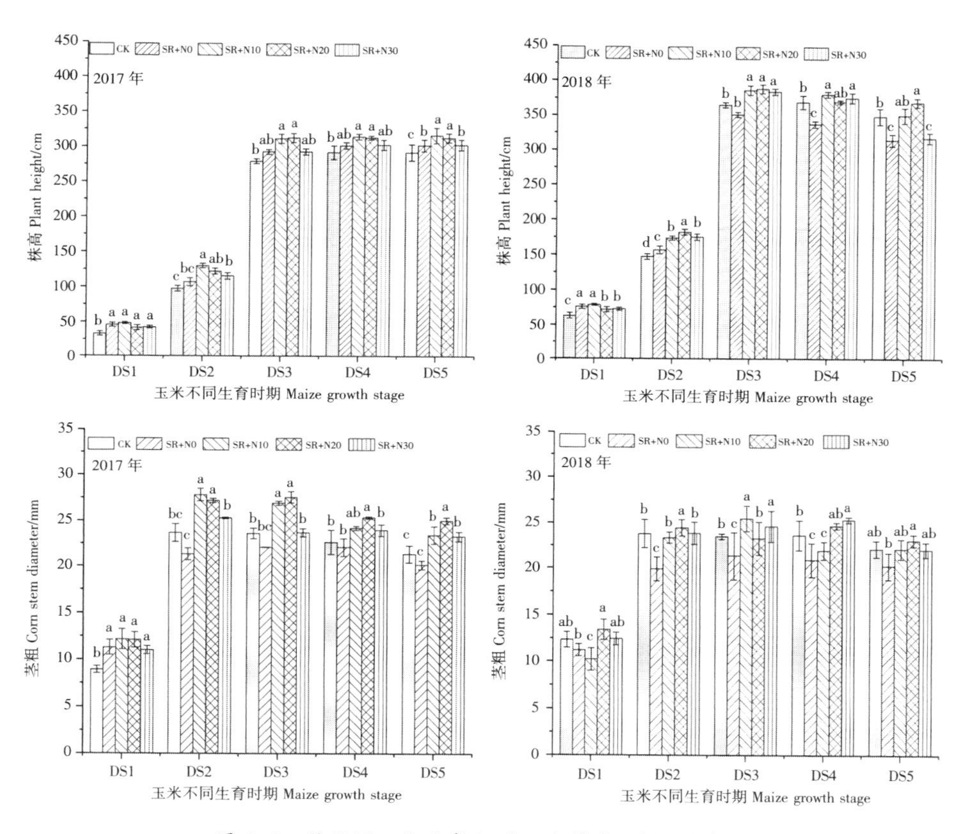

图 5-6　秸秆还田配施氮肥对玉米株高、茎粗的影响

注：图中 GS1、GS2、GS3、GS4、GS5 分别代表玉米拔节期、大喇叭口期、抽雄期、灌浆期、成熟期。不同小写字母表示处理间差异达显著水平（$P<0.05$）。

二、玉米地上/地下部生物量

秸秆还田配施氮肥处理较秸秆不还田处理在玉米不同生育时期均可显著增加玉米的生物量，如图 5-7。在玉米关键生育期地上部和地下部生物量均随施氮量的增加呈逐渐上升的趋势。2017 年收获期 SR+N2 和 SR+N3 处理地上部生物量分别较 CK 增加 11.10%和 8.75%，而 SR+N0 处理则较 CK 降低 3.79%；相对于秸秆不还田（CK）和秸秆还田不施氮肥（SR+N0），秸秆还田配

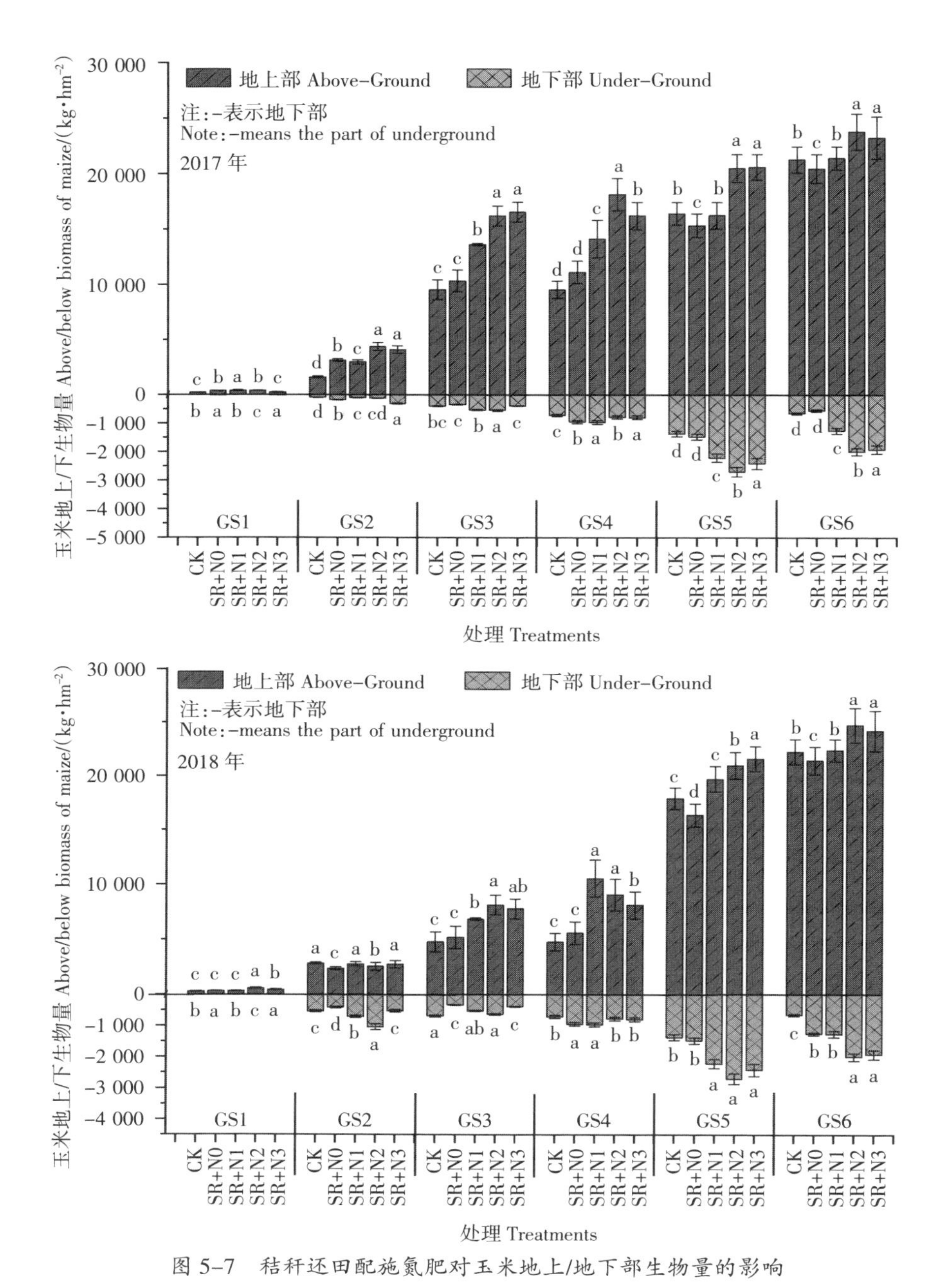

图 5-7 秸秆还田配施氮肥对玉米地上/地下部生物量的影响

注:图中 GS1、GS2、GS3、GS4、GS5、GS6 分别代表玉米苗期、拔节期、大喇叭口期、抽雄期、灌浆期、成熟期。不同小写字母表示处理间差异达显著水平($P<0.05$)。

施氮肥可显著改善玉米地上部生物量;地下部生物量变化规律同地上部变化规律类似：玉米生育前中期秸秆还田配施氮肥条件下地下生物量表现为低氮>高氮,而后期则与之相反。玉米地下部生物量随生育时期的推进而呈逐渐递增的趋势,玉米灌浆期达到最大值,其中,以 SR+N2 处理表现最为显著,分别较 CK 和 SR+N0 处理增加 97.01%和 82.98%,收获期玉米地下部生物量较灌浆期有所降低,但变化趋势则与灌浆期基本保持一致。

2018 年秸秆还田配施氮肥对玉米地上、地下部生物量的影响见图 5-7,在玉米各关键生育期地上部生物量均随施氮量的增加而呈逐渐上升的趋势，抽雄期玉米地上部生物量以 SR+N3 处理表现最为显著，较 CK 增加 69.87%，灌浆期各处理地上部生物量大小依次为 SR+N3>SR+N2>CK>SR+N1>SR+N0,成熟期则以 SR+N2 处理表现最佳,较 CK 显著增加 11.10%,而 SR+N0 处理则较 CK 降低 37.95%。玉米地下部生物量变化规律同地上部类似,大喇叭口期以 SR+N2 处理表现最为显著,吐丝期以 SR+N1 处理表现最佳,灌浆期以 SR+N2 处理表现最佳,较 CK 增加 96.95%,较 SR+N3 处理增加 11.91%。

三、玉米群体叶面积指数 LAI

图 5-8 为两年试验间秸秆还田配施氮肥对玉米群体叶面积指数 LAI 的影响,总体来看,两个试验年间叶面积群体指数 LAI 随玉米生育时期的推进呈先上升后下降的变化趋势,且两个试验年间群体叶面积指数均在吐丝期达到最大。2017 年,在玉米生育前期(拔节期—抽雄期),玉米的叶面积指数随施氮量增加而增大,拔节期,各处理间无显著差异,大喇叭口期和抽雄期 SR+N3 处理较 CK 增加 12.18%~22.13%，而 SR+N0、SR+N1 处理则与 CK 间无显著差异;吐丝期叶面积指数以 SR+N2 处理表现最为显著,其次为 SR+N3 处理,SR+N2 处理较 CK 显著增加 17.12%，而 SR+N0 处理则较 CK 无显著差异。在玉米生育后期(灌浆期—成熟期),玉米叶面积指数有所恢复,随施氮量的增加而增加的趋势,尤以成熟期表现最为明显,SR+N3 处理较 SR+N0 处理和 CK 分别显著增加 46.34%和 70.84%。

2018 年秸秆还田配施氮肥条件下群体叶面积指数随施氮量的增加而呈逐渐上升的趋势,但就玉米整个生育期而言,玉米群体叶面积指数呈先增加后降低的趋势，且在玉米吐丝期达到最大，以 SR+N3 处理和 SR+N2 处理表现最为显著；吐丝期 SR+N3 处理和 SR+N2 处理分别较 CK 显著增加 30.82% 和 29.32%。而在拔节期和大喇叭口期，各处理间则无显著差异。在灌浆期和玉米成熟期，玉米群体叶面积指数虽有大幅的下降，但基本规律基本保持不变。

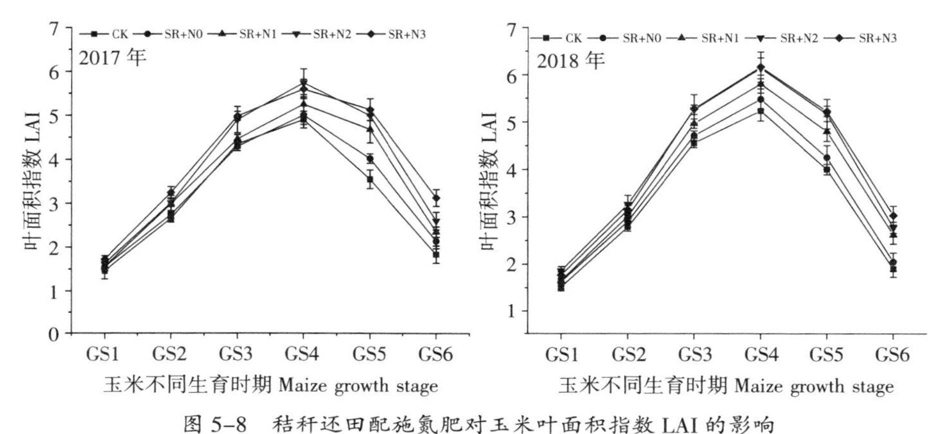

图 5-8 秸秆还田配施氮肥对玉米叶面积指数 LAI 的影响

注：图中 GS1、GS2、GS3、GS4、GS5、GS6 分别代表拔节、大喇叭口、抽雄、吐丝、灌浆、成熟期。

四、玉米冠层叶片荧光

Fv/Fm 表示 PSⅡ过程最大光化学量子产量，该比值可直观反映 PSⅡ对原初光能的转化效率，其变化代表 PSⅡ光化学效率的变化，与正常条件相比，Fv/Fm 值越低，表明植物发生光抑制的程度越高。秸秆还田配施氮肥对玉米 Fv/Fm 的影响如图 5-9，总体来看，在玉米整个生育期，Fv/Fm 值呈先上升后下降的趋势，在玉米大喇叭口期达到最大。玉米苗期，各处理间 Fv/Fm 值无显著差异，均维持在 0.74 左右，拔节期，秸秆还田施氮条件下 Fv/Fm 值较不施氮处理（CK 和 SR+N0）增幅明显，SR+N2 处理较两者分别显著增加 3.17% 和 3.31%，而 SR+N2 和 SR+N3 处理间无显著差异；大喇叭口期，Fv/Fm 值整体达到最大，此时 PSⅡ对原初光能的转化效率也最高，说明秸秆还田配施氮肥条件下对玉米光合作用影响最大的时期为大喇叭口期。而在灌浆期 Fv/Fm 值以 SR+N2 处理最大，但与其他处理间无显著差异。

PI 值是植物吸收、捕获、传递、转化光能的综合性指标，与 PS Ⅱ 整体功能有着密切的联系。整体来看，PI 值在抽雄期达到最大，其中以 SR+N2 处理表现最佳，较 CK 增加 21.92%而其他处理间则无显著差异，苗期 PI 值以 SR+N2 处理表现最佳，而 SR+N3 处理则较 SR+N2 显著降低 58.13%，但较 CK 则无显著差异。拔节期 PI 值以 SR+N2 处理表现最佳，但较 SR+N3 处理无显著差异，SR+N2 处理较 CK 显著增加 23.28%，其余处理与 CK 则无显著差异。灌浆期 SR+N0 处理 PI 值下降迅速，较 SR+N2 处理显著降低 29.04%。

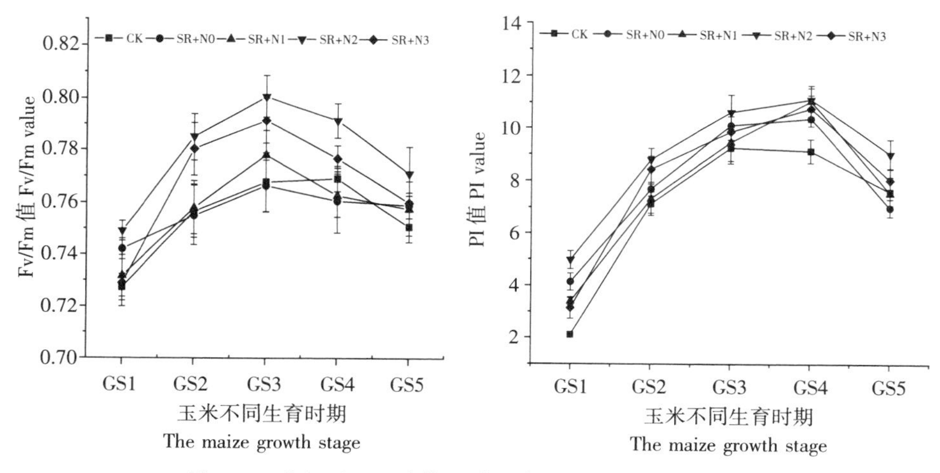

图 5-9　秸秆还田配施氮肥对玉米冠层叶片荧光的影响

注：图中 GS1、GS2、GS3、GS4、GS5 分别代表玉米拔节期、大喇叭口期、抽雄期、吐丝期、灌浆期。

五、玉米棒三叶 SPAD

相关研究表明，植株 SPAD 值与叶绿素含量呈极显著正相关，因此 SPAD 值的大小可以代表叶绿素的含量。由图 5-10 可知，两年试验期间，在玉米生长各关键生育时期，随着生育时期的增长，玉米棒三叶 SPAD 值呈先增大后降低的变化趋势；2017 年秸秆还田配施氮肥各处理下玉米 SPAD 值在抽雄期达到最大，但各处理间无显著差异，拔节期为玉米快速生长期，此时玉米光合速率快，相应的，叶绿素含量也快速增加，因此，玉米叶片 SPAD 值也快速增长，且随施肥量的增加而增大，SR+N3 处理较 CK 显著增加 13.53%。而 SR+N0 处理则较 CK 降低 3.78%。玉米灌浆期各处理间叶片 SPAD 值差异较大，具体表现为高施氮量下 SPAD 值远大于低施氮量下:SR+N3 处理较 CK 显著增加 38.36%，而 SR+N3 处理与 SR+N2 处理间无显著差异,SR+N0 处理与 CK 间无显著差异。2018 年叶片 SPAD 值随生育期的变化规律同 2017 年基本一致,在抽雄期达到最大,尤以 SR+N2 处理表现最为显著,玉米抽雄期 SR+N2 处理 SPAD 值分别较 CK、SR+N0 处理增加 6.8%、12.43%，而其余处理之间则无显著差异。拔节期秸秆还田配施氮肥对玉米 SPAD 的影响显著,SR+N3 处理较 CK 显著增加 26.07,较 SR+N0 处理显著增加 30.29%,但与 SR+N2 处理间则无显著差异。而苗期玉米叶片 SPAD 值则以 CK 表现最为显著,但各处理间无显著差异。灌浆期玉米棒三叶叶片 SPAD 值大小依次为:SR+N3>SR+N2>SR+N1>SR+N0>CK。由此可知,秸秆还田条件下叶片 SPAD 值随施氮量的增加而呈上升,进而促进叶绿素含量的提升,以维持玉米有较大的光合作用。

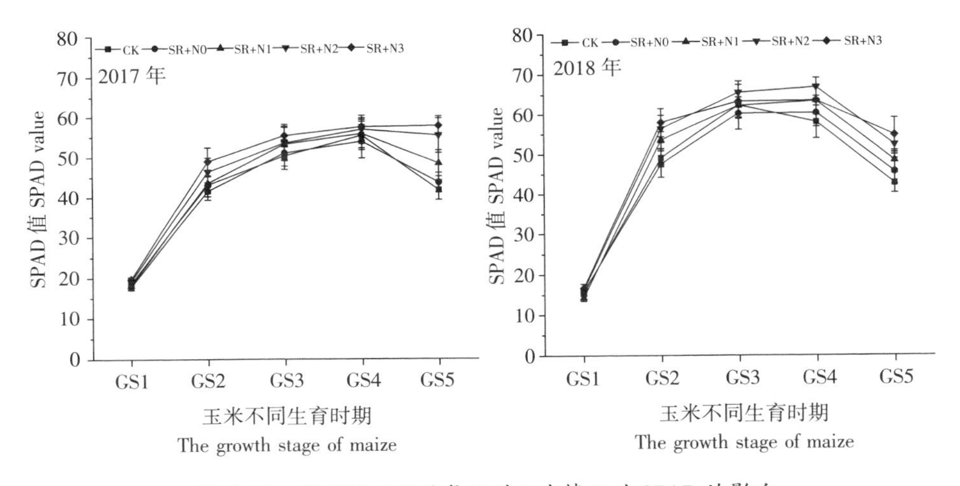

图 5-10　秸秆还田配施氮肥对玉米棒三叶 SPAD 的影响

六、玉米产量及产量构成因素

由表 5-7 可知,秸秆还田配施氮肥对春玉米籽粒产量影响显著,2017 年不同处理下玉米籽粒产量随施氮量的增加呈逐渐上升的趋势,SR+N1 和 SR+N2 处理分别较 CK 增产 26.8%、31.09%;SR+N0 处理则与 CK 无显著差异,但当秸秆还田配施纯氮量增加到一定程度时玉米产量有所下降,SR+N3 处理较

SR+N2 处理减产 9.25%。2018 年玉米籽粒产量变化趋势同 2017 年一致，且各处理间差异显著，SR+N1 和 SR+N2 处理分别较 CK 增产 21.87% 和 46.02%；2018 年 SR+N3 处理部分玉米植株出现倒伏，较 SR+N2 处理减产 32.81%。秸秆还田条件下，配施一定量的氮肥均有助于玉米增产，而不配施氮肥处理则会减产，SR+N0 处理较对照平均减产11.23%。

表 5-7 不同处理对春玉米产量及产量构成因素的影响

年份	处理	穗数/（个·hm^{-2}）	穗粒数/个	百粒重/g	籽粒产量/（kg·hm^{-2}）	出籽率/%
2017	CK	91 111±4 157b	480±32.22bc	37.87±3.57a	11 031.67±507.91c	83.85±0.81b
	SR+N0	88 889±6 849c	454±34.67b	39.43±5.76a	11 906.25±128.52c	87.95±0.85a
	SR+N1	96 667±2 721a	582±28.93b	40.38±3.55a	13 993.33±418.96ab	85.35±0.54b
	SR+N2	92 222±3 849b	662±43.72a	41.42±2.29a	14 461.67±440.50a	85.23±1.95b
	SR+N3	85 556±8 314c	578±43.28b	38.68±4.66a	13 123.33±184.83b	84.86±1.83b
2018	CK	80 000±4 532e	664.11±21.57a	37.31±4.32b	11 733.37±277.08d	81.53±2.34b
	SR+N0	76 666±5 422d	606.36±32.24b	32.67±5.45c	10 466.7±206.14e	81.21±4.28b
	SR+N1	86 666±2 988c	662.87±45.34a	36.48±4.22b	14 300.05±164.36b	83.92±1.45a
	SR+N2	106 667±3 679a	656.53±52.33a	40.78±2.22a	17 133.39±121.94a	84.05±2.23a
	SR+N3	90 000±5 210b	675.39±29.84a	31.05±1.98c	12 900.05±224.66c	81.40±1.04b
相关性分析	穗粒数	0.260	—	—	—	—
	百粒重	0.514	0.724*	—	—	—
	籽粒产量	0.476	0.918**	0.865*	—	—

注：同年同列不同小写字母表示处理间差异达显著水平（$P<0.05$）。* 表示在 $\alpha=0.05$ 水平上差异显著；** 表示在 $\alpha=0.01$ 水平上差异显著。

产量构成因素方面，秸秆还田配施氮肥对各处理影响显著（图 5-11）。公顷穗数以 SR+N2 处理表现最为显著，两年平均较 CK 增加 17.47%。SR+N0 处理两年均值较 CK 减少 3.3%。秸秆还田配施氮肥各处理下穗粒数两年均值则较 CK 无显著差异，而 SR+N0 处理则较 CK 平均减少 8.5%。百粒重表现为

2017年各处理间无显著差异，2018年SR+N2处理表现最佳，分别较CK和秸秆还田不施氮肥(SR+N0)处理增加9.3%和24.8%；SR+N3处理则较CK显著减少20.16%。通过分析籽粒产量和穗数、穗粒数及百粒重的相关性分析表明，玉米籽粒产量与穗粒数及百粒重的相关系数分别为0.918和0.865，达到显著水平。说明秸秆还田配施氮肥处理主要通过增加玉米的穗粒数和百粒重而达到高产的目的。

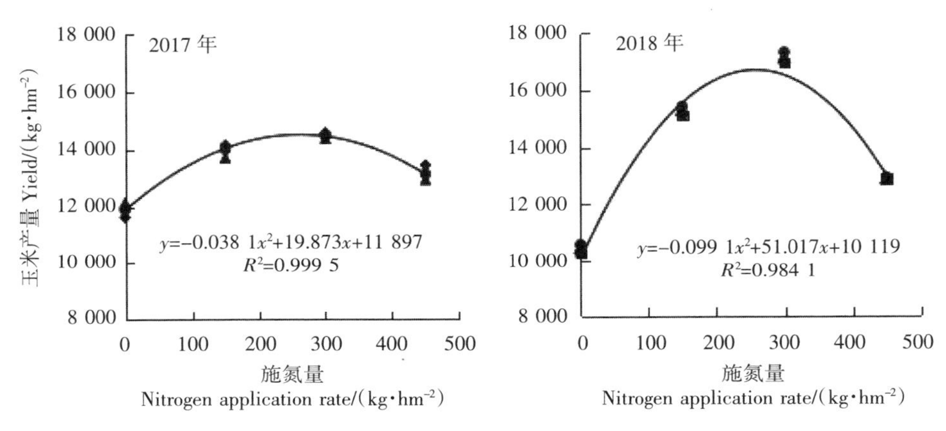

图5-11　秸秆还田配施不同氮肥下施氮量-玉米产量拟合曲线

七、玉米生长指标综合评价

(一)玉米生长指标相关性分析

秸秆还田配施氮肥各处理下玉米生长指标与产量相关性分析如表5-8，通过两年试验结果分析表明，各生长指标与玉米产量均具有较强的相关性，其中，玉米茎粗、地上部生物量以及荧光与产量的相关性最高，分别达到0.67、0.69和0.77。其他各生长指标之间也具有较强的相关性，地下部生物量和SPAD的相关性为0.95，达到极显著水平。而地上、地下部生物量均与荧光有很强的相关性。叶面积的大小在很大程度上会影响玉米的光合作用，因而玉米叶面积与地上部生物量、地下部生物量及叶片SPAD值均具有很强的相关性，尤其同SPAD的相关性达到0.94，而与地上部、地下部的相关系数分别为0.76和0.87。

(二)玉米生长指标主成分分析

生长指标所代表的意义不同，同样也存在量纲上的区别，因此采用Z-score

方法对原始数据进行标准化。由表 5-9 可知，对标准化数据计算特征值及其贡献率和累计贡献率，根据特征值>1 的原则选取主成分，并依此提取 2 个主成分。第一主成分的贡献率为 77.34%，第二主成分的贡献率为 17.63%，两个主成分累计贡献率达到 94.98%。因此，前两个主成分在很大程度上能够代表各生长指标对玉米生长的影响。

表 5-8　秸秆还田配施氮肥下玉米生长指标相关性分析

项目	茎粗	叶面积 LAI	地上部生物量	地下部生物量	荧光	SPAD	玉米产量
株高	0.19	0.16	0.49	0.21	0.36	0.06	0.62
茎粗		0.52	0.62	0.67*	0.81*	0.69	0.67*
叶面积 LAI			0.76*	0.87*	0.56	0.94**	0.61
地上部生物量				0.87*	0.87*	0.78	0.69*
地下部生物量					0.77*	0.95**	0.65
荧光						0.69	0.77*
SPAD							0.58

注：样本容量 n=9；* 表示在 α=0.05 水平上差异显著；** 表示在 α=0.01 水平上差异显著。

表 5-9　玉米生长指标主成分分析

因子	特征值	贡献率/%	累计贡献率/%
*X*1	6.187 4	77.342 9	77.342 9
*X*2	1.411	17.637 9	94.980 8
*X*3	0.315 8	3.947 7	98.928 5
*X*4	0.085 7	1.071 5	100

主成分因子载荷是主成分因子与原始变量因子之间的相关系数，因子负荷越大，变量在相应主成分中的权重就越大（吕真真等，2017），玉米各生长指标在第一主成分和第二主成分（PC1 和 PC2）上的因子载荷如图 5-12，总体来看，玉米各生长指标包括茎粗、叶面积、地上部生物量、地下部生物量、荧光、SPAD、玉米产量均在第一主成分上有较强的载荷值，且载荷值均为正值，由

此说明以上 7 个玉米生长指标对玉米生长均有一定的促进作用,玉米株高在第二主成分(PC2)上有较高的载荷值,且载荷值达到了 0.6,同时第二主成分(PC2)的贡献率为 17.63,因此可以推断玉米株高也是影响玉米生长的重要因子之一。叶面积在第二主成分上有很强的负载荷值,由此说明叶面积对玉米生长有一定的负效应。秸秆还田配施氮肥条件下单就玉米生长而言,本研究选取的 8 个指标来评价秸秆还田条件下施氮肥对玉米的生长的影响,在主成分分析中,这 8 个指标均具有很高的载荷值,由此说明这 8 个指标可反映玉米的生长状况,进而评价玉米生长的好坏。

图 5-12 为秸秆还田配施氮肥对玉米生长影响评价,进行各处理主成分综合得分可知,不同处理对玉米生长的影响大小依次为 SR+N2>SR+N3>SR+N1>CK>SR+N0,由此可知:秸秆还田处理优于秸秆不还田处理,施氮肥处理优于不施氮肥处理,且随施氮量增加而增加,但施肥量过高(高于 450 kg/hm²)则会出现抑制效应。

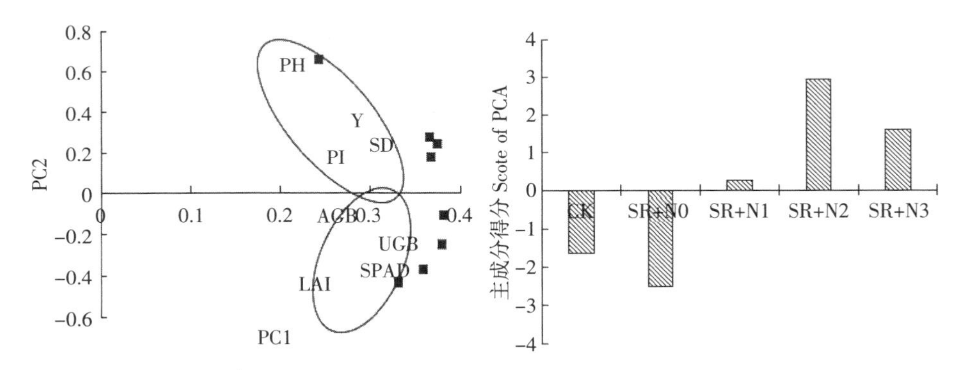

图 5-12　玉米生长指标在 PC1 和 PC2 的因子载荷分布及主成分得分图

注:图中 PH 代表株高,SD 代表茎粗,LAI 代表叶面积,AGB 代表地上部生物量,UGB 代表地下部生物量,PI 代表荧光,SPAD 代表相对叶绿素,Y 代表产量。

八、玉米氮素含量及水肥利用效率

秸秆还田配施氮肥对玉米各部位氮素含量及氮肥利用率的影响如表 5-10,通过对玉米叶、茎、根以及籽粒氮素含量的分析发现,2017 年玉米茎氮含量以 SR+N2 处理最高(0.47%),较 CK 增加 11.9%。而茎氮素积累量则随施氮量的增加而降低,SR+N1 处理较 SR+N0 处理显著增加 42.36%,而 SR+N3

表 5-10 秸秆还田配施氮肥对玉米氮素含量及水肥利用效率的影响

年份	处理	茎			叶			籽粒			根			氮肥利用率/%	水分利用效率/%
		氮含量/%	干重/(kg·hm^{-2})	氮素积累量/(kg·hm^{-2})	氮含量/%	干重/(kg·hm^{-2})	氮素积累量/(kg·hm^{-2})	氮含量/%	干重/(kg·hm^{-2})	氮素积累量/(kg·hm^{-2})	氮含量/%	干重/(kg·hm^{-2})	氮素积累量/(kg·hm^{-2})		
2017	CK	0.42	5 121	21.6	0.665	4 132.5	27.48	1.078	11 031.67	130.8	0.34	654.3	2.2	58.81/	16.82
	SR+N0	0.42	7 425	30.75	0.535	5 433	29.1	1.063	11 906.21	133.35	0.44	551	2.42	—	17.82
	SR+N1	0.46	9 039	41.25	0.741	5 934	43.95	1.167	13 993.33	154.35	0.65	1 265.4	8.22	34.58	21.22
	SR+N2	0.47	6 588	30.6	0.865	6 220.5	53.85	1.248	14 461.67	193.65	0.67	1 996.8	13.33	30.44	21.64
	SR+N3	0.44	4 306.5	19.05	1.126	4 099.5	46.2	1.349	13 123.33	223.65	0.56	1 918.3	10.74	23.04	20.11
2018	CK	0.32	7 312.5	23.4	0.55	4 472.7	24.6	1.57	11 733.37	184.21	0.45	654.3	2.94	62.48	16.71
	SR+N0	0.49	5 061.2	24.8	0.84	2 714.25	22.8	1.49	10 466.70	155.95	0.58	1251	7.25	—	14.69
	SR+N1	0.46	6 456.5	29.7	0.95	3 805.2	36.15	1.55	15 300.05	237.15	0.38	1 265.4	4.81	42.34	20.26
	SR+N2	0.57	6 035.1	34.4	1.44	5 062.5	72.9	1.50	17 133.39	257.00	0.54	1 996.8	10.78	34.59	24.17
	SR+N3	0.43	6 720.9	28.9	1.23	4 475.55	55.05	1.62	12 900.05	208.98	0.52	1 918.3	9.97	22.22	19.60

处理较 SR+N0 处理显著降低 13.38%。玉米叶氮含量则随施氮量的增加而增加,SR+N2 和 SR+N3 处理分别较 CK 显著增加 33.0%、59.1%，叶氮素积累量变化规律与叶氮含量变化一致,SR+N2 和 SR+N3 处理分别较 SR+N0 处理增加 85.0%和 58.7%。各处理玉米籽粒氮含量大小依次为 SR+N3>SR+N2>SR+N1>CK>SR+N0,SR+N3 和 SR+N1 处理分别较 SR+N0 处理增加 26.9%和 9.8%;氮素积累量 SR+N3 和 SR+N2 处理分别较 SR+N0 处理显著增加 67.7%和 45.2%,SR+N1 较 SR+N0 处理增加 15.7%。根氮积累量随氮肥施用量的增加而增加,SR+N2 处理较 CK 显著增加 97.06%，而 SR+N3 处理则较 SR+N2 处理降低 19.64%。秸秆还田配施氮肥处理下氮肥利用率依次降低。SR+N3 和 SR+N1 处理分别较 SR+N0 处理显著降低 35.8%和 24.2%。2018 年秸秆还田配施氮肥对玉米叶、茎、根及籽粒氮素含量的影响变换规律同 2017 年类似，总体来看,以 SR+N2 处理表现最佳。水分利用效率两年综合以 SR+N2 处理表现最佳,两年分别为 21.64%和 24.17%。

第四节 讨论与结论

一、讨论

(一)土壤物理性状

土壤容重是衡量土壤物理性状的重要指标之一,它可直接影响土壤的孔隙度大小和孔隙的分配，以及影响土壤水、肥、气、热的变化（胡宏祥等，2015)。秸秆还田配施氮肥可改善耕层土壤物理性状(李玮等,2015;白伟等，2015;田慎重等,2013)。赵亚丽等(2014)认为,秸秆还田措施可显著降低土壤容重,增加土壤三相比,增加土壤水分利用效率。白伟等(2017a)研究结果表明,秸秆还田配施氮肥较秸秆不还田相比可降低 0~20 cm 层土壤容重 3.2%，20~40 cm 土层土壤容重 2.0%。本研究结果表明,连续两年秸秆还田配施氮肥处理可显著降低土壤容重,增加土壤孔隙度,且随施氮量的增加改善效果更明显。温美娟等(2018)研究认为,秸秆还田条件可有效降低表层土壤容重,改善土壤三相比。秸秆还田条件下不配施氮肥处理土壤容重会增加,与温美娟等研究结果不一致,分析其原因可能是作物秸秆腐熟过程需要消耗土壤中大量养分(王旭东等,2009),从而导致土壤质地黏重,土壤孔隙度变小(López-Fando,et al.,2007),最终使得土壤容重变大。

秸秆还田条件下适量施用氮肥既能调节土壤养分供应状况,又能增加土壤蓄水保墒效果(马晓丽等,2010),不同施氮水平对玉米不同生育时期土壤保水效果影响不同(徐莹莹等,2018)。王维钰等(2016)研究认为,秸秆还田配施氮肥处理 0~30 cm 土层土壤含水率显著高于秸秆不还田处理。解文艳等(2011)研究发现,秸秆还田秋施肥比秸秆不还田玉米水分利用效率显著提高。本研究结果表明,两年秸秆还田配施氮肥可显著增加土壤贮水量,且随施氮量的增加呈上升趋势,以 SR+N2 处理表现最佳。而 SR+N0 处理保水效果则低于秸秆不还田处理,可能原因是秸秆还田不配施氮肥处理秸秆不腐熟或腐熟不完全造成的。整体蓄水效果表现为秸秆还田处理第二年大于秸秆还田处理第一年,这与王旭东等(2009)研究结果相一致。

(二)土壤化学性状

秸秆还田与氮肥配施可显著改善土壤养分情况(苗峰等,2012),Agustin,et al.(2008)认为,长期秸秆还与氮肥配施处理可显著提高小麦地土壤耕层养分及养分利用效率。Whitbread,et al.(2003)研究发现,秸秆还田措施配施氮肥可有效提升土壤有机碳,平衡土壤养分。土壤有机质是衡量土壤肥力的重要指标之一,秸秆还田配施氮肥可有效提高土壤有机质含量。李孝勇等(2003)研究发现,秸秆还田配施适量化学氮肥可有效提升土壤有机质 17.5%~28.7%。相关研究表明(南雄雄等,2011;马超等,2012),秸秆还田配施氮肥可提高土壤速效氮、磷、钾等养分的含量,且随施氮量的增加呈逐渐上升的趋势。刘玲玲等(2018)通过在水稻研究不同秸秆还田方式对土壤理化形状的影响,研究发现,秸秆还田可显著提升耕层土壤碱解氮含量和土壤速效钾含量,而对于土壤速效磷含量则无显著影响。秸秆还田可为土壤提供有机碳,进而提高土壤 C/N,进而提高土壤对氮素的固持能力,进而可减少土壤氮素的挥发(路怡青等,2013)。本研究表明,秸秆还田配施氮肥可显著提高 0~40 cm 层土壤有机质、全氮和速效养分含量,这与 Wang,et al.(2014)研究结果一致。本试验中,秸秆还田配施氮肥可提高年际间土壤 C/N,但同年间则随施氮量的增加而呈下降趋势;分析其可能原因一是因为秸秆全量还田后,秸秆腐解后使土壤有机质大幅提升,二是因为高 C/N 的秸秆还田后会激发土壤氮的矿化作用进而增加土壤碱解氮含量，且秸秆还田配施氮肥能有效提高土壤氮素供应能力（Tosti，et al.，2012），同时秸秆还田后氮素的补充可降低速效养分的淋溶（胡宏祥等，2015），使得土壤速效养分提升；加之无机氮的施入会改善土壤氮素供给水平，改善土壤的全氮含量。

（三）玉米生长

关于秸秆还田配施氮肥对作物生长的影响国内外报道很多，大部分研究表明，秸秆还田配施氮肥可促进作物的生长。孟会生等（2012）研究表明，秸秆还田与氮肥配施可显著增大作物叶面积生物量、增强光合作用，增加叶片叶绿素含量（江永红等，2001）。宫明波等（2018）通过对麦–玉两熟区秸秆还田下增施氮肥研究表明，秸秆还田配施氮肥可增加小麦叶面积指数 7.6%~25.5%。与李占等（2013）在冬小麦上的研究结果一致。玉米株高、茎粗参数在一定程度上可反映玉米的抗倒伏能力，秸秆还田处理可增加玉米茎粗进而增加玉米抗倒伏能力（王宁等，2007）。本研究中，秸秆还田配施氮肥 300 kg/hm^2 处理可显著增加玉米茎粗最大达 24.21%。刘玲玲等（2018）研究表明，秸秆还田与氮肥配施可增加水稻株高这与本研究结论一致。本研究认为，秸秆还田配施氮肥可增加玉米株高，总体以秸秆还田配施氮肥 150 kg/hm^2 处理表现最佳。吕得林等（2019）在小麦上的研究认为，秸秆还田配施氮肥可增强小麦叶片 SPAD 含量，增加叶片叶绿素含量，增强植株光合作用，进而促进小麦干物重和产量（杨晨璐等，2018）的增加。本试验结果表明，秸秆还田配施氮肥可显著影响玉米的生长，如增加玉米株高、茎粗、叶面积指数以及叶绿素含量，增强玉米叶片荧光和光合作用，进而促进玉米群体光合作用，促进玉米地上、地下部生物量的增加，最终增加玉米产量。这与 Tan，et al.（2017）研究结果一致。

（四）玉米产量性状

白伟等（2017b）研究发现，秸秆还田和适宜的氮肥施用量可以显著增加玉米产量，其增产效果主要表现在百粒重和行粒数的显著提升。庞党伟等（2016）研究发现，配施氮肥秸秆还田主要通过改善耕层土壤理化性质，增加单位面积穗数和穗粒数使得玉米产量有所增加。本试验结果表明，秸秆还田配施一定量氮肥可显著提高玉米产量，如本研究中秸秆还田配施氮肥量为 300 kg/hm^2 下玉米产量最高，而最高施氮处理下玉米产量则出现了大幅下降，分析其原因是，最高施氮量处理下部分玉米在灌浆后期出现了倒伏情况，进而导致玉米减产。秸秆还田配施氮肥主要通过改善土壤物理状况,进而通过相关性分析表明秸秆还田配施氮肥处理增产效果主要表现在增加玉米的穗粒数和百粒重。这与侯贤清等(2018b)研究结果一致,原因可能是处理后土壤中充足的有机质及含氮量有助于玉米籽粒的形成(Zhang,et al.,2014),而秸秆还田在改善玉米穗部基本性状方面发挥着一定的作用(张学林等,2010)。不同年份间同一处理下玉米产量出现的差异则与年际间降水与温度有关。

(五)最佳氮肥适配量的探究

由于土壤类型、气候条件、种植作物以及耕作方式的不同,不同学者得出秸秆还田量与施氮量的配比结果不同。张哲等(2016)研究认为,秸秆还田量 9 000 kg/hm² 配施纯氮为量 210~245 kg/hm² 时, 可作为提高辽西风沙半干旱区土地生产力和作物产量的较优方案。白伟等(2015)研究认为,秸秆还田量为 9 000 kg/hm² 和配施氮 112.5 kg/hm² 是辽西北地区比较理想的秸秆还田模式。周怀平等(2004)研究认为,不同的秸秆还田方式和降水年型对玉米产量和经济效益的影响存在明显差异。本研究结果表明,秸秆还田 12 000 kg/hm² 配施纯氮 260 kg/hm² 种植模式下玉米产量最佳,而高于该值则会导致玉米不同程度的减产。这与前人研究结果略有不同,主要原因是土壤类型、气候条件之间的差异,仅通过两年试验结果,并不能完全代表该地区秸秆还田配施氮肥的最佳用量,更加精准的施氮范围有待后续试验进一步探究。

(六)玉米水肥利用效率

氮肥利用率(NUE)是国际通用的氮肥利用效率定量指标之一(冯洋等,2014),该值可反映氮素在植株体内的利用情况。王小纯等(2015)研究认为,增施氮肥可提高小麦氮肥利用率。赵士诚等(2017)研究认为,秸秆还田条件下增施氮肥处理可提高氮肥利用率,进而实现高产。本研究结果表明,秸秆还田条件下氮肥利用率随施氮量的增加而下降,但逐年提高,与秸秆还田条件下不施氮肥相比,秸秆还田配施氮肥 150 kg/hm² 处理下氮肥利用率最大。秸秆还田可作为一项有效节水技术而应用于农业生产。秸秆覆盖处理可有效地保持土壤水分, 降低无效耗水, 进而提高水分利用效率 (Kar and Kumar, 2009;董勤各等,2018;Sekhon,et al.,2010)。本研究表明,秸秆还田较秸秆不还田处理,可增加水分利用效率,且随秸秆还田配施氮肥量的增加呈上升趋势,秸秆还田配施氮肥 300 kg/hm² 处理两年水分利用效率最高。这与殷文等

(2019)研究结果一致。

二、结论

(1)秸秆还田配施氮肥可降低土壤容重,增加土壤孔隙度;与秸秆不还田处理相比,秸秆还田配施氮肥可有效降低 0~20 cm、20~40 cm 土层土壤容重,改善土壤团粒结构,增加土壤孔隙度,进而增加土壤贮水量,以秸秆还田配施纯氮 300 kg/hm^2 和 450 kg/hm^2 表现最佳。

(2)秸秆还田配施氮肥可显著提高土壤速效磷、速效钾以及碱解氮含量,同时对土壤有机质、全氮含量也有很显著的促进作用。如秸秆还田配施氮肥各处理有机质两年间增幅为 36.91%~102.00%, 秸秆还田配施纯氮 300 kg/hm^2 和 450 kg/hm^2 处理较秸秆不还田(CK)处理可增加土壤肥力效果最为显著,且处理第二年较第一年增效明显。

(3)秸秆还田配施氮肥可显著改善玉米的生长,增加玉米叶面积指数、叶绿素含量;增强玉米光合、荧光等,尤以秸秆还田配施纯氮 300 kg/hm^2 和 450 kg/hm^2 处理表现最为显著。

(4)秸秆还田配施氮肥可显著增加玉米生物量,提高作物产量,两年间均以秸秆还田配施纯氮 300 kg/hm^2 处理下玉米产量和生物量最高, 该处理生物量两年平均较秸秆还田不施肥处理增加 11.1%,而产量则平均增加 38.56%。通过产量-配施氮肥量拟合曲线发现, 该地区秸秆还田配施氮肥量为 260 kg/hm^2 时玉米可获得最大产量,过高的氮肥配比会导致玉米减产。

(5)通过相关性分析及主成分分析发现,秸秆还田配施氮肥主要是通过改善有机质、全氮、速钾、速磷、碱解氮含量及土壤团聚体分布来改善土壤的理化性状,且通过改善玉米茎粗、叶面积、地上部生物量、地下部生物量、荧光、SPAD、玉米产量来促进玉米的生长。

通过两年定位试验结果表明, 秸秆还田配施氮肥可改善土壤理化性状,促进玉米的生长,进而增加玉米的产量,其中以秸秆还田配施氮肥 300 kg/hm^2 处理表现最佳。通过对影响土壤理化性状及玉米生长的指标进行相关性分析及主成分分析,得出秸秆还田配施氮肥是主要通过影响土壤有机质、全氮、速效钾、碱解氮以及团聚体而影响土壤物理性状,而本试验中所测农艺性状均对玉米生长及产量均有促进作用。

第六章　秸秆还田配施腐熟剂对砂性土壤性质及滴灌玉米生长的影响

作物秸秆是重要的田间闲置农业副产品，富含大量的氮、磷、钾、钙、镁、硫等矿质元素和纤维素、半纤维素、木质素等生物质资源（田雁飞等，2010）。农业部科教司统计显示，2014 年我国秸秆总量为 8 亿 t（韩梦颖等，2017），但其利用率很低，目前仍存在大量作物秸秆在田间随意堆放或焚烧造成能源浪费和环境污染现象。秸秆还田可将作物秸秆中的有机物及养分经土壤微生物分解归还土壤，不仅可增加土壤养分、培肥地力，还能提高作物产量，在改善土壤生态环境方面已得到广泛认可（Liao，et al.，2013；Lal，2010；周米良等，2016）。但在自然条件下，秸秆还田后腐熟缓慢，大量未腐解的秸秆残留在土壤耕层，加速了地下害虫孵化、耕作层土壤碱化度上升，且严重影响下茬作物出苗及生长（李春杰等，2015）。因此，秸秆还田后如何促进秸秆快速腐解已成为目前秸秆还田研究的热点。

秸秆腐熟剂富含多种专性高效微生物菌群，能在适宜条件下促进秸秆腐解并释放出有机质及氮磷钾等营养元素（劳德坤等，2015）。而秸秆快速腐熟剂是根据微生物的营养机理而制成的复合菌剂，由数十种酶类及无机添加剂及多种高效有益微生物组成，可产生大量有益微生物刺激作物生长增加产量，使土壤有机质和土壤肥力提高，减少化肥使用量，且不破坏农业环境，实现农业可持续发展。目前秸秆腐熟剂主要应用于秸秆腐熟堆肥和秸秆直接还田等方面，通过接种微生物到秸秆上能够使其加快腐熟，并缓解秸秆腐解不彻底造成的负面影响（肖薇航，2012）。劳德坤等（2015）研究表明，接种微生物秸秆腐熟剂均能提高秸秆中有机质的降解幅度，有效缩短蔬菜副产物堆肥周期并降低含水率。陈胜男等（2009）研究认为，秸秆堆肥加入微生物菌剂可缩短堆肥时间，且随堆腐时间的延长，各处理土壤脲酶活性均小于 20 mg/(g·d)。钱海燕等（2012）研究报道，与秸秆还田不施用腐熟剂相比，秸秆还田配施微生物菌剂处理可改变秸秆腐解过程中土壤氮磷钾养分含量。但由于作物秸秆种类不同，造成腐熟剂施用后秸秆腐解程度及快慢不同，同时腐熟剂易受到自身所含成分种类和数量等内在因素和研究地理位置、气候特征、土壤特性等外界环境因素的影响，对秸秆腐解效果也不同（Zaccheo，et al.，2002）。因此，应针对不同腐熟剂类型下秸秆腐解程度及农田土壤培肥和作物生长方面做进一步深入研究。

目前关于秸秆腐熟剂方面的研究主要集中在秸秆堆肥添加腐熟剂对氮、钾元素动态以及对秸秆腐解、养分释放规律和土壤酶活性的影响等（劳德坤等，2015；陈胜男等，2009；钱海燕等，2012），而在滴灌条件下秸秆还田配施腐熟剂对砂性土壤理化性质、玉米生长及产量影响的研究尚鲜见报道。因此，为提高宁夏扬黄灌区秸秆还田对砂性土壤的培肥效果，本研究选用 3 种秸秆腐熟剂（生物秸秆速腐剂、EM 菌秸秆腐熟剂、有机废物发酵菌曲），研究秸秆腐熟剂对秸秆生物失重率、土壤性质及玉米生长、产量和经济效益的影响，以期筛选出适宜于宁夏扬黄灌区秸秆还田的最佳腐熟剂种类，为该区还田后促进秸秆腐解及养分资源高效利用提供技术参考。

第一节　试验设计与测定方法

一、试验区概况

本试验于 2016 年 10 月至 2017 年 10 月在宁夏盐池县冯记沟乡三墩子村天朗现代农业公司玉米试验基地进行，该地区（37°40′N，106°51′E，海拔 1 300 m 左右）属中温带大陆性干旱、半干旱气候，干旱少雨、多风，蒸发量大，年蒸发量高达 2 000~3 000 mm。多年平均降水量为 280 mm，主要集中在 6—9 月。光照资源充足，太阳辐射强，全年累积日照时数达 2 800.2 h，且气温日差较大，年平均气温 8~9 ℃，≥0 ℃积温3 430.3 ℃，≥10 ℃积温为 2 949.9 ℃，年无霜期平均为 151 d。试验区 2017 年降水总量为 393.3 mm，平均气温为 9.4 ℃，其中玉米生育期（4—9 月）降水量为 317.9 mm，占全年降水量的

80.8%（如图 6–1）。试验区土壤上层（0~40 cm）为砂性土，下层（40~100 cm）为淡灰钙土，0~40 cm 土层土壤颗粒组成中，<0.002 mm 黏粒含量为 3%~8%，（0.002，0.020］mm 粉砂含量为 24%~38%，（0.020，2.000］mm 砂粒含量为 46%~71%（李荣等，2018）。播种前 0~40 cm 土层基础土壤理化性质：土壤容重 1.54 g/cm^3、有机质 3.86 g/kg、碱解氮 15.08 mg/kg、速效磷 4.78 mg/kg、速效钾 54.67 mg/kg、土壤呈碱性（pH 8.2）；土壤肥力贫瘠，属低肥力水平。

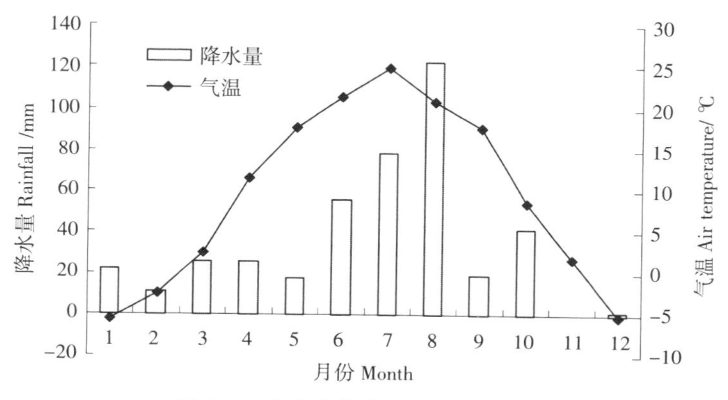

图 6–1　试验地年降水量和平均气温

二、试验设计

（一）试验材料

供试玉米品种为银玉 439 号（宁夏农林科学院作物所培育）。供试腐熟剂种类：（1）生物秸秆速腐剂（有效活菌数≥2.0 亿/mL，由厦门泉农生物科技有限公司生产），施用量 3 000 mL/hm^2，兑水 225 kg/hm^2 喷于秸秆表面后配施 60 kg/hm^2 尿素还田入土；（2）EM 菌秸秆腐熟剂（有效活菌数≥200.0 亿/mL，由北京康源绿洲生物科技有限公司生产），施用量 15 000 mL/hm^2，兑水 225 kg/hm^2 喷于秸秆表面后配施 60 kg/hm^2 尿素还田入土；（3）有机废物发酵菌曲（微生物菌剂，有效活菌数≥0.2 亿/g，由北京圃园生物工程有限公司生产），施用量 60 kg/hm^2，兑水 225 kg/hm^2 喷于秸秆表面后配施 60 kg/hm^2 尿素还田入土。供试肥料为尿素（尿素 N≥46%，由中国石油天然气股份有限公司生产）、磷酸二铵（N≥18%，P_2O_5≥46%，由云南云天化股份有限公司生产）和硫酸钾（K_2O≥50%，由郑州华兴化工产品有限公司生产）。

（二）试验设计

试验采用单因素随机区组设计，共设 4 个处理：(1)秸秆还田+生物秸秆速腐剂处理（SR+BS）；(2)秸秆还田+ EM 菌秸秆腐熟剂处理（SR+RJ）；(3)秸秆还田+有机废物发酵菌曲处理（SR+OW）；(4)秸秆还田不施腐熟剂处理为对照（CK），3 次重复，共 12 个小区，小区面积 12 m×15 m=180 m^2。

试验所用玉米秸秆中有机碳 705.8 g/kg、全氮 12.0 g/kg、全磷 2.6 g/kg、全钾 12.7 g/kg。于 2016 年 10 月 25 日将前茬收获的玉米秸秆粉碎 3~5 cm 长度并配施腐熟剂全量还田（还田量 9 000 kg/hm^2，深度 25 cm）。2017 年 4 月 22 日采用气吸式播种机精量播种玉米，宽窄行种植，宽行 70 cm，窄行 30 cm，株距 20 cm，于 9 月 25 日收获。玉米播前基施磷酸二铵 300 kg/hm^2。生育期灌水及追肥采用滴灌施肥，玉米各生育期灌水和施肥情况如表 6-1 所示。2017 年玉米生育期总灌水量为 3 525 m^3/hm^2，生育期追施纯氮（N）和 K_2O 用量分别为 375 kg/hm^2 和 120 kg/hm^2。生育期人工除草。

表 6-1　玉米不同生育期灌水和施肥情况

生育时期	灌水日期	灌水量/($m^3 \cdot hm^{-2}$)	追肥量/($kg \cdot hm^{-2}$)	
			N	K_2O
播种	4 月下旬	225	—	—
苗期	5 月中旬	225	56	18
拔节	6 月上旬	225	31	10
	6 月中旬	300	31	10
	6 月下旬	375	31	10
抽雄	7 月上旬	375	44	14
	7 月中旬	375	44	14
	7 月下旬	375	44	14
吐丝	8 月上旬	300	31	10
灌浆	8 月中旬	300	31	10
	8 月下旬	225	31	10
收获	9 月上旬	225	—	—

三、测定指标与方法

(一)土壤理化性质

在玉米播种前和收获后,采集0~20 cm、20~40 cm土层土样,测定土壤有机质、碱解氮、速效磷、速效钾含量。测定方法同第二章第一节(略)。

土壤水分:分别于播种期(播后0 d)、苗期(播后20 d)、拔节(播后50 d)、抽雄(播后80 d)、吐丝(播后100 d)、灌浆(播后120 d)和收获(播后150 d)测定0~100 cm层土壤质量含水量,并计算土壤贮水量。测定方法同第二章第一节(略)。

(二)玉米农艺性状

分别于玉米苗期、拔节、抽雄、吐丝、灌浆和收获测定玉米株高和茎粗。测定方法同第二章第一节(略)。

(三)产量性状

玉米收获期进行小区测产。测定方法同第二章第一节(略)。

(四)秸秆生物失重率

秸秆样品的准备:选取粗细与长度接近的完整作物秸秆,将其裁成3~5 cm的小段,准备好试验所需尼龙网袋若干并进行编号。

样品的腐解处理:试验设置施用腐熟剂(SR+BS、SR+RJ、SR+OW)和CK 4个处理,通过网袋模拟秸秆还田,每处理重复15次,将处理后的秸秆样品分别装入尼龙袋(每袋装入秸秆量50 g)并在玉米苗期埋入农田15 cm土层,随后再翻埋30 d(拔节期)、翻埋60 d(抽雄期)、翻埋80 d(吐丝期)、翻埋100 d(灌浆期)和翻埋130 d(收获期)随机挖取3袋样品,共取样5次,将尼龙袋上的土粒清理干净,烘干,进行秸秆残留量测定。

根据公式计算秸秆生物失重率(W_L)计算(杨光海等,2013):

$$W_L=100(N_0-Nx)/N_0$$

式中,N_0为样品质量,g;Nx为烘干后每袋的质量,g。

(五)数据处理

数据处理方法同第二章第一节(略)。

第二节 不同秸秆腐熟剂对土壤理化性质的影响

一、玉米生育期土壤水分

图 6-2 为秸秆还田配施腐熟剂不同处理对玉米生育期 0~100 cm 土层土壤贮水量的影响。各秸秆还田配施腐熟剂处理的土壤贮水量均随生育时期的推进，呈先下降后上升再下降的趋势。在玉米苗期（播后 20 d），SR+BS、SR+RJ、SR+OW 处理的土壤贮水量分别较 CK 显著增加 27.5%、33.4%、28.6%，而不同腐熟剂处理间差异不显著；在拔节期（播后 50 d），SR+OW 处理的土壤贮水量较 CK 显著提高 29.4%；在抽雄期（播后 80 d），各处理土壤贮水量降至最低，这是由于该时期气温较高，水分蒸发量加大，且玉米进入旺盛生长阶段，作物耗水增加，其中 SR+BS 处理土壤贮水能力最强，SR+RJ、SR+OW 处理次之，3 种腐熟剂处理均与 CK 存在显著差异；在吐丝期（播后 100 d），各处理土壤贮水量开始上升，于灌浆期（播后 120 d）达到最大。在吐丝期 3 种腐熟剂处

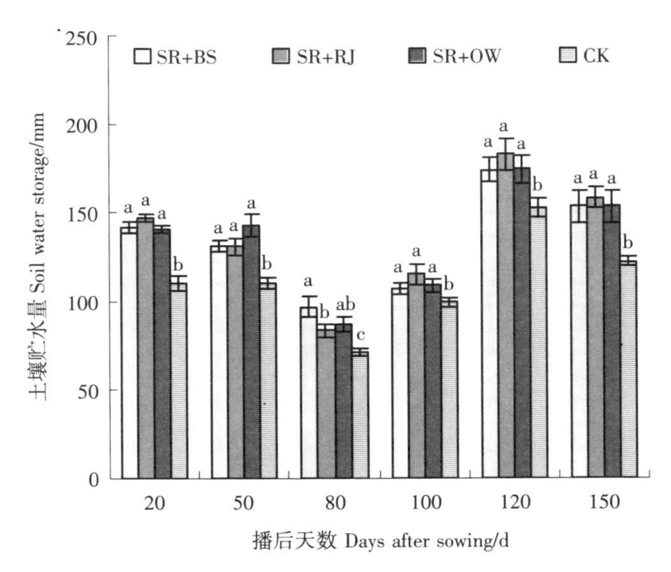

图 6-2 不同秸秆腐熟剂对土壤贮水量（0~100 cm）的影响

注：不同小写字母表示同一时期不同处理间差异显著（P<0.05）。

理均对土壤贮水量有提高效果，与CK存在显著性差异；在生育后期（播后120~150 d），SR+BS、SR+RJ、SR+OW处理间土壤贮水量无差异，但均分别较CK显著提高19.1%、24.2%、19.2%；在收获期（播后150 d），玉米植株干枯，对地面遮阳面积大幅度降低，地表无效水分散失增加，且降雨较少，各处理土壤贮水量有所降低。

二、收获期土壤性状

（一）土壤容重

由表6-2可知，秸秆还田配施不同类型腐熟剂可有效降低0~40 cm土层土壤容重，且对0~20 cm土层容重降低效果优于20~40 cm土层。由0~40 cm土层平均土壤容重可知，SR+BS、SR+RJ和SR+OW处理分别较CK显著降低3.9%、4.2%、3.2%。

（二）土壤养分

2017年收获期各处理土壤养分含量均随土层的加深而降低，秸秆还田配施不同腐熟剂下0~20 cm、20~40 cm土层土壤养分含量均高于CK，其中SR+RJ、SR+OW处理与CK差异显著（表6-2）。SR+RJ处理的0~20 cm和20~40 cm土层土壤有机质含量分别较CK显著增加22.7%、25.0%，其余各腐熟

表6-2　不同秸秆腐熟剂处理对0~40 cm土层土壤性质的影响

土层/cm	处理	容重/（$g\cdot cm^{-3}$）	有机质含量/（$g\cdot kg^{-1}$）	碱解氮含量/（$mg\cdot kg^{-1}$）	速效磷含量/（$mg\cdot kg^{-1}$）	速效钾含量/（$mg\cdot kg^{-1}$）
0~20	SR+BS	1.462±0.069b	4.6±0.14bc	25.1±0.07b	7.7±0.14bc	81.0±1.13b
	SR+RJ	1.488±0.085b	5.4±0.25a	26.1±0.24a	8.5±0.10a	88.5±1.47a
	SR+OW	1.512±0.074b	4.8±0.18b	25.4±0.07b	8.1±0.12b	85.5±1.34a
	CK	1.555±0.031a	4.4±0.13c	21.4±0.51c	7.5±0.21c	70.4±0.88c
20~40	SR+BS	1.545±0.018ab	4.3±0.14bc	20.4±0.68bc	6.5±0.11ab	70.0±0.54b
	SR+RJ	1.520±0.037b	5.0±0.09a	22.0±0.45a	7.5±0.04a	77.6±0.38a
	SR+OW	1.521±0.032b	4.4±0.13b	20.9±0.63ab	6.9±0.06a	75.6±0.50ab
	CK	1.575±0.047a	4.0±0.16c	20.0±0.71c	6.4±0.15b	64.4±0.86c

注：同列不同小写字母表示处理间差异达显著水平（$P<0.05$）。

剂处理也均有不同程度的增加。3 种腐熟剂处理 0~20 cm 土层土壤碱解氮较 CK 增加 17.3%~22.0%,以 SR+RJ 处理表现最佳,SR+OW 处理次之,分别显著增加 22.0%、18.7%;20~40 cm 土层各腐熟剂处理增幅为 2.0%~10.0%,其中 SR+RJ 处理较 CK 显著增加 10.0%。速效磷变化趋势和碱解氮相似,0~20 cm 土层土壤速效磷含量以 SR+RJ 处理增加最为显著,其次是 SR+OW 处理,分别较 CK 显著增加 13.3%、8.0%,20~40 cm 土层以 SR+RJ 处理增加最为显著。0~20 cm、20~40 cm 土层平均土壤速效钾含量均以 SR+RJ 处理效果最佳,其次是 SR+OW 和 SR+BS 处理,分别较 CK 显著增加 23.2%、19.5%、12.0%。可见,秸秆还田配施腐熟剂可改善 0~40 cm 层砂性土壤理化性状,其中以 EM 菌秸秆腐熟剂(SR+RJ)和有机废物发酵菌曲(SR+OW)效果最佳。

第三节 不同秸秆腐熟剂对玉米生物失重率及生长的影响

一、玉米秸秆生物失重率

由图 6-3 可知,秸秆生物失重率随网袋翻埋时间的延长呈逐渐升高的趋势。翻埋 30 d 时,SR+RJ 处理的秸秆生物失重率最高(29.5%),与其他处理相

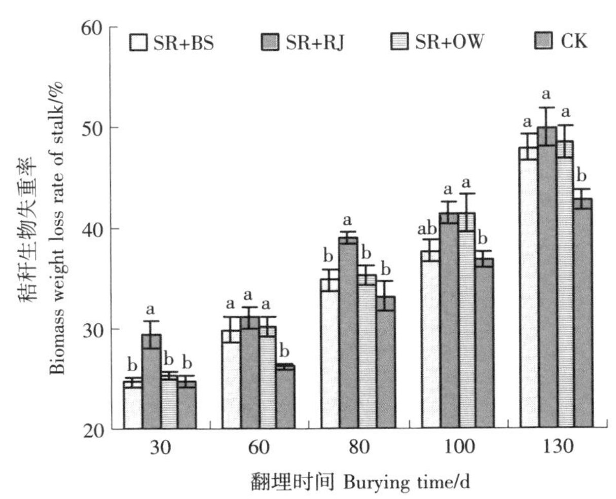

图 6-3 不同秸秆腐熟剂对玉米秸秆生物失重率的影响

注:不同小写字母表示同一时期不同处理间差异显著(P<0.05)。

比差异显著，其次是 SR+OW 处理，其秸秆生物失重率达 25.3%，而 CK 最低(24.7%)。翻埋 60 d 时，SR+RJ 处理的秸秆生物失重率最高，SR+BS 和 SR+OW 处理次之，分别较 CK 显著提高 18.7%、14.1%、15.3%。翻埋 80 d 时，SR+RJ 处理的秸秆生物失重率显著高于其他处理，较 CK 显著提高 6.2%。翻埋 100 d 时，SR+OW、SR+BJ 处理的秸秆生物失重率分别较 CK 显著提高 3.8%、4.6%，而 SR+BS 处理与 CK 无显著差异。翻埋 130 d 时，SR+RJ、SR+BS、SR+OW 处理的秸秆生物失重率分别较 CK 显著提高 7.1%、5.1%、5.7%。可见，施用 EM 菌秸秆腐熟剂(SR+RJ)在整个翻埋期秸秆生物失重率最高，对秸秆腐解程度效果最佳，而施用生物秸秆速腐剂(SR+BS)和有机废物发酵菌曲(SR+OW)在翻埋 60 d 和 130 d 时对秸秆腐解程度效果较好。

二、玉米生长

秸秆还田配施腐熟剂可改善土壤结构及水肥状况，进而促进玉米的生长。各处理玉米株高在苗期至灌浆期表现为迅速增加，而在灌浆至成熟期有所降低(图 6-4A)。玉米生长前期(播后 20~50 d)，各处理间差异不显著。玉米生长中期(播后 80~100 d)，SR+RJ 处理在抽雄期(播后 80 d)株高较 CK 显著增加 12.7%，而其他处理之间无显著差异。SR+BS 处理在吐丝期(播后 100 d)显著高于其他各处理，其中较 CK 显著增加 10.3%。玉米生长后期(播后 120~

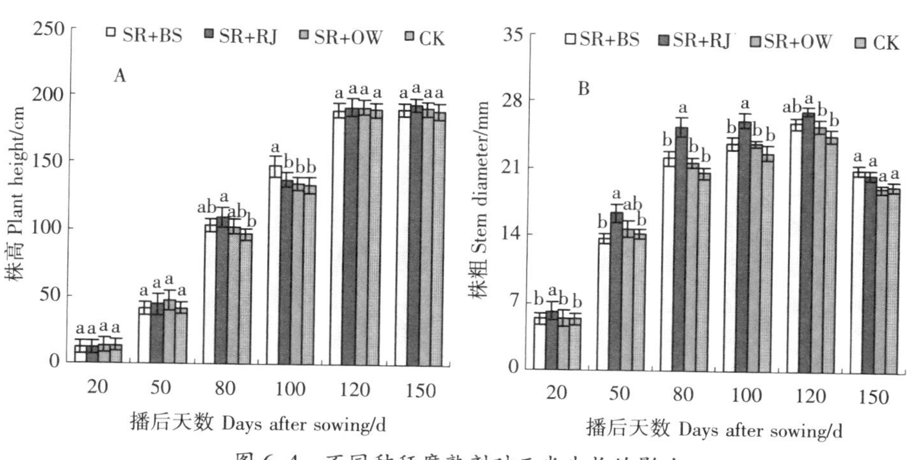

图 6-4 不同秸秆腐熟剂对玉米生长的影响

注：不同小写字母表示同一时期不同处理间差异显著($P<0.05$)。

150 d),各处理玉米株高与CK差异不显著。

由图6–4B可知,不同处理玉米茎粗随生育期的推进均呈先增加后降低的趋势,在灌浆期(播后120 d)达到最高。秸秆还田配施不同腐熟剂均能促进玉米植株生长,以SR+RJ处理对提高玉米茎粗最为明显,而SR+BS和SR+OW处理略高于CK,但差异不显著。玉米生长前期(播后20~50 d),SR+RJ处理的平均玉米茎粗较CK显著增加15.0%。玉米生育中后期(播后80~150 d),SR+RJ处理在拔节至灌浆期(播后80~120 d)平均玉米茎粗较CK显著提高10.6%,而至收获期(播后150 d)玉米茎粗较灌浆期均有所降低,且各处理间无显著差异。

三、玉米产量及经济效益

秸秆还田配施腐熟剂对玉米增产增收具有显著影响(表6–3)。SR+RJ、SR+OW、SR+BS处理的玉米籽粒产量均显著高于CK。与CK相比,SR+RJ和SR+OW处理的玉米增产效果更为明显,分别增加26.9%和23.4%,其次为SR+BS处理, 增加16.0%。各处理总投入大小顺序为SR+OW>SR+BS>SR+RJ>CK,而产出大小顺序为SR+RJ>SR+OW>SR+BS>CK。由经济效益分析可知,SR+RJ、SR+OW、SR+BS处理的纯收益均显著高于CK,其中SR+RJ处理最佳,纯收益为15751元/hm^2,较CK增加28.8%,而SR+OW、SR+BS处理则分别较CK增加23.4%、15.1%。SR+OW、SR+BS处理的产投比与CK相比无显著差异,而SR+RJ处理的产投比较CK显著提高8.3%。可见,秸秆还田配施EM菌秸秆腐熟剂(SR+RJ)经济效益最佳。

表6–3 不同秸秆腐熟剂处理对玉米产量及经济效益的影响

处理	籽粒产量/(kg·hm^{-2})	投入/(元·hm^{-2})	产出/(元·hm^{-2})	纯收益/(元·hm^{-2})	产投比
SR+BS	10 642.5±71.9b	2 950	17 028b	14 078b	5.8b
SR+RJ	11 641.0±94.5a	2 875	18 626a	15 751a	6.5a
SR+OW	11 322.1±125.2a	3 025	18 115a	15 090a	6.0b
CK	9 172.9±108.6c	2 450	14 677c	12 227c	6.0b

注:有机废物发酵菌曲:525元/hm^2;EM菌秸秆腐熟剂:375元/hm^2;生物秸秆速腐剂:450元/hm^2;种子肥料:600元/hm^2;人工:200元/hm^2;滴灌材料:1 500元/hm^2;当年玉米:1.6元/kg。同列不同小写字母表示处理间差异达显著水平(P<0.05)。

第四节 讨论与结论

一、讨论

(一)土壤理化性质

秸秆还田可显著增强土壤保水性能并改善耕层土壤降水与灌溉水入渗能力,有效降低耕层水分无效蒸发(安丰华等,2015),且不同种类腐熟剂在作物生育期内,促腐效果易受土壤水分不同的影响(张舒予等,2018)。本研究结果表明,秸秆还田条件下配施 3 种不同腐熟剂,较 CK 均能有效提高 0~100 cm 土层土壤贮水量,且玉米播后 80 d 时由于高温和作物进入快速生长阶段,加快了地表无效水分散失和作物耗水,土壤贮水量达到最低,玉米生育前期土壤贮水量低于后期,这与前人(徐文强等,2013)的研究结果相似,这是因为秸秆还田前期,秸秆腐解过程中需消耗大量土壤水分,且对土壤有增温效果,腐熟剂在适宜温度下加快秸秆腐解释放养分,同时改善了土壤结构及作物吸水能力(白伟等,2017b;刘继龙等,2019),而玉米生育后期,秸秆腐解对土壤水分又起到一定补偿效应(李亚威,2016)。本研究还发现,在秸秆还田前期,与 CK 相比,3 种秸秆腐熟剂处理均能提高土壤贮水量,但 SR+RJ 处理的效果低于 SR+BS 和 SR+OW 处理,这可能是由于作物生育前期,秸秆还田的增温效果(白伟等,2017b)有利于含多种有益菌种的 EM 菌腐熟剂加速玉米秸秆腐解消耗大量水分,而生物秸秆速腐剂和有机废物发酵菌曲腐解较慢,利于水分的贮存,而在秸秆还田中后期,气温逐渐上升,水分蒸发加剧,EM 菌秸秆腐熟剂与生物秸秆速腐剂和有机废物发酵菌曲相比更利于促进玉米植株生长,进而增强作物根系对周边土壤的固水能力(Ahmad,et al.,2018)。

张舒予等(2018)研究表明,秸秆还田配施腐熟剂可促进秸秆养分释放,增加土壤酶活性及阳离子量,进而有助于改善土壤结构,降低土壤容重。本研究结果发现,与 CK 相比,生物秸秆速腐剂较 EM 菌秸秆腐熟剂与有机废物发酵菌曲对 0~20 cm 土层土壤容重降低效果明显, 但 EM 菌秸秆腐熟剂对 0~40 cm 土层土壤容重降低效果最佳,生物秸秆速腐剂最差,这可能由于秸秆还田配施腐熟剂可为土壤微生物提供充足的碳源,调节土壤微生物生物量碳氮比(李有兵等,2016),而生物秸秆速腐剂含活性菌数介于EM菌腐熟剂和有机废物发酵菌曲之间,虽含大量有益菌群可进一步提高土壤酶活性,加快秸秆矿化腐解,但适当活性菌群有利于降低微生物与土壤争氮现象(顾炽明等,2013),促进秸秆释放相关活性因子到土壤中,有助于改善土壤结构,同时又因降水及灌溉水下渗作用,表层土壤养分随水向下迁移,进而影响下层土壤结构,从而降低土壤容重(李涛等,2016)。

秸秆还田配施腐熟剂有助于加快玉米秸秆腐解,同时也能影响土壤养分周转和土壤结构(孙超等,2017)。折翰非等(2014)研究认为,秸秆还田可有效改善土壤水分状况,进而影响秸秆腐解和养分释放,提高土壤的养分含量和积累量。本研究结果表明,秸秆还田条件下,配施不同秸秆腐熟剂均能有效改善0~40 cm层土壤理化性状,加之降水及灌溉水的下渗和淋溶作用,使表层(0~20 cm)养分向耕层(20~40 cm)转移,对耕层土壤有机质、速效磷、速效钾和碱解氮含量也有一定程度的提高,EM菌秸秆腐熟剂效果优于生物秸秆速腐剂和有机废物发酵菌曲,这与胡宏祥等(2012)研究结果一致,究其原因,EM菌秸秆腐熟剂的主效菌群为细菌和真菌,而生物秸秆速腐剂和有机废物发酵菌曲主效菌群为真菌,厌氧条件下细菌产生纤维素酶与有氧条件下真菌产生偏酸性纤维素酶在碱性环境中发生互补作用,且厌氧偏碱环境富含多种嗜碱性微生物群落,能有效协同完成纤维素分解(Wilson,2008;Porsch,et al.,2015),同时含大量有益菌群的EM菌剂使土壤微生物数量及酶活性增强,进而提高土壤养分的转化效率,增加土壤养分含量(丁文成等,2016)。

(二)玉米秸秆生物失重率

秸秆腐熟程度除采用手感软化程度、气味差异和秸秆颜色变化等比较方法外,还可采用测定秸秆生物失重率来反映其腐解程度,并由此比较和评价不同腐熟剂的秸秆腐解效果(韩梦颖等,2017),秸秆生物失重率越高,说明秸秆生物量腐解程度越好(匡恩俊等,2014)。自然条件下作物秸秆腐解速度缓慢,但秸秆还田配施不同种类腐熟剂的研究(周米良等,2016;胡宏祥等,2012;张舒予等,2018)结果发现,含有适宜菌种的腐熟剂有利于土壤有益微生物繁殖并促进作物秸秆腐解。李继福等(2013)研究发现,秸秆还田喷施腐熟剂可提高秸秆生物失重率,且90 d内秸秆腐解速度较快;李逢雨等(2009)研究结果也表明,麦秆、油菜秸秆配施腐秆灵(腐解菌)还田后,秸秆生物失重率均表现为前期快、后期慢；而李春杰等（2015）研究发现，在玉米秸秆上喷施秸秆腐熟还田专用菌剂（秸秆快腐剂，金山生物），90 d 后其秸秆生物失重率达 45%以上。在本研究中，与 CK 相比，SR+BS、SR+OW 处理在翻埋 60 d 和 130 d 时对秸秆生物量腐解程度较好，而 SR+RJ 处理在整个翻埋期秸秆生物失重率最高，对秸秆生物量腐解程度最佳，且秸秆腐解程度表现为前期大于中后期。一方面这可能与腐熟剂种类有关，不同腐熟剂主效菌剂组配、菌系来源、施用方式不同，其腐解效果也存在较大差异（张经廷等，2018），且腐熟剂菌种稳定性差，易与微生物竞争生态位、受地域性温度和水分等环境因素影响大（张舒予等，2018），秸秆翻埋 60 d 后处于年度高温和降水集中时段，玉米生育期耗水量增加，此时土壤水温的变异可影响微生物活性，不利于秸秆腐解，而在翻埋 100 d 后，降水渗入补充作物消耗土壤水分，缓解了耕层高温，从而利于秸秆的进一步腐解（Niklińnska，et al.，1999；白伟等，2017b）。另一方面由于 EM 菌秸秆腐熟剂含有活菌数显著高于生物秸秆速腐剂和有机废物发酵菌曲，活菌包含大量有效菌群，显著增加了土壤微生物种类与数量，加速秸秆腐解（农传江等，2016），而在秸秆腐解中后期，糖类、蛋白质等易分解可溶性物质基本释放结束，剩下难分解的纤维素、半纤维素等物质，使秸秆腐解变缓（萨如拉等，2019）。

（三）玉米生长及收益

秸秆还田配施腐熟剂能使秸秆腐熟时间提早，对植株生长具有促进作用（朱润尧和朱顺球，2013；陈治锋等，2017）。马煜春等（2017）研究指出，秸秆还田配施腐熟剂可促进小麦株高增加，这与本研究结果一致，在玉米生育中后期，不同秸秆腐熟剂处理均能促进玉米株高、茎粗增加，其中以 EM 菌秸秆腐熟剂对玉米植株生长促进效果最佳，分析原因可能由于 EM 菌秸秆腐熟剂、生物秸秆速腐剂和有机废物发酵菌曲相比，含有可促进玉米生长的酵母菌、光合细菌、芽孢杆菌（江朝明等，2016）等有益活性菌群。在本研究中，3 种腐熟剂处理较 CK 显著增产，其中 SR+RJ 增产效果最优，显著提高玉米经济效益，这与胡诚等（2016）和农传江等（2016）研究结果相似，这是由于在玉米生长前期 EM 菌秸秆腐熟剂相比其他 2 种腐熟剂可以更好地改善土壤微环境，进而提高微生物活性，加速玉米秸秆腐解，增强对土壤养分的补充，为玉米中后期生长提供充足的养分，进而提高玉米产量和经济效益（张雅洁等，2015）。

二、结论

宁夏扬黄灌区砂性土壤贫瘠、肥力低下，秸秆还田后腐解不彻底严重影响玉米生长及土壤肥力的提升，SR+RJ 处理可有效改善土壤物理性质，促进玉米生育前中期秸秆的腐解，提高砂性土壤的肥力，对作物生育中后期生长和玉米增产增收有显著效果，在宁夏扬黄灌区砂性土壤滴灌玉米秸秆还田生产操作中具有一定的应用价值。

三、建议

本研究仅通过秸秆生物失重率来比较和分析腐熟剂的秸秆腐熟程度，尚不能准确全面反映秸秆腐解的本质及其表征，还需通过秸秆手感软化程度、气味差异、颜色变化、秸秆腐解速率、秸秆腐解百分率等来评价不同腐熟剂对秸秆腐熟的本质特征。同时为准确反映秸秆快速腐解的特征，还需对快速腐熟剂的类型做进一步研究。

秸秆还田配施腐熟剂应用效果常受腐熟剂种类、研究区域土壤类型、气候环境及其他农业措施（灌溉方式、施肥量）等影响，本试验为秸秆还田配施腐熟剂一年的应用结果，其他类型秸秆腐熟剂对秸秆腐解率、砂性土壤肥力及玉米生长的影响，还有待进一步进行多年验证。

参考文献

[1] 安丰华,王志春,杨帆,等.秸秆还田研究进展[J].土壤与作物,2015,4(2):57-63.

[2] 白文华,钟芳芳,曹方琴,等.不同秸秆腐熟剂拌施稻草还田在早熟马铃薯生产上的应用研究[J].耕作与栽培,2020,40(3):39-41.

[3] 白伟,逄焕成,牛世伟,等.秸秆还田与施氮量对春玉米产量及土壤理化性状的影响[J].玉米科学,2015,23(3):99-106.

[4] 白伟,孙占祥,郑家明,等.秸秆还田配施氮肥对春玉米产量和土壤物理性状的影响[C].中国农学会耕作制度分会2016年学术年会中国新疆乌鲁木齐,2016.

[5] 白伟,安景文,张立祯,等.秸秆还田配施氮肥改善土壤理化性状提高春玉米产量[J].农业工程学报,2017a,33(15):168-176.

[6] 白伟,张立祯,逄焕成,等.秸秆还田配施氮肥对东北春玉米光合性能和产量的影响[J].作物学报,2017b,43(12):1845-1855.

[7] 白伟,张立祯,逄焕成,等.秸秆还田配施氮肥对春玉米水氮利用效率的影响[J].华北农学报,2018,33(2):224-231.

[8] 鲍士旦.土壤农化分析[M].北京:中国农业出版社,2015:30-108.

[9] 毕于运,王亚静,高春雨.中国主要秸秆资源数量及其区域分布[J].农机化研究,2010,32(3):1-7.

[10] 薄国栋.秸秆还田对植烟土壤理化性质及生物学特性影响研究[D].北京:中国农业科学院,2014.

[11] 曹莹菲,张红,刘克,等.不同处理方式的作物秸秆田间腐解特性研究[J].农业机械学报,2016,47(9):212-219.

[12] 曹凤格,王琦,袁士忠.提高玉米单产的技术措施[J].中国种业,2003(3):42.

[13] 曹彩云,郑春莲,李科江,等.长期定位施肥对夏玉米光合特性及产量的影响研究[J].中国生态农业学报,2009,17(6):1074-1079.

[14] 曹哲,何文寿,侯贤清,等.不同施氮量对马铃薯养分吸收及产量的影响[J].西南农业学报,2017,30(7):1600-1605.

[15] 蔡太义,贾志宽,孟蕾,等. 渭北旱塬不同秸秆覆盖量对土壤水分和春玉米产量的影响[J]. 农业工程学报,2011,27(3):43-48.

[16] 蔡太义,贾志宽,黄耀威,等.中国旱作农区不同量秸秆覆盖综合效应研究进展:I. 不同量秸秆覆盖的农田生态环境效应[J]. 干旱地区农业研究,2011,29(5):63-68.

[17] 常洪艳,王天野,黄梓源,等. 秸秆降解菌对秸秆降解率、土壤理化性质及酶活性的影响[J]. 华北农学报,2019,34(S1):161-167.

[18] 常晓慧,孔德刚,井上光弘,等. 秸秆还田方式对春播期土壤温度的影响[J]. 东北农业大学学报,2011,42(5):117-120.

[19] 陈金, 唐玉海, 尹燕枰, 等. 秸秆还田条件下适量施氮对冬小麦氮素利用及产量的影响[J]. 作物学报, 2015, 41(1):160-167.

[20] 陈金海,李艳丽,王磊,等. 两种基于芦苇秸秆还田的改良措施对崇明东滩围垦土壤理化性质和微生物呼吸的影响[J]. 农业环境科学学报,2011,30(2):307-315.

[21] 陈素英,张喜英,刘孟雨. 玉米秸秆覆盖麦田下的土壤温度和土壤水分动态规律[J]. 中国农业气象,2002,23(4):34-37.

[22] 陈建英, 罗超越, 邱慧珍, 等. 不同施氮量对半干旱区还田玉米秸秆腐解及养分释放特征的影响[J]. 干旱地区农业研究, 2020,38(1):101-106.

[23] 陈冬林,易镇邪,周文新,等. 不同土壤耕作方式下秸秆还田量对晚稻土壤养分与微生物的影响[J]. 环境科学学报,2010,30(8):1722-1728.

[24] 陈尚洪,刘定辉,郑家国,等.秸秆覆盖还田对土壤理化性质及作物产量的影响[J]. 西南农业学报,2006,19(2):192-195.

[25] 陈浩,张秀英,郝兴顺,等. 秸秆还田对农田环境多重影响研究进展[J]. 江苏农业科学,2018,46(5):21-24.

[26] 陈胜男,谷洁,高华,等. 微生物菌剂对小麦秸秆和尿素静态堆腐过程的影响[J]. 农业工程学报,2009,25(3):198-201.

[27] 陈治锋,邓小华,周米良,等. 秸秆和绿肥还田对烤烟光合生理指标及经济性状的影响[J]. 核农学报,2017,31(2):410-415.

[28] 程东娟,王丽玄,王利书,等. 秸秆还田下基肥施用方式与肥量对土壤水分及玉米产量的影响[J]. 节水灌溉,2018(10):14-19.

[29] 褚彦辉. 秸秆还田对有机质提升影响因素及对策分析 [J]. 农业与技术,2018,38(13):34-35.

[30] 仇真, 张嫣然. 深松与秸秆还田对玉米生长发育影响试验 [J]. 种子世界,2015(7):22-25.

[31] 崔新卫,张杨珠,吴金水,等. 秸秆还田对土壤质量与作物生长的影响研究进展[J].

土壤通报,2014,45(6):1527-1532.
[32] 崔爱花,杜传莉,黄国勤,等.秸秆覆盖量对红壤旱地棉花生长及土壤温度的影响[J].生态学报,2018,38(2):733-740.
[33] 戴志刚,鲁剑巍,李小坤,等.不同作物还田秸秆的养分释放特征试验[J].农业工程学报,2010,26(6):272-276.
[34] 戴皖宁,王丽学,ISMIL K,等.秸秆覆盖和生物炭对玉米田间地温和产量的影响[J].生物学杂志,2019,38(3):719-725.
[35] 丁雪丽,何红波,李小波,等.不同供氮水平对玉米秸秆降解初期碳素矿化及微生物量的影响[J].土壤通报,2008,39(4):784-788.
[36] 丁文成.氮肥管理对秸秆氮转化和有效性影响[D].北京:中国农业科学院,2016.
[37] 丁文成,李书田,黄绍敏.氮肥管理和秸秆腐熟剂对 ^{15}N 标记玉米秸秆氮有效性与去向的影响[J].中国农业科学,2016,49(14):2725-2736.
[38] 董亮,田慎重,王学君,等.秸秆还田对土壤养分及土壤微生物数量的影响[J].中国农学通报,2017,33(11):77-80.
[39] 董勤各,冯浩,杜健.秸秆粉碎还田与化肥配施对冬小麦产量和水分利用效率的影响[J].农业工程学报.2010,26(S2):156-162.
[40] 董勤各,李悦,冯浩,等.秸秆氨化还田对农田水分与夏玉米产量的影响[J].农业机械学报.2018,49(11):220-229.
[41] 段爱旺.水分利用效率的内涵及使用中需要注意的问题[J].灌溉排水学报,2005,24(1):8-11.
[42] 房焕,李奕,周虎,等.稻麦轮作区秸秆还田对水稻土结构的影响[J].农业机械学报,2018,49(4):297-302.
[43] 冯洋,陈海飞,胡孝明,等.高、中、低产田水稻适宜施氮量和氮肥利用率的研究[J].植物营养与肥料学报,2014,20(1):7-16.
[44] 高金虎, 孙占祥, 冯良山, 等.秸秆与氮肥配施对玉米生长及水分利用效率的影响[J].东北农业大学学报,2011,42(11):116-120.
[45] 高金虎,孙占祥,冯良山,等.秸秆与氮肥配施对辽西旱区土壤酶活性与土壤养分的影响[J].生态环境学报,2012,21(4):677-681.
[46] 高利华,屈忠义,丁艳宏,等.秸秆不同还田方式对土壤理化性质及玉米产量的影响研究[J].中国农村水利水电,2016(9):28-34.
[47] 高洪军,彭畅,张秀芝,等.长期秸秆还田对黑土碳氮及玉米产量变化的影响[J].玉米科学,2011,19(6):105-107,111.
[48] 高丽秀,李俊华,张宏,等.秸秆还田对滴灌春小麦产量和土壤肥力的影响[J].土壤

通报,2015,46(5):1155-1160.
[49] 高飞,贾志宽,路文涛,等. 秸秆不同还田量对宁南旱区土壤水分、玉米生长及光合特性的影响[J]. 生态学报,2011,31(3):777-783.
[50] 高飞,崔增团,孙淑梅,等. 甘肃中东部旱区秸秆还田量对土壤水分、玉米生物性状及产量的影响[J]. 干旱地区农业研究,2016,34(5):74-78.
[51] 葛昌斌,廖平安,黄全民,等. 增施秸秆腐熟剂对小麦生育特性及产量的影响[J]. 江苏农业科学,2016,44(11):77-80.
[52] 葛程程. 秸秆还田与化肥配施对夏玉米生长发育和产量影响的研究[D]. 合肥:安徽农业大学,2014.
[53] 耿丽平,薛培英,刘会玲,等. 促腐菌剂对还田小麦秸秆腐解及土壤生物学性状的影响[J]. 水土保持学报,2015,29(04):305-310.
[54] 郭海斌. 耕作方式与秸秆还田对冬小麦-夏玉米一年两熟农田土壤生物性状和作物生长的影响[D]. 郑州:河南农业大学,2014.
[55] 郭腾飞.稻田秸秆分解的碳氮互作机理[D]. 北京:中国农业科学院,2019.
[56] 官秀杰,钱春荣,于洋,等. 我国玉米秸秆还田现状及效应研究进展[J]. 江苏农业科学,2017,45(9):10-13.
[57] 官秀杰,钱春荣,曹旭,等. 玉米秸秆还田配施氮肥对土壤酶活、土壤养分及秸秆腐解率的影响[J]. 玉米科学,2020,28(2):151-155.
[58] 宫亮,孙文涛,王聪翔,等.玉米秸秆还田对土壤肥力的影响[J]. 玉米科学,2008,16(2):122-124.
[59] 宫亮. 秸秆还田对棕壤理化性质和玉米生长发育的影响 [D]. 北京: 中国农业科学院,2014.
[60] 宫明波,王圣健,李振清,等. 麦玉两熟秸秆长期全量还田模式下氮肥对冬小麦生长发育、产量及品质的影响[J]. 中国农学通报,2018,34(20):7-14.
[61] 龚振平, 邓乃榛, 宋秋来, 等. 基于长期定位试验的松嫩平原还田玉米秸秆腐解特征研究[J]. 农业工程学报, 2018, 34(8):139-145.
[62] 顾炽明, 郑险峰, 黄婷苗, 等. 秸秆还田配施氮肥对冬小麦产量及氮素调控的影响[J]. 干旱地区农业研究,2013,31(5):48-53,73.
[63] 顾炽明. 施氮对关中灌区秸秆还田小麦生长及秸秆腐解规律的影响[D]. 咸阳:西北农林科技大学,2013.
[64] 韩瑞芸,陈哲,杨世琦.秸秆还田对土壤氮磷及水土的影响研究[J].中国农学通报,2016,32(9):148-154.
[65] 韩梦颖,王雨桐,高丽,等. 降解秸秆微生物及秸秆腐熟剂的研究进展[J]. 南方农业

学报,2017,48(6):1024-1030.

[66] 韩明明. 秸秆还田及氮肥运筹对土壤肥力及冬小麦氮素利用的调控[D]. 泰安:山东农业大学,2017.

[67] 韩新忠,朱利群,杨敏芳,等.不同小麦秸秆还田量对水稻生长、土壤微生物生物量及酶活性的影响[J].农业环境科学学报,2012,31(11):2192-2199.

[68] 侯贤清,汤京,余龙龙,等. 秋耕覆盖对马铃薯生长及水分利用效率的影响[J]. 排灌机械工程学报,2016,34(2):165-172.

[69] 侯贤清,李荣,吴鹏年,等.秸秆还田配施氮肥对土壤碳氮含量与玉米生长的影响[J]. 农业机械学报,2018a,49(9):238-246.

[70] 侯贤清,吴鹏年,王艳丽,等. 秸秆还田配施氮肥对土壤水肥状况和玉米产量的影响[J]. 应用生态学报,2018b,29(6):1928-1934.

[71] 胡诚,陈云峰,乔艳,等. 秸秆还田配施腐熟剂对低产黄泥田的改良作用[J]. 植物营养与肥料学报,2016,22(1):59-66.

[72] 胡海红,孙继颖,高聚林,等. 低温高效降解玉米秸秆复合菌系发酵条件优化及腐解菌剂的研究[J]. 农业环境科学学报,2016,35(8):1602-1609.

[73] 胡田田, 崔晓路, 李梦月, 等. 不同氮肥增效剂和水氮用量对冬小麦产量的影响[J]. 农业机械学报, 2021, 52(4):302-310.

[74] 胡宏祥,程燕,马友华,等. 油菜秸秆还田腐解变化特征及其培肥土壤的作用[J]. 中国生态农业学报,2012,20(3):297-302.

[75] 胡宏祥,汪玉芳,陈祝,等. 秸秆还田配施化肥对黄褐土氮磷淋失的影响[J]. 水土保持学报,2015,29(5):101-105.

[76] 霍竹. 秸秆还田和氮肥施用对夏玉米生育及产量影响的研究[D]. 太谷:山西农业大学,2003.

[77] 霍竹,王璞,邵明安.秸秆还田配施氮肥对夏玉米灌浆过程和产量的影响[J].干旱地区农业研究,2004,22(4):33-38.

[78] 霍竹, 付晋锋, 王璞. 秸秆还田和氮肥施用对夏玉米氮肥利用率的影响 [J]. 土壤. 2005,37(2):202-204.

[79] 霍竹,王璞,付晋峰. 秸秆还田与氮肥施用对夏玉米物质生产的影响研究[J]. 中国生态农业学报,2006,14(2):95-98.

[80] 黄俏丽. 秸秆还田和施氮量对水稻产量形成的影响[D]. 扬州:扬州大学,2007.

[81] 黄亚丽,黄媛媛,马慧媛,等. 低温秸秆降解真菌的筛选及在秸秆还田中的应用[J]. 中国农学通报,2020,36(21):53-60.

[82] 黄运湘,王改兰,冯跃华,等. 长期定位试验条件下红壤性水稻土有机质的变化[J].

土壤通报,2005,36(2):181–184.

[83] 黄婷苗,郑险峰,侯仰毅,等.秸秆还田对冬小麦产量和氮、磷、钾吸收利用的影响[J].植物营养与肥料学报,2015,21(4):853–863.

[84] 黄婷苗,王朝辉,侯仰毅,等.施氮对关中还田玉米秸秆腐解和养分释放特征的影响[J].应用生态学报,2017,28(7):2261–2268.

[85] 黄凯, 王娟, 何万春, 等.秸秆还田量对土壤和马铃薯产量及水分利用效率的影响[J].甘肃农业科技,2019,(3):26–31.

[86] 黄容,高明,万毅林,等.秸秆还田与化肥减量配施对稻–菜轮作下土壤养分及酶活性的影响[J].环境科学,2016,37(11):4446–4456.

[87] 冀保毅.深耕与秸秆还田的土壤改良效果及其作物增产效应研究[D].郑州:河南农业大学,2013.

[88] 巨晓棠,谷保静.我国农田氮肥施用现状、问题及趋势[J].植物营养与肥料学报,2014,20(4):783–795.

[89] 季陆鹰,葛胜,朱伟,等.稻秸秆不同还田方式对小麦生育进程及产量的影响[J].江苏农业大学,2011,39(4):79–80.

[90] 嵇红文.不同秸秆腐熟剂对麦秸秆腐熟效果及对水稻产量的影响 [J].现代农业科技,2017(21):11–12.

[91] 江朝明,吴华德,黄斌良,等.一种用于动物粪便和秸秆的微生物腐熟剂及其制备方法:广西,CN105296394A [P]. 2016–02–03.

[92] 江永红,宇振荣,马永良.秸秆还田对农田生态系统及作物生长的影响[J].土壤通报,2001,32(5):209–213.

[93] 蒋新和,蒋云芳,周玲.小麦秸秆还田与化学氮肥配施技术探讨[J].作物杂志.1998(4):12–13.

[94] 蒋向,任洪志,贺德先.玉米秸秆还田对土壤理化性状与小麦生长发育和产量的影响研究进展[J].麦类作物学报,2011,31(3):569–574.

[95] 靳海洋,蒋向,杨习文,等.作物秸秆直接还田思考与秸秆多途径利用商榷[J].中国农学通报,2016,32(9):142–147.

[96] 焦贵枝,马照民.农作物秸秆的综合利用[J].中国资源综合利用,2003(1):19–21.

[97] 焦炳忠.宁夏扬黄灌区不同灌溉模式对玉米生长及土壤水分时空分布的影响[D].银川:宁夏大学,2017.

[98] 焦晓光, 王晓军, 徐欣, 等.秸秆覆盖条件下不同施氮水平对春玉米产量及氮肥利用率的影响[J].土壤与作物, 2018, 7(2):242–247.

[99] 江晓东,迟淑筠,王芸,等.少免耕对小麦/玉米农田玉米还田秸秆腐解的影响[J].农

业工程学报,2009,25(10):247-251.

[100]康永亮,潘晓莹,慕兰,等.施用秸秆腐熟剂对玉米秸秆腐熟、地力提升及小麦产量的影响[J].种业导刊,2018(7):5-9.

[101]康慧玲.覆膜和灌溉对不同秸秆还田后腐解率及土壤酶活性的影响[D].兰州:甘肃农业大学, 2016.

[102]匡恩俊.不同还田方式下大豆秸秆腐解特征研究[J].大豆科学,2010,29(3):479-482.

[103]匡恩俊,迟凤琴,宿庆瑞,等.3种腐熟剂促进玉米秸秆快速腐解特征[J].农业资源与环境学报,2014,31(5):432-436.

[104]劳德坤,张陇利,李永斌,等.不同接种量的微生物秸秆腐熟剂对蔬菜副产物堆肥效果的影响[J].环境工程学报,2015,9(6):2979-2985.

[105]劳秀荣,孙伟红,王真,等.秸秆还田与化肥配合施用对土壤肥力的影响[J].土壤学报,2003,40(4):618-622.

[106]冷冰涛,宋付朋.秸秆还田条件下不同施氮量对玉米产量及土壤养分的影响[J].化肥工业,2017,44(3):80-86.

[107]雷晓伟.秸秆还田对土壤理化性状及扬辐麦4号产量形成的影响[D].扬州:扬州大学,2016.

[108]李宝玉.农作物秸秆综合利用的途径和效率[J].资源节约与环保,2014(12):37.

[109]李朝苏,汤永禄,吴春,等.稻草还田方式及还田量对稻茬小麦播种立苗质量和产量建成的影响[J].西南农业学报,2014,27(3):996-1002.

[110]李昌明, 王晓玥, 孙波.不同气候和土壤条件下秸秆腐解过程中养分的释放特征及其影响因素[J].土壤学报, 2017, 54(5):1206-1217.

[111]李春喜,刘晴,邵云,等.有机物料还田和减施氮肥对小麦氮素利用及经济效益的影响[J].干旱地区农业研究,2019,37(6):214-220.

[112]李春杰,孙涛,张兴义.秸秆腐熟剂对寒地玉米秸秆降解率和土壤理化性状影响[J].华北农学报,2015,30(S1):507-510.

[113]李春阳.不同秸秆还田量对土壤性状及玉米产量的影响[D].沈阳:沈阳农业大学,2017.

[114]李纯燕,杨恒山,刘 晶,等.玉米秸秆还田技术与效应研究进展[J].中国农学通报,2015,31(33):226-229.

[115]李东坡,武志杰,陈利军,等.施用缓/控释尿素对玉米苗期土壤生物学活性的影响[J].生态与农村环境学报,2006,22(2):21-25.

[116]李逢雨,孙锡发,冯文强,等.麦秆、油菜秆还田腐解速率及养分释放规律研究[J].植

物营养与肥料学报,2009,15(2):374-380.
[117]李贵桐,赵紫娟,黄元仿,等.秸秆还田对土壤氮素转化的影响[J].植物营养与肥料学报,2002,8(2):162-167.
[118]李洪勋,吴伯志.地膜和秸秆覆盖对夏玉米的调温保墒效应[J].玉米科学,2006,14(3):96-98.
[119]李继福,鲁剑巍,李小坤,等. 麦秆还田配施不同腐秆剂对水稻产量、秸秆腐解和土壤养分的影响[J]. 中国农学通报,2013,29(35):270-276.
[120]李剑. 蔬菜废弃物堆肥技术参数的优化研究[D]. 上海:上海交通大学,2011.
[121]李静静,李从锋,李连禄,等. 苗带深松条件下秸秆覆盖对春玉米土壤水温及产量的影响[J]. 作物学报,2014,40(10):1787-1796.
[122]李骏奇. 宁夏同心旱地玉米滴灌水肥利用效率研究[D]. 银川:宁夏大学,2018.
[123]李录久,王家嘉,吴萍萍,等.秸秆还田下氮肥运筹对白土田水稻产量和氮吸收利用的影响[J].植物营养与肥料学报,2016a,22(1):254-262.
[124]李录久,吴萍萍,耿言安,等. 秸秆还田结合氮肥运筹管理对白土稻田土壤理化性状的影响[J]. 植物营养与肥料学报,2016b,22(5):1259-1266.
[125]李伶俐,房卫平,马宗斌,等. 施氮量对杂交棉氮、磷、钾吸收利用和产量及品质的影响[J]. 植物营养与肥料学报,2010,16(3):663-667.
[126]李鹏程,郑苍松,孙淼,等. 土壤全氮含量和施氮水平对棉花产量及氮肥利用效率的影响[J]. 核农学报,2017,31(8):1612-1617.
[127]李倩,张睿,贾志宽.玉米旱作栽培条件下不同秸秆覆盖对土壤酶活性的影响[J].干旱地区农业研究,2009,27(4):152-154.
[128]李全起,陈雨海,于舜章,等. 覆盖与灌溉条件下农田耕层土壤养分含量的动态变化[J]. 水土保持学报. 2006,20(1):37-40.
[129]李荣,夏雷,王艳丽,等. 滴灌下施用保水剂对土壤水肥及玉米收益的影响[J]. 排灌机械工程学报,2018,36(12):1337-1344.
[130]李荣, 侯贤清, 吴鹏年, 等. 秸秆还田配施氮肥对土壤性状与水分利用效率的影响[J]. 农业机械学报, 2019, 50(8):289-298.
[131]李世忠,冯海东,解倩,等. 宁夏引黄灌区土壤物理性状对玉米秸秆还田的响应[J]. 农业科学研究,2017,38(2):19-22.
[132]李涛,何春娥,葛晓颖,等. 秸秆还田施氮调节碳氮比对土壤无机氮、酶活性及作物产量的影响[J]. 中国生态农业学报. 2016a,24(12):1633-1642.
[133]李涛,葛晓颖,何春娥,等. 苜蓿秸秆配施玉米秸秆还田对氮矿化、微生物生物量和酶活性的影响[J]. 农业科学与技术(英文版),2016b,17(8):1869-1874.

[134]李秀,韩佳乐,吴文雪,等. 秸秆还田方式对关中盆地土壤微生物量碳氮和冬小麦产量的影响[J]. 水土保持学报,2018,32(4):170-176.

[135]李玮,乔玉强,陈欢,等. 秸秆还田配施氮肥对砂姜黑土有机碳组分与碳库管理指数的影响[J]. 生态与农村环境学报,2014,30(4):475-480.

[136]李玮,乔玉强,陈欢,等. 秸秆还田和施肥对砂姜黑土理化性质及小麦－玉米产量的影响[J]. 生态学报,2014,34(17):5052-5061.

[137]李玮,乔玉强,陈欢,等.玉米秸秆还田配施氮肥对冬小麦土壤氮素表观盈亏及产量的影响[J]. 植物营养与肥料学报,2015,21(3):561-570.

[138]李文红,曹丹,张朝显,等. 作物秸秆配施腐熟剂还田对小麦产量及其物质生产的影响[J]. 江苏农业科学,2018,46(22):63-66.

[139]李晓莎,武 宁,刘 玲,等. 不同秸秆还田和耕作方式对夏玉米农田土壤呼吸及微生物活性的影响[J]. 应用生态学报,2015,26(6):1765-1771.

[140]李鑫,池景良,王志学,等. 秸秆还田对设施土壤微生物种群数量的影响[J]. 农业科学研究,2013,34(4):84-86.

[141]李孝勇,武际,朱宏斌,等. 秸秆还田对作物产量及土壤养分的影响[J]. 安徽农业科学. 2003,31(5):870-871.

[142]李亚威. 秸秆还田对滴灌冬小麦生长发育及水分利用的影响[D]. 郑州:华北水利水电大学,2016.

[143]李有兵,李锦,李硕,等. 秸秆还田下减量施氮对作物产量及养分吸收利用的影响[J]. 干旱地区农业研究,2015,33(1):79-84,152.

[144]李有兵,李硕,李秀双,等. 不同秸秆还田模式的土壤质量综合评价[J]. 西北农林科技大学学报(自然科学版),2016,44(10):133-140

[145]李延茂,胡江春,汪思龙,等. 森林生态系统中土壤微生物的作用与应用[J]. 应用生态学报,2004,15(10):1943-1946.

[146]李占,丁娜,郭立月,等. 有机肥和化肥不同比例配施对冬小麦-夏玉米生长、产量和品质的影响[J]. 山东农业科学. 2013,45(7):71-77.

[147]劳秀荣,孙伟红,王真,等. 秸秆还田与化肥配合施用对土壤肥力的影响[J]. 土壤学报. 2003,40(4):618-623.

[148]梁卫,袁静超,张洪喜,等. 东北地区玉米秸秆还田培肥机理及相关技术研究进展[J]. 东北农业科学,2016,41(2):44-49.

[149]廖允成,温晓霞,韩思明,等. 黄土台原旱地小麦覆盖保水技术效果研究[J]. 中国农业科学,2003,36(5):548-552.

[150]林忠成,叶世超,戴其根,等. 太湖地区定位施氮与耗竭后施氮对水稻产量及氮肥利

用率的影响[J]. 中国水稻科学,2010,24(3):271-277.
[151]柳建国,许诺,郭静. 作物秸秆腐熟剂研究进展[J]. 安徽科技学院学报,2014,28(3):18-20.
[152]刘单卿，李顺义，郭夏丽. 不同还田方式下小麦秸秆的腐解特征及养分释放规律[J]. 河南农业科学，2018，47(4):49-53.
[153]刘继龙,任高奇,付强,等. 秸秆还田下土壤水分时间稳定性与玉米穗质量的相关性[J]. 农业机械学报,2019,50(5):320-326.
[154]刘俊,陈荣丽,陈桂月,等. 秸秆还田与氮肥、有机肥配施对小麦生长发育和产量的影响[J]. 河南农业科学,2015,44(3):48-51,64.
[155]刘敏. 不同秸秆量与无机肥配施对土壤理化性状和玉米生长的影响[D]. 泰安:山东农业大学,2014.
[156]刘晓永,李书田. 中国秸秆养分资源及还田的时空分布特征[J]. 农业工程学报,2017,33(21):1-19.
[157]刘世平,聂新涛,张洪程,等. 稻麦两熟条件下不同土壤耕作方式与秸秆还田效用分析[J]. 农业工程学报,2006,22(7):48-51.
[158]刘骁蒨,涂仕华,孙锡发,等.秸秆还田与施肥对稻田土壤微生物生物量及固氮菌群落结构的影响[J].生态学报,2013,33(17):5210-5218.
[159]刘龙. 种还分离模式秸秆还田对土壤生物学特征的影响[D]. 长春:吉林农业大学,2017.
[160]刘龙,李志洪,赵小军,等.种还分离玉米秸秆还田对土壤微生物量碳及酶活性的影响[J].水土保持学报,2017,31(4):259-263.
[161]刘玲,刘振,杨贵运,等. 不同秸秆还田方式对土壤碳氮含量及高油玉米产量的影响[J]. 水土保持学报,2014,28(5):187-192.
[162]刘玲玲,刘婷,狄霖,等. 秸秆全量还田对水稻生长及土壤理化性质的影响[J]. 扬州大学学报(农业与生命科学版). 2018,39(3):81-85.
[163]刘新粱. 秸秆还田条件下增施钾肥对土壤性状及玉米产量的影响[D]. 沈阳:沈阳农业大学,2017.
[164]刘学军,翟汝伟,李真朴,等. 宁夏扬黄灌区玉米滴灌水肥一体化灌溉施肥制度试验研究[J]. 中国农村水利水电,2018(9):74-78.
[166]刘巽浩,王爱玲,高旺盛. 实行作物秸秆还田促进农业可持续发展[J]. 作物杂志,1998,67(5):1-5.
[166]刘艳慧,王双磊,李金埔,等. 棉花秸秆还田对土壤速效养分及微生物特性的影响[J]. 作物学报,2016,42(7):1037-1046.
[167]刘益仁,徐阳春,李想,等. 有机肥部分替代化肥对土壤微生物生物量及矿质态氮含

量的影响[J]. 江西农业学报,2009,21(11):70-73.
[168]刘威. 连续秸秆还田对土壤结构性. 养分和有机碳组分的影响[D]. 武汉:华中农业大学,2015.
[169]蔺芳,邢晶鑫,任思敏,等. 鸡粪与化肥配施对饲用小黑麦/玉米轮作土壤团聚体分形特征与碳库管理指数的影响[J]. 水土保持学报,2018,32(5):183-189,196.
[170]龙攀,苏姗,黄亚男,等. 双季稻田冬季种植模式对土壤有机碳和碳库管理指数的影响[J]. 应用生态学报,2019,30(4):1135-1142.
[171]鲁耀雄,涂晓嵘,程新,等. 稻草还田配施菌剂对晚稻生长和土壤酶活性的影响[J]. 中国土壤与肥料,2013,(6):32-36.
[172]鲁向晖,高鹏,王飞,等.宁夏南部山区秸秆覆盖对春玉米水分利用及产量的影响[J]. 土壤通报,2008,(6):1248-1251.
[173]卢秉林,车宗贤,包兴国,等. 河西绿洲灌区玉米秸秆带膜还田腐解特征研究[J]. 生态环境学报,2012,21(7):1262-1265.
[174]路文涛. 秸秆还田对宁南旱作农田土壤理化性状及作物产量的影响[D]. 咸阳:西北农林科技大学,2011.
[175]路文涛,贾志宽,高飞,等. 秸秆还田对宁南旱作农田土壤水分及作物生产力的影响[J]. 农业环境科学学报,2011,30(1):93-99.
[176]路怡青,朱安宁,张佳宝,等. 免耕和秸秆还田对潮土酶活性及微生物量碳氮的影响[J]. 土壤,2013,45(5):894-898.
[177]路怡青,朱安宁,张佳宝,等. 免耕和秸秆还田对土壤酶活性和微生物群落的影响[J]. 土壤通报,2014,45(1):85-88.
[178]陆强,王继琛,李静,等. 秸秆还田与有机无机肥配施在稻麦轮作体系下对籽粒产量及氮素利用的影响[J]. 南京农业大学学报,2014,37(6):66-74.
[179]吕盛,王子芳,高 明,等. 秸秆不同还田方式对紫色土微生物量碳、氮、磷及可溶性有机质的影响[J]. 水土保持学报,2017,31(5):266-272.
[180]吕真真,吴向东,侯红乾,等. 有机-无机肥配施比例对双季稻田土壤理化性质的影响[J]. 植物营养与肥料学报. 2017,23(4):904-913.
[181]吕得林,张默焓,周春晓,等. 腐熟秸秆还田替代部分化肥对冬小麦生长、产量和氮素利用的影响[J]. 安徽农业大学学报. 2019, 46(1):1-7.
[182]吕艳杰,于海燕,姚凡云,等.秸秆还田与施氮对黑土区春玉米田产量、温室气体排放及土壤酶活性的影响[J]. 中国生态农业学报,2016,24(11):1456-1463.
[183]牛斐. 不同种植模式及秸秆还田对旱地农田土壤肥力及土壤有机碳的影响[D]. 咸阳:西北农林科技大学,2013.

[184]牛芬菊,张雷,李小燕,等. 旱地全膜双垄沟播玉米秸秆还田对玉米生长及产量的影响[J]. 干旱地区农业研究,2014,32(3):161-165,188.

[185]马超,周静,郑学博,等. 秸秆促腐还田对土壤养分和小麦产量的影响[J]. 土壤,2012,44(1):30-35.

[186]马强,刘中良,周桦,等. 不同施肥模式对作物-土壤系统养分收支的影响[J]. 中国生态农业学报,2011,19(3):520-524.

[187]马晓丽,贾志宽,肖恩时,等. 渭北旱塬秸秆还田对土壤水分及作物水分利用效率的影响[J]. 干旱地区农业研究. 2010(5):59-64.

[188]马煜春,周伟,刘翠英,等. 秸秆腐熟剂对秸秆还田稻田 CH_4 和 N_2O 排放的影响[J]. 生态与农村环境学报,2017,33(2):159-165.

[189]马宗国,卢绪奎,万丽,等. 小麦秸秆还田对水稻生长及土壤肥力的影响[J]. 作物杂志,2003(5):7-8 .

[190]梅楠,刘琳,隋鹏祥,等.秸秆还田方式对土壤理化性质及玉米产量的影响[J].玉米科学,2017,25(6):87-94

[191]孟祥宇, 冉成, 刘宝龙, 等. 秸秆还田配施氮肥对东北黑土稻区土壤养分及水稻产量的影响[J]. 作物杂志, 2021(3):167-172.

[192]孟兆良. 周年秸秆还田方式对冬小麦-夏玉米养分利用及产量的影响[D]. 泰安:山东农业大学,2018.

[193]孟会生,王静,闫永康,等. 秸秆与氮肥配施对冬小麦生长及养分吸收的影响[J]. 山西农业科学. 2012,40(11):1181-1184.

[194]米志峰. 秸秆还田技术的现状与发展[J]. 能源基地建设,2000(6):63-64.

[195]苗峰,赵炳梓,陈金林. 秸秆还田与施氮量耦合对冬小麦产量和养分吸收的影响[J]. 土壤,2012,44(3):395-401.

[196]勉有明, 苗芳芳, 吴鹏年, 等. 施氮量对扬黄灌区土壤水分、温度、碳氮及玉米产量的影响[J]. 排灌机械工程学报, 2021(39):950-958.

[197]慕平,张恩和,王汉宁,等. 不同年限全量玉米秸秆还田对玉米生长发育及土壤理化性状的影响[J]. 中国生态农业学报,2012,20(3):291-296.

[198]慕平. 黄土高原农田综合地力及碳汇特征对连续多年玉米秸秆全量还田的响应[D]. 兰州:甘肃农业大学,2012.

[199]南雄雄,游东海,田霄鸿,等. 关中平原农田作物秸秆还田对土壤有机碳和作物产量的影响[J]. 华北农学报. 2011,26(5):222-229.

[200]农传江,王宇蕴,徐智,等. 有机物料腐熟剂对玉米和水稻秸秆还田效应的影响[J]. 西北农业学报,2016,25(1):34-41.

[201]潘剑玲,代万安,尚占环,等. 秸秆还田对土壤有机质和氮素有效性影响及机制研究进展[J].中国生态农业学报,2013,21(5):526-535.

[202]潘延欣. 秸秆还田配施低温菌剂对黑土氮碳及细菌多样性的影响[D]. 哈尔滨:东北农业大学,2015.

[203]潘玉荣. 架构农村能源发展模式 提高秸秆综合利用水平[J]. 吉林农业,2012(2):50-51.

[204]庞荔丹,婷婷,张宇飞,等. 玉米秸秆配氮还田对土壤酶活性、微生物量碳含量及土壤呼吸量的影响[J]. 作物杂志,2017,(1):107-112.

[205]庞党伟,陈 金,唐玉海,等. 玉米秸秆还田方式和氮肥处理对土壤理化性质及冬小麦产量的影响[J]. 作物学报,2016,42(11):1689-1699.

[206]裴鹏刚,张均华,朱练峰,等. 秸秆还田的土壤酶学及微生物学效应研究进展[J]. 中国农学通报,2014,30(18):1-7.

[207]钱海燕,杨滨娟,黄国勤,等. 秸秆还田配施化肥及微生物菌剂对水田土壤酶活性和微生物数量的影响[J]. 生态环境学报,2012,21(3):440-445.

[208]秦都林,王双磊,刘艳慧,等. 滨海盐碱地棉花秸秆还田对土壤理化性质及棉花产量的影响[J]. 作物学报,2017,43(7):1030-1042.

[209]任雅喃. 套作玉米与秸秆还田对土壤微生物及露地蔬菜产量的影响[D]. 泰安:山东农业大学,2018.

[210]萨如拉,高聚林,于晓芳,等. 玉米秸秆低温降解复合菌系的筛选[J]. 中国农业科学,2013,46(19):4082-4090.

[211]萨如拉,杨恒山,高聚林,等. 玉米秸秆还田模式对土壤肥力和玉米产量的影响[J]. 浙江农业学报,2018,30(2):268-274.

[212]萨如拉,于宗波,郎继承,等. 隔年秸秆还田对连作玉米养分积累及叶片生理特性的影响[J]. 玉米科学,2019,27(3):82-87.

[213]萨如拉,杨恒山,乔宝玲. 秸秆腐熟剂对土壤化学性状及土壤呼吸量的影响[J]. 内蒙古民族大学学报,2020,35(3):233-237.

[214]尚金霞,李军,贾志宽,等. 渭北旱塬春玉米田保护性耕作蓄水保墒效果与增产增收效应[J]. 中国农业科学,2010,43(13):2668-2678.

[215]申源源,陈宏. 秸秆还田对土壤改良的研究进展[J]. 中国农学通报,2009,25(19):291-294.

[216]沈学善,李金才,屈会娟,等. 砂姜黑土区秸秆还田对玉米生育及水分利用效率的影响[J]. 中国农业大学学报,2011,16(2):28-33.

[217]舒洲. 秸秆还田配合施肥对旱地小麦产量及土壤生物学特性影响研究[D]. 咸阳:西

北农林科技大学,2016.
[218]宋涛,耕作及秸秆还田对土壤蓄水能力及春玉米水分利用效率的影响[D]. 沈阳:沈阳农业大学,2016.
[219]宋大利, 侯胜鹏, 王秀斌, 等. 中国秸秆养分资源数量及替代化肥潜力[J]. 植物营养与肥料学报, 2018, 24(1):1-21.
[220]孙超,潘瑜春,刘玉. 畜禽粪便资源现状及替代化肥潜力研究:以安徽省固镇县为例[J]. 生态与农村环境学报,2017,33(4):324-331.
[221]孙学习,刁会丽,轩云梦,等. 耐高温秸秆降解菌的筛选、鉴定及复合菌剂降解效果分析[J]. 广东化工,2020(5):50-52.
[222]孙宁,王飞,孙仁华,等. 国外农作物秸秆主要利用方式与经验借鉴[J]. 中国人口·资源与环境,2016,26(S1):469-474.
[223]孙媛. 秸秆还田和施肥对土壤水热因子、呼吸速率及养分的影响研究[D]. 咸阳:西北农林科技大学,2014.
[224]孙媛,任广鑫,冯永忠,等. 秸秆还田和施氮对土壤水热因子及呼吸速率的影响[J]. 西北农林科技大学学报:自然科学版,2015,43(3):146-152.
[225]孙跃龙,张旭东,高占文,等. 秸秆不同处理方式还田对玉米生长发育的影响[J]. 农业科技与装备,2015(2):1-2,5.
[226]孙星,刘勤,王德建,等. 长期秸秆还田对土壤肥力质量的影响[J]. 土壤,2007,39(5):782-786.
[227]史鸿儒,张文忠,解文孝,等. 不同氮肥施用模式下北方粳型超级稻物质生产特性分析[J]. 作物学报,2008,34(11):1985-1993.
[228]谭德水,金继运,黄绍文,等. 不同种植制度下长期施钾与秸秆还田对作物产量和土壤钾素的影响[J]. 中国农业科学,2007,40(1):133-139.
[229]谭凯敏,杨长刚,柴守玺,等. 秸秆还田后覆膜镇压对旱地冬小麦土壤温度和产量的影响[J]. 干旱地区农业研究,2015,33(1):159-164.
[230]陶军,张树杰,焦加国,等. 蚯蚓对秸秆还田土壤细菌生理菌群数量和酶活性的影响[J]. 生态学报,2010,26(5):1306-1311.
[231]汤宏,沈健林,张杨珠,等. 秸秆还田与水分管理对稻田土壤微生物量碳、氮及溶解性有机碳、氮的影响[J]. 水土保持学报,2013,27(1):240-246.
[232]汤文光,肖小平,唐海明,等. 长期不同耕作与秸秆还田对土壤养分库容及重金属 Cd 的影响[J]. 应用生态学报,2015,26(1):168-176.
[233]田慎重,王瑜,李娜,等. 耕作方式和秸秆还田对华北地区农田土壤水稳性团聚体分布及稳定性的影响[J]. 生态学报,2013,33(22):7116-7124.

[234]田慎重,王瑜,张玉凤,等. 旋耕转深松和秸秆还田增加农田土壤团聚体碳库[J]. 农业工程学报,2017,33(24):133-140.

[235]田雁飞,马友华,胡园园,等. 秸秆肥料化生产的现状、问题及发展前景[J]. 中国农学通报,2010,26(16):158-163

[236]同延安,赵营,赵护兵,等. 施氮量对冬小麦氮素吸收、转运及产量的影响[J]. 植物营养与肥料学报,2007,13(1):64-69.

[237]王金武,唐汉,王金峰. 东北地区作物秸秆资源综合利用现状与发展分析[J]. 农业机械学报,2017,48(5):1-21.

[238]王金金, 刘小利, 刘佩, 等. 秸秆还田条件下减施氮肥对旱地冬小麦水氮利用、光合及产量的影响[J]. 麦类作物学报, 2020, 40(2):210-219.

[239]王麒, 宋秋来, 冯延江, 等. 施用氮肥对还田水稻秸秆腐解的影响[J]. 江苏农业科学, 2017, 45(11):197-201.

[240]王丽学,王晓禹. 不同秸秆翻土还田量对土壤养分及玉米产量的影响[J]. 江苏农业科学,2015,43(4):312-315.

[241]王丽君. 黄土高原半干旱丘陵区不同耕作管理措施对旱地农田土壤温度的影响[D]. 兰州:兰州大学,2012.

[242]王宁,刘义国,张洪生,等. 氮肥与精量秸秆还田对冬小麦花后光合特性及产量的影响[J]. 华北农学报,2012,27(6):185-190.

[243]王宁,闫洪奎,王君,等. 不同量秸秆还田对玉米生长发育及产量影响的研究[J]. 玉米科学. 2007,15(5):100-103.

[244]王淑娟,李有兵,吴玉红,等. 耕作措施与秸秆还田对小麦-玉米轮作体系土壤质量的影响[J]. 干旱地区农业研究,2015,33(4):8-15.

[245]王淑兰,王浩,李娟,等. 不同耕作方式下长期秸秆还田对旱作春玉米田土壤碳、氮、水含量及产量的影响[J]. 应用生态学报,2016,27(5):1530-1540.

[246]王士超,闫志浩,王瑾瑜,等. 秸秆还田配施氮肥对稻田土壤活性碳氮动态变化的影响[J]. 中国农业科学,2020,53(4):782-794.

[247]王世杰,李志洪,崔婷婷,等. 玉米与秸秆种还分离栽培对土壤腐殖化特征和产量的影响[J]. 江苏农业科学,2017,45(14):62-65.

[248]王双磊. 棉花秸秆还田对盐碱地棉田土壤理化性质和生物学特性的影响[D]. 泰安:山东农业大学,2015.

[249]王允青,郭熙盛. 不同还田方式作物秸秆腐解特征研究[J]. 中国生态农业学报,2008,16(3):607-610.

[250]王倩倩,尧水红,张斌,等. 秸秆配施氮肥还田对水稻土壤酶活的影响[J]. 土壤,

2017,49(1):19-26.
[251]王如芳,张吉旺,董树亭,等. 我国玉米主产区秸秆资源利用现状及其效果[J]. 应用生态学报,2011,22(6):1504-1510.
[252]王静,屈克伟. 秸秆还田对土壤养分和作物产量的影响[J]. 现代农业科技,2008(20):179.
[253]王秀娟,解占军,董环,等. 秸秆还田对玉米产量和土壤团聚体组成及有机碳分布的影响[J]. 玉米科学,2018,26(1):108-115.
[254]王小纯,王晓航,熊淑萍,等. 不同供氮水平下小麦品种的氮效率差异及其氮代谢特征[J]. 中国农业科学. 2015,48(13):2569-2579.
[255]王学敏, 刘兴, 郝丽英, 等. 秸秆还田结合氮肥减施对玉米产量和土壤性质的影响[J]. 生态学杂, 2020, 39(2):507-516.
[256]王旭东,陈鲜妮,王彩霞,等. 农田不同肥力条件下玉米秸秆腐解效果[J]. 农业工程学报,2009,25(10):252-257.
[257]王维钰,乔博,KASHIF A,等. 免耕条件下秸秆还田对冬小麦-夏玉米轮作系统土壤呼吸及土壤水热状况的影响[J]. 中国农业科学. 2016,49(11):2136-2152.
[258]王卫,谢小立,谢永宏,等. 不同施肥制度对双季稻氮吸收、净光合速率及产量的影响[J]. 植物营养与肥料学报,2010,16(3):752-757.
[259]汪可欣,付强,姜辛,等.秸秆覆盖模式对玉米生理指标及水分利用效率的影响[J]. 农业机械学报,2016,45(12):181-186.
[260]汪军,王德建,张刚,等. 连续全量秸秆还田与氮肥用量对农田土壤养分的影响[J]. 水土保持学报,2010,24(5):40-44,62.
[261]魏蔚,宋时丽,吴昊,等. 复合菌剂对玉米秸秆的降解及土壤生态特性的影响[J]. 土壤通报,2019,50(2):323-332.
[262]温美娟,王成宝,霍琳,等. 深松和秸秆还田对甘肃引黄灌区土壤物理性状和玉米生产的影响[J]. 应用生态学报,2019,30(1):224-232.
[263]吴建富,曾研华,丁奇,等. 稻草不同还田方式对水稻产量和土壤碳库及其组分的影响[C]. 中国作物学会 2013 年学术年会论文摘要集. 2013.
[264]吴立鹏, 张士荣, 娄金华, 等. 秸秆还田与优化施氮对稻田土壤碳氮含量及产量的影响[J]. 华北农学报, 2019, 34(4):158-166.
[265]吴志鹏,朱奎峰,钟洁,等. 秸秆还田添加腐熟剂对土壤养分及水稻产量的影响[J]. 赤峰学院学报,2017,33(6):35-37.
[266]吴鹏年,王艳丽,侯贤清,等. 秸秆还田配施氮肥对宁夏扬黄灌区滴灌玉米产量及土壤物理性状的影响[J]. 土壤,2020,52(3):470-475.

[267]吴鹏年,王艳丽,李培富,等. 滴灌条件下秸秆还田配施氮肥对宁夏扬黄灌区春玉米产量和土壤理化性质的影响[J]. 应用生态学报,2019,30(12):4177-4185.

[268]吴鹏年. 宁夏扬黄灌区滴灌玉米田秸秆还田配施氮肥对土壤理化性状及玉米生长的影响[D]. 银川:宁夏大学,2019.

[269]吴金水,林启美,黄巧云,等. 土壤微生物生物量测定方法及其应用[M]. 北京:气象出版社,2006.

[270]邬石根. 秸秆还田对酸性水稻土培肥增产、土壤微生物生物量及酶活性的影响研究[J]. 土壤与作物,2017,6(4)270-276.

[271]武际,郭熙盛,王允青,等. 不同水稻栽培模式和秸秆还田方式下的油菜、小麦秸秆腐解特征[J]. 中国农业科学,2011,44(16):3351-3360.

[272]武际,郭熙盛,鲁剑巍,等. 不同水稻栽培模式下小麦秸秆腐解特征及对土壤生物学特性和养分状况的影响[J]. 生态学报,2013,33(2):565-575.

[273]伍玉鹏,刘田,彭其安,等. 氮肥配施下不同C/N作物残渣还田对红壤温室气体排放的影响[J]. 农业环境科学学报,2014,33(10):2053-2062.

[274]夏强. 秸秆还田对土壤养分及其生物学特性影响的研究[D]. 合肥:安徽农业大学,2013.

[275]肖薇航. 秸秆喷施快速腐熟剂后还田对水稻生长及产量的影响[D]. 长春:吉林农业大学,2012.

[276]解文艳,樊贵盛,周怀平,等. 秸秆还田方式对旱地玉米产量和水分利用效率的影响[J]. 农业机械学报. 2011(11):60-67.

[277]辛励,陈延玲,刘树堂,等. 长期定位秸秆还田对土壤真菌群落的影响[J]. 华北农学报,2016a,31(5):186-192.

[278]辛励,刘锦涛,刘树堂,等. 长期定位条件下秸秆还田对土壤有机碳及腐殖质含量的影响[J]. 华北农学报,2016b,31(1):218-223.

[279]许卫剑,庞娇霞,严菊敏,等. 秸秆腐熟剂的作用机理及应用效果[J]. 现代农业科技,2011(5):277-279.

[280]徐国伟,谈桂露,王志琴,等. 秸秆还田与实地氮肥管理对直播水稻产量、品质及氮肥利用的影响[J]. 中国农业科学,2009,42(8):2736-2746.

[281]徐健程,王晓维,朱晓芳,等. 不同绿肥种植模式下玉米秸秆腐解特征研究[J]. 植物营养与肥料学报,2016,22(1):48-58 .

[282]徐欣,王晓军,谢洪宝,等. 秸秆腐解对不同氮肥水平土壤脲酶活性的影响[J]. 中国农学通报,2018,34(34):99-102.

[283]徐忠山. 秸秆还田量对黑土地土壤性状及玉米产量的影响[D]. 呼和浩特:内蒙古农业大学,2017.

[284]徐燕,霍仕平,邱诗春,等. 玉米秸秆还田对土壤理化特性影响的研究[J]. 中国农学通报,2016,32(23):87-92.

[285]徐莹莹,王俊河,刘玉涛,等. 秸秆不同还田方式对土壤物理性状、玉米产量及经济效益的影响[J].玉米科学,2018,26(5):78-84.

[286]徐文强,杨祁峰,牛芬菊,等. 秸秆还田与覆膜对土壤理化特性及玉米生长发育的影响[J]. 玉米科学,2013,21(3):87-93,99.

[287]徐蒋来,胡乃娟,朱利群.周年秸秆还田量对麦田土壤养分及产量的影响[J]. 麦类作物学报,2016,36(2):215-222.

[288]徐明岗,于荣,王伯仁,等. 长期不同施肥下红壤活性有机碳与碳库管理指数变化[J]. 土壤学报,2006,43(5):723-729.

[289]徐明岗,于荣,孙小凤,等. 长期施肥对我国典型土壤活性有机碳及碳库管理指数的影响[J]. 植物营养与肥料学报,2006,12(4):459-465.

[290]殷文,柴强,胡发龙,等. 干旱内陆灌区不同秸秆还田方式下春小麦田土壤水分利用特征[J]. 中国农业科学. 2019,52(7):1247-1259.

[291]薛斌,黄丽,鲁剑巍,等. 连续秸秆还田和免耕对土壤团聚体及有机碳的影响[J]. 水土保持学报,2018,32(1):182-189.

[292]薛斌,殷志遥,肖琼,等. 稻-油轮作条件下长期秸秆还田对土壤肥力的影响[J]. 中国农学通报,2017,33(7):134-141.

[293]薛卫杰,杨艳霞,王国文,等. 秸秆还田条件下不同有机肥对土壤养分和冬小麦养分积累的影响[J]. 麦类作物学报,2017,37(3):390-395.

[294]闫超. 水稻秸秆还田腐解规律及土壤养分特性的研究[D]. 哈尔滨:东北农业大学, 2015.

[295]闫慧荣,曹永昌,谢伟,等.玉米秸秆还田对土壤酶活性的影响[J].西北农林科技大学学报:自然科学版,2015,7(43): 172-184.

[296]闫翠萍,裴雪霞,王姣爱,等.秸秆还田与施氮对冬小麦生长发育及水肥利用率的影响[J]. 中国生态农业学报,2011,19(2):271-275.

[297]闫洪奎,于泽,王欣然,等.基于旋耕玉米秸秆还田条件下土壤微生物、酶及速效养分的动态特征[J].水土保持学报,2018,32(2):276-282.

[298]闫德智,王德建. 添加秸秆对土壤矿质氮量、微生物氮量和氮总矿化速率的影响[J]. 土壤通报,2012,43(3):631-636.

[299]杨刚,唐志海,石海霞,等. 宁夏秸秆资源综合利用现状及发展对策分析[J]. 农业环境与发展,2010,27(2):34-37.

[300]杨光海,张居菊,杨光兰. 稻油两熟田应用秸秆腐熟剂的效果初探[J]. 耕作与栽培,2013(4):20-22.

[301]杨文钰，王兰英. 作物秸秆还田的现状与展望[J]. 四川农业大学学报，1999，17(2)：211-216.

[302]杨晓辉，李萍，王秀珍，等. 秸秆还田对提高土壤肥力的影响[J]. 农业科技与信息，2015(24)：85.

[303]杨滨娟，黄国勤，钱海燕，等. 秸秆还田配施化肥对土壤温度、根际微生物及酶活性的影响[J]. 土壤学报，2014，51(1)：150-157.

[304]杨治平，周怀平，李红梅. 旱农区秸秆还田秋施肥对春玉米产量及水分利用效率的影响[J]. 农业工程学报，2001，17(6)：49-52.

[305]杨晨璐，刘兰清，王维钰，等. 麦玉复种体系下秸秆还田与施氮对作物水氮利用及产量的效应研究[J]. 中国农业科学，2018，51(9)：1664-1680.

[306]姚槐应，何振立，陈国潮，等. 红壤微生物量在土壤-黑麦草系统中的肥力意义[J]. 应用生态学报，1999，10(6)：725-728.

[307]于博，于晓芳，高聚林，等.玉米秸秆全量深翻还田对高产田土壤结构的影响[J]. 中国生态农业学报，2018，26(4)：584-592.

[308]于寒，梁烜赫，张玉秋，等. 不同秸秆还田方式对玉米根际土壤微生物及酶活性的影响[J]. 农业资源与环境学报，2015，32(3)：305-311.

[309]余延丰，熊桂云，张继铭，等. 秸秆还田对作物产量和土壤肥力的影响[J]. 湖北农业科学，2008，47(2)：169-171.

[310]余坤，冯浩，李正鹏，等.秸秆还田对农田土壤水分与冬小麦耗水特征的影响[J].农业机械学报，2014，45(10)：116-123.

[311]余坤，冯浩，赵英，等. 氨化秸秆还田加快秸秆分解提高冬小麦产量和水分利用效率[J]. 农业工程学报，2015，31(19)：103-111.

[312]袁嫚嫚，邬刚，胡润，孙义祥. 秸秆还田配施化肥对稻油轮作土壤有机碳组分及产量影响[J]. 植物营养与肥料学报，2017，23(1)：27-35.

[313]岳丹，蔡立群，齐鹏，等. 小麦和玉米秸秆不同还田量下腐解特征及其养分释放规律[J]. 干旱区资源与环境，2016，30(3)：80-85.

[314]曾木祥，王蓉芳，彭世琦，等. 我国主要农区秸秆还田的实验总结[J]. 土壤通报，2002，33(5)：336-339.

[315]战秀梅，宋涛，冯小杰，等. 耕作及秸秆还田对辽南地区土壤水分及春玉米水分利用效率的影响[J]. 沈阳农业大学学报，2017，48(6)：666-672.

[316]张聪，慕平，尚建明. 长期持续秸秆还田对土壤理化特性、酶活性和产量性状的影响[J]. 水土保持研究，2018，25(1)：92-98.

[317]张刚，王德建，俞元春，等.秸秆全量还田与氮肥用量对水稻产量、氮肥利用率及氮素

损失的影响[J].植物营养与肥料学报,2016,22(4):877-885.
[318]张洪熙,赵步洪,杜永林,等.小麦秸秆还田条件下轻简栽培水稻的生长特性[J].中国水稻科学,2008,22(6):603-609.
[319]张静,温晓霞,廖允成,等.不同玉米秸秆还田量对土壤肥力及冬小麦产量的影响[J].植物营养与肥料学报,2010,16(3):612-619.
[320]张静. 秸秆还田与氮肥互作对接茬麦田土壤碳氮的影响[D]. 咸阳:西北农林科技大学,2009.
[321]张红,吕家珑,曹莹菲,等. 不同植物秸秆腐解特性与土壤微生物功能多样性研究[J]. 土壤学报,2014,51(4):743-752.
[322]张经廷,张丽华,吕丽华,等. 还田作物秸秆腐解及其养分释放特征概述[J]. 核农学报,2018,32(11):2274-2280.
[323]张娟琴,郑宪清,张翰林,等.长期秸秆还田与氮肥调控对稻田土壤质量及产量的影响[J]. 华北农学报,2019,34(1):181-187.
[324]张亮,黄婷苗,郑险峰,等. 施氮对秸秆还田冬小麦产量和水分利用率的影响[J]. 西北农林科技大学学报(自然科学版). 2013,41(1):49-54.
[325]张亮. 关中麦玉轮作区施氮对秸秆还田小麦产量和秸秆养分释放的影响[D]. 咸阳:西北农林科技大学,2012.
[326]张鹏,李涵,贾志宽,等.秸秆还田对宁南旱区土壤有机碳含量及土壤碳矿化的影响[J]. 农业环境科学学报,2011,(12):2518-2525.
[327]张姗, 石祖梁, 杨四军, 等. 施氮和秸秆还田对晚播小麦养分平衡和产量的影响[J]. 应用生态学报, 2015, 26:2714-2720.
[328]张舒予,金梦灿,马超,等. 秸秆还田配施腐熟剂对水稻产量及钾肥利用率的影响[J]. 中国土壤与肥料,2018,(1):49-55.
[329]张素瑜,王和洲,杨明达,等. 水分与玉米秸秆还田对小麦根系生长和水分利用效率的影响[J]. 中国农业科学,2016,49(13):2484-2496.
[330]张婷,张一新,向洪勇. 秸秆还田培肥土壤的效应及机制研究进展[J]. 江苏农业科学,2018,46(3):14-20.
[331]张鑫,隋世江,刘慧颖,等. 秸秆还田下氮肥用量对玉米产量及土壤无机氮的影响[J]. 农业资源与环境学报,2014,31(3):279-284.
[332]张霞,杜昊辉,王旭东,等. 不同耕作措施对渭北旱塬土壤碳库管理指数及其构成的影响[J]. 自然资源学报,2018,33(12):2223-2237.
[333]张学林,张许,王群,等. 秸秆还田配施氮肥对夏玉米产量和品质的影响[J]. 河南农业科学,2010,39(9):69-73.

[334]张学林，周亚男，李晓立，等. 氮肥对室内和大田条件下作物秸秆分解和养分释放的影响[J]. 中国农业科学，2019，52(10):1746-1760.

[335]张雪艳，田蕾，高艳明，等. 填闲大豆秸秆还田对黄瓜连作土壤化学指标的影响[J]. 西北农业学报，2015，24(7):104-112.

[336]张亚丽，吕家珑，金继运，等. 施肥和秸秆还田对土壤肥力质量及春小麦品质的影响[J]. 植物营养与肥料学报，2012，18(2):307-314.

[337]张雅洁，陈晨，陈曦，等. 小麦-水稻秸秆还田对土壤有机质组成及不同形态氮含量的影响[J]. 农业环境科学学报，2015，34(11):2155-2161.

[338]张莹莹，曹慧英. 秸秆腐熟剂对玉米秸秆腐解及下茬小麦生长的影响[J]. 中国农技推广，2019，35(5):57-59.

[339]张宇，陈阜，张海林，等. 耕作方式对玉米秸秆腐解影响的研究[J]. 玉米科学，2009，17(6):68-73.

[340]张愉飞，隋跃宇，陈一民，等. 秸秆还田条件下不同施氮水平对玉米产量及氮肥利用率的影响[J]. 土壤与作物，2021，10(4):395-403.

[341]张源沛，郑国保，孔德杰，等. 不同灌水量对枸杞土壤水分动态及蒸散耗水规律的影响[J]. 中国农学通报，2011，27(31):64-67.

[342]张文可. 秸秆还田模式对土壤理化性质及玉米生长发育的影响[D]. 沈阳:沈阳农业大学，2018.

[343]张媛媛，李建林，王春宏，等. 氮素和生物腐解剂调控下稻草还田对水稻氮素积累及产量的影响[J]. 土壤通报，2012，43(2):435-438.

[344]张哲，孙占祥，张燕卿，等. 秸秆还田与氮肥配施对春玉米产量及水分利用效率的影响[J]. 干旱地区农业研究，2016，34(3):144-152.

[345]张珍明. 喀斯特石漠化土壤有机碳分布、储量及植被恢复潜力评估[D]. 贵阳:贵州大学，2017.

[346]赵亚丽，于淑婷，穆心愿，等. 深耕加秸秆还田下施氮量对土壤碳氮比、玉米产量及氮效率的影响[J]. 河南农业科学，2016，45(10):50-54.

[347]折翰非，杨祁峰，牛芬菊，等. 不同秸秆还田量对旱地全膜双垄沟播土壤水分及玉米生长的影响[J]. 干旱地区农业研究，2014，32(6):138-142.

[348]郑丹. 不同条件下作物秸秆养分释放规律的研究[D]. 哈尔滨:东北农业大学，2012.

[349]周德平，褚长彬，赵峥，等. 小麦秸秆全量还田下腐熟剂对下茬水稻产量及土壤的影响[J]. 中国农学通报，2018，34(19):102-107.

[350]周怀平，杨治平，李红梅，等. 秸秆还田和秋施肥对旱地玉米生长发育及水肥效应的影响[J]. 应用生态学报. 2004，15(7):1231-1235.

[351]周米良,邓小华,田峰,等. 玉米秸秆促腐还田的腐解及对烤烟生长与产质量的影响[J]. 中国烟草学报,2016,22(2):67-74.
[352]周运来,张振华,范如芹,等. 秸秆还田方式对水稻田土壤理化性质及水稻产量的影响[J]. 江苏农业学报,2016,32(4):786-790.
[353]周永进, 吴文革, 许有尊, 等. 油菜秸秆还田培肥土壤的效应及对后作水稻产量的影响[J]. 扬州大学学报(农业与生命科学版), 2015, 36(1):53-58.
[354]赵步洪,王朋,张洪熙,等.两系杂交稻扬两优 6 号源库特征与结实特性的分析[J].中国水稻科学,2006,20(1):65-72.
[355]赵鹏,陈阜. 秸秆还田配施化学氮肥对冬小麦氮效率及产量的影响[J]. 作物学报,2008,34(6):1014-1018.
[356]赵鹏,陈阜,马新明,等. 麦玉两熟秸秆还田对作物产量和农田氮素平衡的影响[J]. 干旱地区农业研究. 2010,28(2):162-166.
[357]赵鹏,陈阜. 秸秆还田配施氮肥对夏玉米氮利用及土壤硝态氮的影响[J]. 河南农业大学学报,2009,43(1):14-18.
[358]赵士诚,魏美艳,仇少君,等. 氮肥管理对秸秆还田下土壤氮素供应和冬小麦生长的影响[J]. 中国土壤与肥料. 2017,(2):20-25.
[359]赵锋,程建平,张国忠,等. 氮肥运筹和秸秆还田对直播稻氮素利用和产量的影响[J]. 湖北农业科学,2011,50(18):3701-3704.
[360]赵小军. 种还分离模式下玉米秸秆还田对土壤养分转化的影响[D]. 长春:吉林农业大学,2017.
[361]赵小军,李志洪,刘龙,等. 种还分离模式下玉米秸秆还田对土壤磷有效性及其有机磷形态的影响[J]. 水土保持学报,2017,31(1)243-247.
[362]赵亚丽,薛志伟,郭海斌,等. 耕作方式与秸秆还田对冬小麦 - 夏玉米耗水特性和水分利用效率的影响[J]. 中国农业科学,2014a,47(17):3359-3371.
[363]赵亚丽,郭海斌,薛志伟,等. 耕作方式与秸秆还田对冬小麦-夏玉米轮作系统中干物质生产和水分利用效率的影响[J]. 作物学报,2014b,40(10):1797-1807.
[364]甄丽莎,谷洁,高华,等. 秸秆还田与施肥对土壤酶活性和作物产量的影响[J]. 西北植物学报,2012,32(9):1811-818.
[365]郑祥楠. 耕作深度与秸秆还田对土壤性状及作物生长的影响[D]. 昆明:云南农业大学,2017.
[366]郑金玉,刘武仁,罗洋,等. 秸秆还田对玉米生长发育及产量的影响[J]. 吉林农业科学,2014,39(2):42-46.
[367]郑文魁, 卢永健, 邓晓阳, 等. 控释氮肥对玉米秸秆腐解及潮土有机碳组分的影响[J].

水土保持学报, 2020, 34(5):292-298.

[368]朱兴娟,李桂花,涂书新,等. 秸秆和秸秆炭对黑土肥力及氮素矿化过程的影响[J]. 农业环境科学学报,2018,37(12):2785-2792.

[369]朱文玲,李秀双,田霄鸿,等.小麦与秋豆秸秆配施对土壤有机碳固持的影响[J]. 农业环境科学学报,2018,37(09):1952-1960.

[370]朱刘兵,李慧,韩燕来,等. 化肥与有机物料配施对黄褐土团聚体分布及有机碳含量的影响[J]. 土壤通报. 2015,46(5):1181-1188.

[371]朱润尧,朱顺球. 稻草腐熟还田技术效果试验[J]. 中国稻米,2013,19(2):44-45,47.

[372]朱远芃, 金梦灿, 马超, 等. 外源氮肥和腐熟剂对小麦秸秆腐解的影响[J]. 生态环境学报, 2019, 28:612-619.

[373]邹洪涛,关松,凌尧,等. 秸秆还田不同年限对土壤腐殖质组分的影响[J]. 土壤通报, 2013,44(6):1398-1402.

[374]左旭,王红彦,王亚静,等. 中国玉米秸秆资源量估算及其自然适宜性评价[J]. 中国农业资源与区划,2015,36(6):5-10.

[375]左玉萍,贾志宽. 土壤含水量对秸秆分解的影响及动态变化[J]. 西北农林科技大学学报(自然科学版),2004,(5):61-63.

[376]AHMAD M,CHAKRABORTH D,AGGARWAL P,et al. Modelling soil water dynamics and crop water use in a soybean-wheat rotation under chisel tillage in a sandy clay loam soil[J]. Geoderma,2018,327:13-24.

[377]AKHTAR K,WANG W,REN G,et al. Integrated use of straw mulch with nitrogen fertilizer improves soil functionality and soybean production [J]. Environment International, 2019,132:105092.

[378]BAI W,SUN Z X,ZHENG J M,et al. The combination of subsoil and the incorporation of corn stover affect physicochemical properties of soil and corn yield in semi-arid China [J]. Toxicological & Environmental Chemistry,2016,98(5-6):561-570.

[379]BAKHT J,SHAFI M,JAN M T,et al. Influence of crop residue management:cropping system and N fertilizer on soil N and C dynamics and sustainable wheat (Triticum aestivum L.) production[J]. Soil & Tillage Research,2009,104:233-240.

[380]BECKER R,BUBNER B,REMUS R,et al. Impact of multi-resistant transgenic Bt maize on straw decomposition and the involved microbial communities. Appl Soil Ecol, 2014,73:9-18.

[381]BENITEZ E,MELGAR R,SAINZ H,et al. Enzyme activities in the rhizosphere of pepper (Capsicum annuum L.) grown with olive cake mulches[J]. Soil Biology & Biochemistry,

2000,32(13):1829-1835.

[382]BHATTACHARYYA R,PRAKASH V,KUNDU S,et al. Soil aggregation and organic matter in a sandy clay loam soil of the Indian Himalayas under different tillage and crop regimes[J]. Agriculture Ecosystems & Environment,2009,132 (1):126-134.

[383]BHUPINDERPAL-SINGH,Z R. The Role of Crop Residues in Improving Soil Fertility [M]// Nutrient Cycling in Terrestrial Ecosystems. 2007,7:183-214.

[384]BLANCO-CANQUI H,LAL R,POST W M,et al. Soil structural parameters and organic-carbon in no-till corn with variable stover retention rates[J]. Sci,2006,171:468-482.

[385]BLANCO-CANQUI H,LAL R. Soil structure and organic carbon relationships following 10 years of wheat straw management in no-till[J]. Soil & Tillage Research,2007,95(1-2):240-254.

[386]BLANCO-CANQUI H,LAL R,TRIGIANO R N,et al. Crop residue removal impacts on soil productivity and environmental quality [J]. Critical Reviews in Plant Sciences, 2009,28:139-163.

[387]BLAGODATSKAYA E,KUZYAKOV Y. Mechanisms of real and apparent priming effects and their dependence on soil microbial biomass and community structure:critical review [J]. Biology and Fertility of Soils,2008,45:115-131.

[388]BLAIR G,LEFROY R,LISLE L. Soil carbon fractions based on their degree of oxidation, and the development of a carbon management index for agricultural systems[J]. Australian Journal of Agricultural Research,1995,46(7):1459-1466.

[389]BLAIR N,FAULKNER R D,TILL A R,et al. Long-term management impacts on soil C, N and physical fertility:Part I:Broadbalk experiment [J]. Soil & Tillage Research, 2006,91(1-2):30-38.

[390]CHEN Z M,WANG Q,WANG H Y,et al. Crop yields and soil organic carbon fractions as influenced by straw incorporation in a rice-wheat cropping system in southeastern China[J]. Nutrient Cycling in Agroecosystems,2018,112:61-73.

[391]CHEN S H,ZHU Z L,WU J,et al. Decomposition characteristics of straw return to soil and its effect on soil fertility in purple hilly region[J]. Journal of Soil and Water Conservation,2006,20(6):141-144.

[392]CHAUDHARY S,DHERI G S,BRAR B S. Long-term effects of NPK fertilizers and organic manures on carbon stabilization and management index under rice-wheat cropping system[J]. Soil and Tillage Research,2017,166:59-66.

[393]CHOWDHURY S,FARRELL M,BOLAN N. Priming of soil organic carbon by malic acid

addition is differentially affected by nutrient availability [J]. Soil Biology and Biochemistry, 2014,77: 158-169.

[394]CHRISTOPHER S F,LAL R. Nitrogen management affects carbon sequestration in North American cropland soils[J]. Critical Reviews in Plant Sciences,2007,26(1):45-64.

[395]CLAPP C E,ALLMARAS R R,LAYESE M F,et al. Soil organic carbon and 13C abundance as related to tillage,crop residue,and nitrogen fertilization under continuous corn management in Minnesota[J]. Soil and Tillage Research,2000,55(3):127-142.

[396]DALAL R C,MAYER R J. Long-term trends in fertility of soils under continuous cultivation and cereal cropping in southern Queensland. IV. Loss of organic carbon from different density functions[J]. Soil Research,1986,24(2):301-309.

[397]DAMON P M,BOWDEN B,ROST T,et al. Crop residue contributions to phosphorus pools in agricultural soils:a review [J]. Soil Biology and Biochemistry,2014,74: 127-137.

[398]DE C T,HEILING M,DERCON G,et al. Predicting soil organic matter stability in agricultural fields through carbon and nitrogen stable isotopes [J]. Soil Biology & Biochemistry,2015,88:29-38.

[399]DEVÊVRE O C,HORWÁTH W R. Decomposition of rice straw and microbial carbon use efficiency under different soil temperatures and moistures [J]. Soil Biology and Biochemistry,2000. 32:1773-1785.

[400]DING X L,ZHANG X D,HE H B,et al. Dynamics of soil amino sugar pools during decomposition processes of corn residues as affected by inorganic N addition[J]. Journal of Soils & Sediments,2010,10(4):758-766.

[401]DIKGWATLHE S B,CHEN Z D,LAL R,et al. Changes in soil organic carbon and nitrogen as affected by tillage and residue management under wheat-maize cropping system in the North China Plain[J]. Soil and Tillage Research,2014,144(4):110-118.

[402]EAGLE A,BIRD J A,HORWATH W R,et al. Rice yield and nitrogen utilization efficiency under alternative straw management practices[J]. American Society of Agronomy,2000,92(6):1096-1103.

[403]FAGERIA N K. Influence of dry matter and length of roots on growth of five field crops at varying soil zinc and copper levels[J]. Journal of Plant Nutrition,2005,27(9):1517-1523.

[404]FEI L U,WANG X,HAN B,et al. Soil carbon sequestrations by nitrogen fertilizer application,straw return and no-tillage in China's cropland [J]. Global Change Biology,

2009,15(2):281-305.

[405]GIL-SOTRES F,LEIRÓS DE LA PEÑA M C,TRASAR-CEPEDA C. Soil quality:a new index based on microbiological and bio-chemical parameters[J]. Biology and Fertility of Soils,2002,35(4):302-306.

[406]HIREL B,LE GOUIS J,NEY B,et al. The challenge of improving nitrogen use efficiency in crop plants:towards a more central role for genetic variability and quantitative genetics within integrated approaches [J]. Journal of Experimental Botany,2007,58 (9):2369-2387.

[407]HU N J,BAO J G,WANG Z H,et al. Effects of different straw returning modes on greenhouse gas emissions and crop yields in a rice-wheat rotation system[J]. Agriculture, Ecosystems and Environment,2016,223:115-122.

[408]HUANG T,YANG H,HUANG C,et al. Effects of nitrogen management and straw return on soil organic carbon sequestration and aggregate-associated carbon [J]. Soil Use and Management,2018,69(5):913-923.

[409]KALAMBUKATTU J G,SINGH R,PATRA A K,et al. Soil carbon pools and carbon management index under different land use systems in the Central Himalayan region[J]. Acta Agriculturae Scandinavica,Section B-Soil & Plant Science,2013,63(3):200-205.

[410]KAMOTA A,MUCHAONYERWA P,MNKENI P N S. Decomposition of surface-applied and soil-incorporated Bt maize leaf litter and Cry1Ab protein during winter fallow in South Africa[J]. Pedosphere,2014,24:251-257.

[411]KAR G,KUMAR A. Evaluation of post-rainy season crops with residual soil moisture and different tillage methods in rice fallow of eastern India [J]. Agricultural Water Management,2009,96(6):931-938.

[412]AKHTARA K,WANG W Y, KHANC A,et al. Wheat straw mulching offset soil moisture deficient for improving physiological and growth performance of summer sown soybean [J]. Agricultural Water Management,2019,211(1):16-25.

[413]KASTEEL R,GAMIER P,VACHIER P,et al. Dye tracer infiltration in the plough layer after straw incorporation[J]. Geoderma,2007,137(3-4):360-369.

[414]KIRSCHBAUM M U F. The temperature dependence of soil organic matter decomposition, and the effect of global warming on soil organic C storage[J]. Soil Biology and Biochemistry,1995,27(6):753-760.

[415]KISSELLE K W,GARRETT C J,FU S,et al. Budgets for root-derived C and litter derived C:comparison between conventional tillage and no tillage soils [J]. Soil Biology

and Biochemistry,2001. 33:1067–1075.

[416]LAL R. Soil carbon sequestration impacts on global climate change and food security[J]. Science,2004,304:1623–1627.

[417]LAL R. Soil quality impacts of residue removal for bioethanol production [J]. Soil and Tillage Research,2009,102:233–241.

[418]LAL R. Beyond Copenhagen:Mitigating climate change and achieving food security through soil carbon sequestration[J]. Food Security,2010,2(2):169–177

[419]LATIFMANESH H,DENG A X,LI L,et al. How incorporation depth of corn straw affects straw decomposition rate and C&N release in the wheat–corn cropping system[J]. Agriculture,Ecosystems and Environment,2020,300:107000.

[420]LAZAREV A P,ABRASHIN Y I. The influence of wheat straw on the properties,biological activity and fertility of chernozems[J]. Eurasian Soil Science,2000,33(10):1112–1117.

[421]LI Z Q,LI D D,MA L,et al. Effects of straw management and nitrogen application rate on soil organic matter fractions and microbial properties in North China Plain[J]. Journal of Soils and Sediments,2018,19:618–628

[422]LIAO Y L,ZHENG S X,NIE J,et al. Long–term effect of fertilizer and rice straw on mineral composition and potassium adsorption in a reddish paddy soil [J]. Journal of Integrative Agriculture,2013,12(4):694–710.

[423]LIMON–ORTEGA A,GOVAERTS B,SAYRE K D. Straw management,crop rotation,and nitrogen source effect on wheat grain yield and nitrogen use efficiency [J]. European Journal of Agronomy. 2008,29(1):21–28.

[424]LIN J J,MENG J M,HE Y,et al. The effects of different types of crop straw on the transformation of pentachlorophenol in flooded paddy soil [J]. Environmental Pollution, 2018,233:745–754.

[425]LÓPEZ–FANDO C,DORADO J,PARDO M T . Effects of zone–tillage in rotation with no–tillage on soil properties and crop yields in a semi–arid soil from central Spain[J]. Soil and Tillage Research,2007,95(1–2):266–276.

[426]LOGINOW W,WISNIEWSKI W,GONET S S,et al. Fractionation of Organic Carbon Based on Susceptibility to Oxidation [J]. Polish Journal of Soil Science,1987,20(1): 47–52.

[427]LU F. How can straw incorporation management impact on soil carbon storage? A meta–analysis[J]. Mitigation and Adaption Strategies for Global,2015,20:1545–1568.

[428]LU W J,WANG H T,NIE Y F,et al. Effect of inoculating flower stalks and vegetable waste with ligno-cellulolytic microorganisms on the composting process [J]. Journal of Environmental Science & Health Part B,2004,39(5-6):871-887.

[429]LUCE M S,WHALEN J K,ZIADI N,et al. Labile organic nitrogen transformations in clay and sandy-loam soils amended with 15N-labelled faba bean and wheat residues[J]. Soil Biology and Biochemistry,2014,68:208-218.

[430]LUPWAYI N Z,CLAYTON G W,O'DONOVAN JT,et al. Nitrogen release during decomposition of crop residues under conventional and zero tillage[J]. Canadian Journal of Soil Science,2006a. 86:11-19,171.

[431]LUPWAYI N Z,CLAYTON G W,O'DONOVAN J T,et al. Potassium release during decomposition of crop residues under conventional and zero tillage[J]. Canadian Journal of Soil Science,2006b. 86:473-481,172.

[432]LUPWAYI N Z,KENNEDY A C. Grain legumes in Northern Great Plains:impacts on selected biological soil processes. Agronomy Journal,2007,99:1700-1709.

[433]MALHI S S,LEMKE R. Tillage,crop residue and N fertilizer effects on crop yield,nutrient uptake,soil quality and nitrous oxide gas emissions in a second 4-yr rotation cycle[J]. Soil & Tillage Research,2007,96(1):269-283.

[434]MONACO S,SACCO D,PELISSETTI S,et al. Laboratory assessment of ammonia emission after soil application of treated and untreated manures[J]. Journal of Agricultural Science, 2011,150(1):65-73.

[435]NAVEED M, MOLDRUP P, VOGEL H J, et al. Impact of long-term fertilization practice on soil structure evolution[J]. Geoderma, 2014, 217-218:181-189.

[436]NAYAK A K,GANGWAR B,SHUKLA A K,et al. Long-term effect of different integrated nutrient management on soil organic carbon and its fractions and sustainability of rice-wheat system in Indo Gangetic Plains of India [J]. Field Crops Research,2012,127: 129-139.

[437]NELE V,FABIAN K,KEN D S,et al. Soil quality as affected by tillage residue management in a wheat-maize irrigated bed planting system [J]. Plant and Soil,2011,340(1): 453-466.

[438]NIKLIńNSKA M,MARYASSKI M,LASKOWSKI R. Effect of temperature on humus respiration rate and nitrogen mineralization:implication for global climate change[J]. Biogeochemistry,1999,44(3):239-257.

[439]NOTTINGHAM A T,TURNER B L,STOTT A W,et al. Nitrogen and phosphorus

constrain labile and stable carbon turnover in lowland tropical forest soils[J]. Soil Biology and Biochemistry,2015,80:26–33.

[440]PARRA S,AGUILAR F J,CALATRAVA J. Decision modelling for environmental protection:the contingent valuation method applied to greenhouse waste management [J]. Biosystems Engineering,2008,99(4):469–477.

[441]PATHAK H,SINGH R,BHATIA A,et al. Recycling of rice straw to improve wheat yield and soil fertility and reduce atmospheric pollution [J]. Paddy and Water Environment, 2006,4(2):82–546.

[442]PIOTROWSKA A,WILCZEWSKI E. Effects of catch crops culti–vated for green manure and mineral nitrogen fertilization on soil enzyme activities and chemical properties[J]. Geoderma,2012,189:72–80.

[443]PORSCH K,WIRTH B,TÓTH E M,et al. Characterization of wheat straw–degrading anaerobic alkali–tolerant mixed cultures from soda lake sediments by molecular and cultivation techniques[J]. Microbial Biotechnology,2015,8(5):801–814.

[444]POWLSON D S,JENKINSON D S,PRUDEN G,et al. The effect of straw incorporation on the uptake of nitrogen by winter wheat [J]. Journal of the Science of Food & Agriculture. 2010,36(1):26–30.

[445]PROCHAZKOVA D,SAIRAM R K,SRIVASTAVA G C,et al. Oxidative stress and antioxidant activity as the basis of senescence in maize leaves [J]. Plant Science, 2001,161(1):765–771.

[446]REZIG F A M,ELHADI E A,ABDALLA M R. Decomposition and nutrient release pattern of wheat (Triticum aestivum) residues under different treatments in desert field conditions of Sudan[J]. International Journal of Recycling of Organic Waste in Agriculture, 2014,3:69–77.

[447]REID,D KEITH. Comment on "The Myth of Nitrogen Fertilization for Soil Carbon Sequestration", by S.A. Khan et al. in the Journal of Environmental Quality 36:1821–1832/Reply[J]. Journal of Environmental Quality,2008,37(3).

[448]ROLDAN A,CARAVACA F,HERNANDEZ M T,et al. No–tillage,crop residue additions,and legume cover cropping effects on soil quality characteristics under maize in Patzcuaro watershed(Mexico)[J]. Soil and Tillage Research,2003,72(1):65–731.

[449]ROPER M M,GUPTA V V S R,MURPHY D V. Tillage practices altered labile soil organic carbon and microbial function without affecting crop yields[J]. Australian Journal of Soil Research,2010,48(3):274–285.

[450]RUAN H X,AHUJA L R,GREEN T R,et al. Residue cover and surface-sealing effects on infiltration;Numerical simulations for field applications [J]. Soil Sci soc Am J, 2001,65:853-861.

[451]SEKHON N K,HIRA G S,SIDHU A S,et al. Response of soyabean (Glycine max Mer.) to wheat straw mulching in different cropping seasons [J]. Soil Use & Management. 2010,21(4):422-426.

[452]SINGH B,RENGEL Z. The role of crop residues in improving soil fertility [M]// Marschner P,Rengel Z.Nutrient cycling in terrestrial ecosystems.Berlin Heidelberg: Springer,2007,183-214.

[453]SMITH J L,PAUL E A. The significance of soil microbial biomass estimations [J]. Soil Biochemistry,1991,23:359-396.

[454]SODHI G P S,BERI V,BENBI D K. Soil aggregation and distribution of carbon and nitrogen in different fractions under long-term application of compost in rice-wheat system[J]. Soil & Tillage Research. 2009,103(2):412-418.

[455]SOON Y K,LUPWAYI N Z. Straw management in a cold semi-arid region:Impact on soil quality and crop productivity[J]. Field Crops Res,2012,139:39-46.

[456]STANGER T F,LAUER J G. Corn grain yield response to crop rotation and nitrogen over 35 years[J]. Agronomy Journal,2008,100(3):643-650.

[457]STOCKFIFISCH N,FORSTREUTER T,EHLERS W. Ploughing effects on soil organic matter after twenty years of conservation tillage in lower saxony,Germany [J]. Soil and Tillage Research,1999. 52:91-101.

[458]SU W,LU J W,WANG W N,et al. Influence of rice straw mulching on seed yield and nitrogen use efficiency of winter oilseed rape (Brassica napus L.) in intensive rice-oilseed rape cropping system[J]. Field Crops Research,2014,15(9):53-61.

[459]SUSHANTA K N,SUDARSHAN M,BHATT B P. Soil organic carbon stocks and fractions in different orchards of eastern plateau and hill region of India[J]. Agroforestry Systems, 2017,91(3):1-12.

[460]TAN D,LIU Z,JIANG L,et al. Long-term potash application and wheat straw return reduced soil potassium fixation and affected crop yields in North China [J]. Nutrient Cycling in Agroecosystems. 2017,108(2):121-133.

[461]TANAKA H,KYAW K M,TOYOTA K,et al. Influence of application of rice straw, farmyard manure,and municipal biowastes on nitrogen fixation,soil microbial biomass N, and mineral N in a model paddy microcosm [J]. Biology and Fertility of Soils,2006,42

(6):501-505.

[462]TAYLOR J L A. On the Temperature Dependence of Soil Respiration [J]. Functional Ecology,1994,8(3):315-323.

[463]TENGERDY R P,SZAKACS G. Bioconversion of lignocellulose in solid substrate fermentation[J]. Biochemical Engineering Journal,2003,13(3):169-179.

[464]TOSTI G,BENINCASA P,FARNESELLI M,et al. Green manuring effect of pure and mixed barley-hairy vetch winter cover crops on maize and processing tomato N nutrition [J]. European Journal of Agronomy,2012,43:136-146.

[465]VIRTO I,BESCANSA P,IMAZ M J,et al. Soil quality under food-processing wastewater irrigation in semi-arid land,northern Spain:Aggregation and organic matter fractions[J]. Journal of Soil and Water Conservation,2006,61(6):398-407.

[466]VIEIRA F C B,BAYER C,ZANATTA J A,et al. Carbon management index based on physical fractionation of soil organic matter in an Acrisol under long-term no-till cropping systems[J]. Soil & Tillage Research,2007,96:195-204.

[467]VINCENT Q,CHARTIN C,INKEN KRÜGER,et al. CARBIOSOL:Biological indicators of soil quality and organic carbon in grasslands and croplands in Wallonia,Belgium[J]. Ecology,2019,100. 10.1002/ecy.2843.

[468]WANG S,ZHAO Y,WANG J,et al. The efficiency of long-term straw return to sequester organic carbon in Northeast China′s cropland [J]. Journal of Integrative Agriculture, 201817(2):436-448.

[469]WANG J,LIN Q,NI Y J,et al. Effects of conservation tillage on photosynthetic characteristics and yield of winter wheat in dry land [J]. Journal of Triticeae Crops,2009,29 (3):480-483.

[470]WANG J,WANG D,ZHANG G,et al. Nitrogen and phosphorus leaching losses from intensively managed paddy fields with straw retention [J]. Agricultural Water Management,2014,141:66-73.

[471]WANG X J,JIA Z K,LIANG L Y,et al. Maize straw effects on soil aggregation and other properties in arid land[J]. Soil & Tillage Research,2015,153:131-136.

[472]WANG X J,JIA Z K,LIANG L Y,et al. Changes in soil characteristics and maize yield under straw returning system in dryland farming [J]. Field Crops Research,2018,218: 11-17.

[473]WANG Y J,YU-YUN B I,GAO C Y. The assessment and utilization of straw resources in China[J]. Agricultural Sciences in China,2010,9(12):1807-1815.

[474]WEI T,ZHANG P,WANG K,et al. Effects of wheat straw incorporation on the availability of soil nutrients and enzyme activities in semiarid areas [J]. PLoS ONE,2015,10(4):e0120994.

[475]WHITBREAD A,BLAIR G,KONBOON Y,et al. Managing crop residues,fertilizers and leaf litters to improve soil C,nutrient balances,and the grain yield of rice and wheat cropping systems in Thailand and Australia[J]. Agriculture,Ecosystems & Environment,2003,100(2-3):251-263.

[476]WHITBREAD A M,LEFROY R D B,BLAIR G J . A survey of the impact of cropping on soil physical and chemical properties in north-western New South Wales [J]. Australian Journal of Soil Research,1998,36(4):669-681.

[477]WILSON D B. Three microbial strategies for plant cell wall degradation [J]. Annals of the New York Academy of Sciences,2008,48(1):289-297.

[478]WISEMAN C L S,W. Püttmann. Soil organic carbon and its sorptive preservation in central Germany[J]. European Journal of Soil Science,2004,56(1):65-76.

[479]XU Y H,CHEN Z M,FONTAINE S,et al. Dominant effects of organic carbon chemistry on decomposition dynamics of crop residues in a Mollisol[J]. Soil Biology and Biochemistry,2017,115:221-232.

[480]YANG X L, LU Y L, DING Y, et al. Optimising nitrogen fertilisation:a key to improving nitrogen-use efficiency and minimising nitrate leaching losses in an intensive wheat/maize rotation (2008—2014). Field Crops Res, 2017, 206, 1-10.

[481]ZACCHEO P,CABASSI G,GIULIANA R,et al. Decomposition of organic residues in soil:Experimental technique and spectroscopic approach [J]. Organic Geochemistry,2002,33(3):327-345.

[482]ZHAO S C,QIU S J,XU X P,et al. Change in straw decomposition rate and soil microbial community composition after straw addition in different long-term fertilization soils[J]. Applied Soil Ecology,2019. 138:123-133.

[483]ZHAO C X,DENG X P,ZHANG S Q,et al. Advances in the studies on water uptake by plant roots[J]. Acta Botanica Sinica,2004,46(5):505-514.

[484]ZHANG G S,CHAN K Y,LI G D,et al. Effect of straw and plastic film management under contrasting tillage practices on the physical properties of an erodible loess soil [J]. Soil and Tillage Research,2008,98(2):113-119.

[485]ZHANG P,CHEN X L,WEI I T,et al. Effects of straw incorporation on the soil nutrient contents,enzyme activities,and crop yield in a semiarid region of China [J]. Soil &

Tillage Research, 2016, 160:65–72.

[486]ZHANG P, WEI T, JIA Z, et al. Soil aggregate and crop yield changes with different rates of straw incorporation in semiarid areas of northwest China [J]. Geoderma, 2014, 230–231:41–49.

[487]ZHOU X Q, CHEN C R, LU S B, et al. The short-term cover crops increase soil labile organic carbon in southeastern Australia[J]. Biology and Fertility of Soils, 2012, 48(2): 239–244.

附录

宁夏扬黄灌区玉米秸秆还田快速培肥技术规程

主要起草人:李荣,侯贤清,李培富,王西娜

2021 年 11 月

1 范围

本标准规定了宁夏扬黄灌区玉米秸秆还田技术的基础上,玉米种植技术的选地、整地、种植方式、施肥技术及栽培田间管理技术。

本标准适用于宁夏扬黄灌区玉米秸秆还田快速培肥技术。

2 规范性引用文件

下列文件对于本文件的应用必不可少的,文件中的条款通过本标准的引用成为本标准的条款。凡是注日期的引用文件,仅所注日期的版本适用于本文件。凡是不注明日期的引用文件,其最新版本(包括所有的修改单)适用于本文件。

NY/T 496 肥料合理使用准则 通则

DB22/T 2543—2016 玉米秸秆全量原位还田技术规程

DB15/T 1794—2020 玉米秸秆深翻还田技术规程

NY/T 3554—2020 春玉米滴灌水肥一体化技术规程

DB64/T 245—2002 农业机械作业质量 机械耕整地

3 适用条件

3.1 气候条件

宁夏扬黄灌区包括固海、红寺堡、盐环定扬黄灌区。2015 年灌溉面积近 300 万亩,年均引水量 10 亿 m^3 左右。灌区具有明显的大陆性气候特征,干旱

少雨，蒸发强烈，风大沙多。多年平均降水量 200~400 mm，多集中在 7、8、9 三个月；多年平均水面蒸发量 2 100 mm，为降水量的 8 倍左右；多年平均气温 8.5 ℃，≥10 ℃的有效积温 2 950 ℃，日照时数 2 900~3 055 h，太阳能总辐射量 602.48 kJ/cm^2，无霜期 165~183 d，是光照较丰富的地区之一；多年平均风速 2.9~3.7 m/s，最大风速 24 m/s。

3.2 立地条件

灌区土壤类型主要为灰钙土、新积土、风沙土等，土壤质地多为轻壤土、中壤土、砂土、砂壤土。有机质含量在 0.2%~0.8%，全盐含量多在 1%以下。根据土壤肥力等级标准属低等肥力，土壤养分分级标准为 5~6 级水平，土壤严重缺氮、少磷，土壤呈碱性。

3.3 本规程适用作物

宁夏扬黄灌区种植春玉米。

4 秸秆还田快速培肥技术

4.1 秸秆还田配施腐熟剂技术

（1）土壤腐熟剂类型

腐熟剂种类分别为：①生物秸秆速腐剂（有效活菌数≥2.0 亿/mL，由厦门泉农生物科技有限公司生产），施用量 3 000 mL/hm^2，兑水 225 kg/hm^2 喷到秸秆后配施 60 kg/hm^2 尿素还田入土；②EM 菌秸秆腐熟剂（有效活菌数≥200.0 亿/mL，由北京康源绿洲生物科技有限公司生产），施用量 15 000 mL/hm^2，兑水 225 kg/hm^2 喷到秸秆后配施 60 kg/hm^2 尿素还田入土；③有机废物发酵菌曲（微生物菌剂，有效活菌数≥0.2 亿/g，由北京圃园生物工程有限公司生产）。

（2）施用方法

在春季玉米收获后，采用机械粉碎还田技术，将秸秆就地粉碎还田，粉碎长度为 3~5 cm。在实施秸秆还田前须配施氮肥或腐熟剂（EM 菌），要求秸秆全量还田，加入 40 kg/亩尿素或 4 kg/亩腐熟剂，深翻入土，耕作深度不低于 25 cm，保证翻入 10 cm 土层以下，以促进秸秆腐解。

4.2 秸秆还田配施氮肥技术

（1）还田原则

在当年玉米收获后进行秸秆还田，还田量可根据区域土壤及气候情况而定，丰水年时可进行全量还田，如欠水年可进行半量还田。

（2）还田技术要领

在实施秸秆还田前必须配合施用氮肥，要求秸秆全量还田至少要加入20 kg/亩尿素，以促进秸秆腐解。对于缺磷钾的土壤，还应该补施适量的磷肥和钾肥。玉米收获果穗后应立即还田，秸秆粉碎以切成3~5 cm长的小段为宜，还田后要及时耕翻，耕翻深度18~20 cm，耙平并镇压，并要求拖拉机用低挡作业。

（3）底肥施用技术

在4月中旬玉米播种前，施用磷酸二铵（N-P-K：16-46-0）20 kg/亩）、复合肥（N-P-K：15-15-15）20 kg/亩通过玉米播种机播种时施入。

4.3 玉米秸秆还田程序

（1）玉米秸秆粉碎翻压还田程序

在扬黄灌区，首先选择好还田地块，然后采用人工或机械收获玉米穗，接着采用重型或轻型拖拉机牵引粉碎抛撒机进行粉碎抛撒，其粉碎程度10~15 cm，还田数量则是一亩地的秸秆还田一亩。粉碎抛撒后，最好采用旋耕机纵横二次，达到灭茬和切断未粉碎秸秆的目的，最后采用重型拖拉机深翻20 cm以上，再用重耙耙磨，然后进行冬灌。秸秆粉碎后，最好撒施农家肥（亩施2 500 kg以上）和化肥（氮素6~12 kg/亩，磷素6.0~7.5 kg/亩）再耕翻，翌年春天播种前应采取顶凌耙地，播前镇压等措施进行保墒，但不得二次深耕。

（2）玉米秸秆整株翻压还田程序

玉米收获后，采用重型拖拉机直接深翻25 cm左右入土。其保墒、施肥，还田数量、还田时间等同粉碎翻压还田。

（3）种还分离模式还田程序

种还分离将3条均匀田垄分为玉米种植行（40 cm宽种2行玉米）和休闲行（140 cm宽），休闲行中间100 cm宽用于秸秆还田，玉米平均密度保持6万株/hm^2（与均匀田垄密度相同）。种植方式采用三垄两行种植，即第一垄在垄中央直接种植，第二垄和第三垄均在垄边上种植，这样相当于第二垄和第三垄种植的距离拉近，种植距离为 40 cm，第一垄和第二垄之间的距离 1.4 m，在这 1.4 m 处秸秆还田。种植行与休闲行年际间轮作，在玉米种植前对休闲行适当深翻。

（4）玉米秸秆覆盖还田程序

①半耕整秆半覆盖：玉米成熟后立秆人工收获玉米穗→一边割秆一边硬茬顺行覆盖（盖 70 cm、留 70 cm，下一排根压住上排梢）→来年早春在 70 cm 未盖行内亩施碳铵、磷肥各 50 kg，随即人工或畜耕翻整平→用单行半精量播种机在未盖行内紧靠秸秆两边种两行玉米→未盖行内中耕除草两次→收获玉米→整秆盖在未盖行内（已盖行留作来年种玉米）。

②全耕整秆半覆盖：玉米成熟后收获玉米穗→将玉米秆搂在地边→翻耕→顺行铺整玉米秸（盖 70 cm、留 70 cm，下一排根压往上排梢）→来年早春在未盖行内每亩施碳铵、磷肥各 50 kg 后，人或畜耕整平或用单行半精量播种机每亩施磷肥 40 kg→播种、定苗、中耕除草同半耕覆盖→收获。

③免耕整秆半覆盖：秋收后不耕翻，不灭茬，将玉米秆顺垅割倒或压倒，均匀铺在地表面，形成全覆盖。翌年春播前按行距宽窄，将播种行内的秸秆搂（扒）到垅背上形成半覆盖。覆盖量一般每亩 500~1000 kg 为宜。施肥以常规施肥量为基础，再增施 15%~20%，播种时一次施入。病虫防治，采用“包衣种子”。除草剂的喷施一般在播后苗前，持续干旱时一般不喷。

5　施肥与灌水技术

5.1　施肥原则

坚持土壤培肥与玉米施肥、施肥与合理灌溉相结合。坚持有机肥和无机肥相结合，氮、磷、钾肥与微量元素肥料相结合，基肥与追肥合理分配，以基（底）肥为主，追肥为辅；有机肥全部作基肥，以秋施为宜。

5.2　适宜使用的肥料

（1）有机肥料

厩肥：以羊、牛、马、鸡等畜禽的粪尿为主与秸秆等垫底堆积，并经微生物作用而成的一类有机肥料。作物秸秆肥：以麦秸、玉米等直接还田的肥料。

(2)无机肥料

符合国家标准和农业部门登记使用的各种无机肥料。氮肥:即以氮素营养元素为主要成分的化肥,包括碳酸氢铵、尿素等。磷肥:即以磷素营养元素为主要成分的化肥,包括普通过磷酸钙、重过磷酸钙肥、磷酸二铵等。钾肥:即以钾素营养元素为主要成分的化肥,主要品种有硫酸钾等。

(3)有机无机肥料

符合国家标准和农业部门登记使用的有机无机复混肥料、腐殖酸复合肥等。

(4)生物肥料

符合国家标准和农业部门登记使用的各种微生物肥料。

5.3 不宜施用或禁止施用的肥料

不能施用挥发性较大和酸、碱性较强的商品肥料,还有含氯根(氯化铵、氯化钾)的肥料等都不宜施用。

5.4 施肥技术

(1)基肥:施用商品有机肥(有机质>45%,$N+P_2O_5+K_2O>5\%$)300 kg/亩,在玉米播种前(4 月中旬)采用机械撒施,要求撒施均匀,然后结合旋耕将肥料与土壤混匀,达到土肥相融。

(2)种肥:磷酸二铵(16-46-0),每亩施 20 kg,结合播种条施。

(3)追肥:包括氮肥 15 kg/亩(合尿素 33 kg/亩),磷酸二氢钾 18 kg/亩。

5.5 灌水技术

灌水方式采用滴灌,灌水定额为 220~250 m^3/亩。分别在玉米苗期(20%)、拔节期(40%)、抽雄期(15%)、吐丝期(10%)、灌浆期(5%),玉米关键生育期追肥结合滴灌施入,追肥为氮肥(尿素 N>46%)和钾肥(硫酸钾水溶肥 N>46%)。推荐平水年玉米生育期灌水 12 次,施肥量 30~36 kg/亩、施肥 10 次,分别在苗期施肥 15%,拔节期施肥 25%,抽雄期施肥 35%,灌浆期施肥 25%。在灌水中间 1/2 时段施肥。枯水年、丰水年适当增加或减少灌水量。推荐玉米水肥一体化制度见表 1。

附表 1　玉米滴灌水肥一体化灌溉施肥制度

单位：m³/亩

灌溉施肥日期		5月中旬	6月上旬	6月中旬	6月下旬	7月上旬	7月中旬	7月下旬	8月上旬	8月中旬	8月下旬	9月上旬	合计
灌水定额		25	10	25	30	25	25	25	25	25	10	15	240
施肥量	磷酸一铵	2	0.7	1.4	1.4	1.4	2	1.4	1.4	1.4	0.7	0	13.5
	尿素	5	1.7	3.3	3.3	3.3	5	3.3	3.3	3.3	1.7	0	33.5
	硫酸钾	1.6	0.5	1.1	1.1	1.1	1.6	1.1	1.1	1.1	0.5	0	10.6

6　配套农艺措施

6.1　整地

施腐熟有机肥作为基肥结合秋翻地或早春翻地，其中高肥力施 1 t/亩，中肥力施 1~2 t/亩，低肥力施 2~3 t/亩。也可秋翻施商品有机肥 300 kg/亩，2 年追施基肥 1 次。平整土地，旋耕机深翻 20~25 cm，喷施杀虫灭草剂进行土壤封闭。

6.2　品种

选择耐旱高产玉米品种，根据近年试验结果，推荐春玉米品种：先玉 335、陇丹 9 号、银玉 439 等抗旱优良玉米品种为主。

6.3　玉米播种

玉米栽植采用宽窄行种植，宽行 0.7 m、窄行 0.3~0.4 m，株距 0.18~0.20 m，密度在 6 000 株/亩以上，4 月中下旬种植。

6.4　田间管理

应用病虫草害综合防控技术，适时中耕、除草、灌溉、施肥，防治病虫害。

6.5　适时收获

9 月底至 10 月初春玉米适时收获。收获后采用机械粉碎还田技术，将秸秆就地粉碎还田，粉碎长度为 3~5 cm。在实施秸秆还田前须配施氮肥或腐熟剂，要求秸秆全量还田，加入 20 kg/亩尿素或 4 kg/亩腐熟剂，深翻入土，保证翻入 20 cm 土层以下，以促进秸秆腐解。

图　版

图Ⅰ　秸秆还田量与还田方式大田试验

秸秆种还分离还田

秸秆覆盖还田

秸秆粉碎还田

苗期滴灌

秸秆还田配施氮肥腐解试验

玉米灌浆期长势

图Ⅱ　秸秆还田配施氮肥大田试验

秸秆还田配施氮肥布设

机械旋耕还田

试验田人工播种

示范田机械播种

试验地玉米苗期长势

试验地玉米抽雄期长势

图Ⅲ　秸秆还田配施腐熟剂大田试验

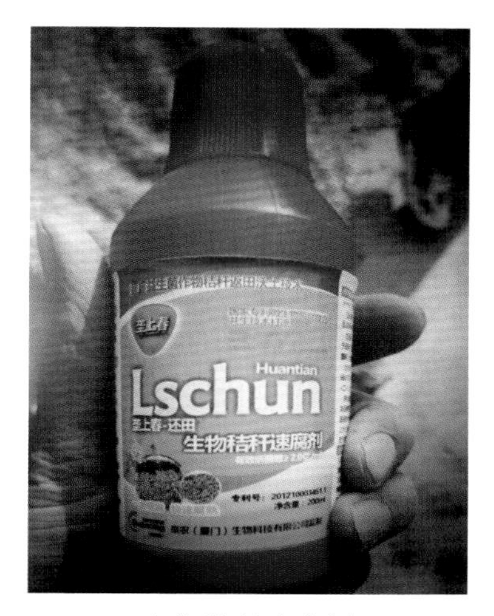

生物秸秆速腐剂

秸秆腐熟剂

有机废物发酵菌曲

秸秆还田配施腐熟剂试验

玉米灌浆期长势

示范田：秸秆还田撒施腐熟剂

秸秆还田喷施腐熟剂

图Ⅴ　土壤性状与作物生长指标的测定

试验田土壤容重测定

实验室土壤指标测定

苗期生长指标测定

苗期土壤水分测定

大喇叭口期生长指标测定

收获期玉米测产